★ 2.2.3 掌握成批转换视频文件
★ 视频位置：视频\ 第2 章\ 课堂案例——掌握成批转换视频文件.mp4

★ 2.3.2 熟悉时间轴视图
★ 视频位置：视频\ 第2 章\ 课堂案例——熟悉时间轴视图.mp4

★ 3.2.3 使用胶卷模版
★ 视频位置：视频\ 第3 章\ 课堂案例——使用胶卷模版.mp4

★ 3.3.1 使用开始项目模版
★ 视频位置：视频\ 第3 章\ 课堂案例——使用开始项目模版.mp4

★ 3.4.1 使用对象模版
★ 视频位置：视频\ 第3 章\ 课堂案例——使用对象模版.mp4

★ 3.4.2 使用边框模版
★ 视频位置：视频\ 第3 章\ 课堂案例——使用边框模版.mp4

★ 4.4.1 捕获U盘视频
★ 视频位置：视频\ 第4 章\ 课堂案例——捕获U 盘视频.mp4

U0229756

★ 5.1.2 用按钮方式添加视频
★ 视频位置：视频\ 第5 章\ 课堂案例——用按钮方式添加视频.mp4

★ 5.2.1 添加与打开Flash动画素材
★ 视频位置：视频\ 第5 章\ 课堂案例——添加与打开Flash 动画素材.mp4

★ 5.2.2 调整与更改Flash动画大小
★ 视频位置：视频\ 第5 章\ 课堂案例——调整与更改Flash 动画大小.mp4

★ 5.3.1 添加外部对象样式
★ 视频位置：视频\ 第5 章\ 课堂案例——添加外部对象样式.mp4

★ 5.3.2 添加外部边框样式
★ 视频位置：视频\ 第5 章\ 课堂案例——添加外部边框样式.mp4

 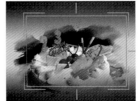

★ 5.4.4 调整与更改色块颜色
★ 视频位置：视频\ 第5 章\ 课堂案例——调整与更改色块颜色.mp4

★ 6.1.4 替换视频素材文件
★ 视频位置：视频\ 第6 章\ 课堂案例——替换视频素材文件.mp4

★ 6.1.6 粘贴所有素材属性
★ 视频位置：视频\ 第6 章\ 课堂案例——粘贴所有素材属性.mp4

  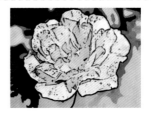 

★ 6.1.7 粘贴可选素材属性
★ 视频位置：视频\ 第6 章\ 课堂案例——粘贴可选素材属性.mp4

★ 6.2.1 调整素材色调
★ 视频位置：视频\ 第6 章\ 课堂案例——调整素材色调.mp4

★ 6.2.3 调整图像饱和度
★ 视频位置：视频\ 第6 章\ 课堂案例——调整图像饱和度.mp4

★ 6.3.2 变形影视素材文件
★ 视频位置：视频\ 第6 章\ 课堂案例——变形影视素材文件.mp4

★ 6.3.3 分割多段影视素材
★ 视频位置：视频\ 第6 章\ 课堂案例——分割多段影视素材.mp4

★ 6.3.4 抓拍影视素材快照
★ 视频位置：视频\ 第6 章\ 课堂案例——抓拍影视素材快照.mp4

★ 7.1.1 通过按钮剪辑视频
★ 视频位置：视频\ 第7 章\ 课堂案例——通过按钮剪辑视频.mp4

★ 7.1.2 通过时间轴剪辑视频
★ 视频位置：视频\ 第7 章\ 课堂案例——通过时间轴剪辑视频.mp4

★ 7.1.3 通过修整标记剪辑视频
★ 视频位置：视频\ 第7 章\ 课堂案例——通过修整标记剪辑视频.mp4

★ 7.1.4 通过直接拖曳剪辑视频
★ 视频位置：视频\ 第7 章\ 课堂案例——通过直接拖曳剪辑视频.mp4

★ 7.2.2 通过素材库分割场景
★ 视频位置：视频\ 第7 章\ 课堂案例——通过素材库分割场景.mp4

本书实例展示

★ 7.2.3 通过故事板分割场景
★ 视频位置：视频\ 第7 章\ 课堂案例——通过故事板分割场景.mp4

★ 7.3.6 精确标记视频片段
★ 视频位置：视频\ 第7 章\ 课堂案例——精确标记视频片段.mp4

★ 8.2.1 添加视频滤镜特效
★ 视频位置：视频\ 第8 章\ 课堂案例——添加视频滤镜特效.mp4

★ 8.2.2 添加多个视频滤镜特效
★ 视频位置：视频\ 第8 章\ 课堂案例——添加多个视频滤镜特效.mp4

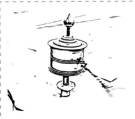

★ 8.2.4 替换视频滤镜特效
★ 视频位置：视频\ 第8 章\ 课堂案例——替换视频滤镜特效.mp4

★ 8.3.1 选择视频滤镜预设样式
★ 视频位置：视频\ 第8 章\ 课堂案例——选择视频滤镜预设样式.mp4

★ 8.3.2 自定义视频滤镜效果
★ 视频位置：视频\ 第8 章\ 课堂案例——自定义视频滤镜效果.mp4

★ 8.4.1 制作"翻转"视频滤镜
★ 视频位置：视频\ 第8 章\ 课堂案例——制作"翻转"视频滤镜.mp4

★ 8.4.2 制作"鱼眼镜头"视频滤镜
★ 视频位置：视频\ 第8 章\ 课堂案例——制作"鱼眼镜头"视频滤镜.mp4

★ 8.4.4 制作"镜头光晕"视频滤镜
★ 视频位置：视频\ 第8 章\ 课堂案例——制作"镜头光晕"视频滤镜.mp4

★ 8.4.5 制作"FX往外扩张"视频滤镜
★ 视频位置：视频\第8章\课堂案例——制作"FX往外扩张"视频滤镜.mp4

★ 8.4.6 制作"云雾"视频滤镜
★ 视频位置：视频\第8章\课堂案例——制作"云雾"视频滤镜.mp4

★ 8.4.7 制作"残影效果"视频滤镜
★ 视频位置：视频\第8章\课堂案例——制作"残影效果"视频滤镜.mp4

★ 8.4.8 制作"自动素描"视频滤镜
★ 视频位置：视频\第8章\课堂案例——制作"自动素描"视频滤镜.mp4

★ 8.4.9 制作"泡泡"视频滤镜
★ 视频位置：视频\第8章\课堂案例——制作"泡泡"视频滤镜.mp4

★ 9.1.1 自动添加视频转场特效
★ 视频位置：视频\第9章\课堂案例——自动添加视频转场特效.mp4

★ 9.1.3 对视频应用随机转场特效
★ 视频位置：视频\第9章\课堂案例——对视频应用随机转场特效.mp4

★ 9.1.4 对视频应用当前转场特效
★ 视频位置：视频\第9章\课堂案例——对视频应用当前转场特效.mp4

★ 9.3.1 转场边框的设置
★ 视频位置：视频\第9章\课堂案例——转场边框的设置.mp4

★ 9.3.2 边框颜色的设置
★ 视频位置：视频\第9章\课堂案例——边框颜色的设置.mp4

★ 9.4.2 制作"飞行方块"转场特效
★ 视频位置：视频\ 第9 章\ 课堂案例——制作"飞行方块"转场特效.mp4

★ 9.4.3 制作"旋转门"转场特效
★ 视频位置：视频\ 第9 章\ 课堂案例——制作"旋转门"转场特效.mp4

★ 9.4.4制作"狂风"转场特效
★ 视频位置：视频\ 第9 章\ 课堂案例——制作"狂风"转场特效.mp4

★ 9.4.6 制作"菱形"转场特效
★ 视频位置：视频\ 第9 章\ 课堂案例——制作"菱形"转场特效.mp4

★ 9.4.7 制作"翻页"转场特效
★ 视频位置：视频\ 第9 章\ 课堂案例——制作"翻页"转场特效.mp4

★ 9.4.8 制作"十字"转场特效
★ 视频位置：视频\ 第9 章\ 课堂案例——制作"十字"转场特效.mp4

★ 10.2.1 进入动画效果的设置
★ 视频位置：视频\ 第10 章\ 课堂案例——进入动画效果的设置.mp4

★ 10.2.2 退出动画效果的设置
★ 视频位置：视频\ 第10 章\ 课堂案例——退出动画效果的设置.mp4

★ 10.2.3 淡入淡出效果的设置
★ 视频位置：视频\ 第10 章\ 课堂案例——淡入淡出效果的设置.mp4

★ 10.2.5 覆叠边框的设置
★ 视频位置：视频\ 第10 章\ 课堂案例——覆叠边框的设置.mp4

★ 10.3.6 应用水波遮罩效果
★ 视频位置：视频\ 第10 章\ 课堂案例——应用水波遮罩效果.mp4

★ 10.4.1 制作照片淡入淡出
★ 视频位置：视频\ 第10 章\ 课堂案例——制作照片淡入淡出.mp4

★ 10.4.2 制作照片相框特效
★ 视频位置：视频\ 第10 章\ 课堂案例——制作照片相框特效.mp4

★ 10.4.4 制作画中画边框特效
★ 视频位置：视频\ 第10 章\ 课堂案例——制作画中画边框特效.mp4

★ 10.4.7 制作视频遮罩特效
★ 视频位置：视频\ 第10 章\ 课堂案例——制作视频遮罩特效.mp4

★ 11.1.1 创建单个标题字幕
★ 视频位置：视频\ 第11 章\ 课堂案例——创建单个标题字幕.mp4

★ 11.1.2 创建多个标题字幕
★ 视频位置：视频\ 第11 章\ 课堂案例——创建多个标题字幕.mp4

★ 11.1.3 应用模版创建标题
★ 视频位置：视频\ 第11 章\ 课堂案例——应用模版创建标题.mp4

★ 11.2.3 更改标题字体大小
★ 视频位置：视频\ 第11 章\ 课堂案例——更改标题字体大小.mp4

★ 11.2.7 调整文本背景色
★ 视频位置：视频\ 第11 章\ 课堂案例——调整文本背景色.mp4

★ 11.3.5 制作标题下垂特效
★ 视频位置：视频\ 第11 章\ 课堂案例——制作标题下垂特效.mp4

★ 11.4.4 应用飞行动画特效
★ 视频位置：视频\ 第11 章\ 课堂案例——应用飞行动画特效.mp4

★ 11.4.7 应用摇摆动画特效
★ 视频位置：视频\ 第11 章\ 课堂案例——应用摇摆动画特效.mp4

★ 13.1.3 渲染输出MP4视频
★ 视频位置：视频\ 第13 章\ 课堂案例——渲染输出MP4 视频.mp4

★ 13.1.7 创建3D视频文件
★ 视频位置：视频\ 第13 章\ 课堂案例——创建3D 视频文件.mp4

★ 14.1.2 上传视频至苹果手机
★ 视频位置：视频\ 第14 章\ 课堂案例——上传视频至苹果手机.mp4

★ 15.2 课堂案例——导入旅游媒体素材

★ 15.4.1 制作旅游转场特效

会声会影X8
实用教程

华天印象　编著

人民邮电出版社

北　京

图书在版编目（CIP）数据

会声会影X8实用教程 / 华天印象编著. -- 北京：
人民邮电出版社，2017.7
ISBN 978-7-115-44805-7

Ⅰ. ①会… Ⅱ. ①华… Ⅲ. ①视频编辑软件—教材
Ⅳ. ①TN94

中国版本图书馆CIP数据核字(2017)第084424号

内 容 提 要

这是一本全面介绍使用会声会影 X8 进行视频编辑与制作的实例教程，主要针对零基础读者编写。本书详细讲解了会声会影 X8 的各项核心功能与精髓内容，以各种重要功能为主线，对每个功能中的重点内容进行了详细介绍，并安排了大量课堂案例，让读者可以快速熟悉软件的功能和制作思路。另外，每章都安排了习题测试，这些习题都是在视频编辑制作过程中经常会遇到的案例项目，希望让读者达到强化训练目的的同时，又可以了解在实际工作中会做什么、该做些什么。

本书附带教学资源，内容包括书中所有案例的源文件、素材文件与多媒体教学录像。同时，为方便老师教学，还配备了 PPT 教学课件，以供参考。另外，本书最后还为读者精心准备了会声会影 X8 常用快捷键索引和课堂案例、习题测试索引，以方便读者学习。

本书结构清晰、语言简洁、实例丰富、版式精美，适合会声会影初、中级读者学习使用，包括广大视频编辑初学者及从业人员等，也可以作为视频编辑和影视专业的教材。

◆ 编　　著　华天印象
　　责任编辑　张丹阳
　　责任印制　陈　犇

◆ 人民邮电出版社出版发行　　北京市丰台区成寿寺路 11 号
　　邮编　100164　　电子邮件　315@ptpress.com.cn
　　网址　http://www.ptpress.com.cn
　　北京市艺辉印刷有限公司印刷

◆ 开本：787×1092　1/16
　　印张：23.5　　　　　　　　　　　　彩插：4
　　字数：658 千字　　　　　　　　　2017 年 7 月第 1 版
　　印数：1—2 500 册　　　　　　　　2017 年 7 月北京第 1 次印刷

定价：59.00 元
读者服务热线：(010)81055410　印装质量热线：(010)81055316
反盗版热线：(010)81055315
广告经营许可证：京东工商广登字 20170147 号

前　言

会声会影X8是由Corel公司认证的一款数码视频编辑制作软件，具有界面友好、功能强大、易于掌握、使用方便和体系结构开放等特点，广泛应用于视频捕获、视频后期编辑、剪辑分割视频片段、合成视频片段、视频画面色彩校正、影视后期特效制作、节目与栏目剪辑制作、婚庆视频制作、音频特效处理、后期配音处理等众多领域，深受广大视频制作者和视频剪辑人员青睐。在写作本书时，作者对所有的实例都亲自实践与测试，力求使每一个实例都真实而完整地呈现在读者面前。

作者对本书的编写体系做了精心的设计，按照"课堂案例→习题测试"这一思路进行编排，力求通过软件功能解析使读者深入学习软件功能和制作特色；力求通过课堂案例演练使读者快速熟悉软件功能和设计思路；力求通过课后练习拓展读者的实际操作能力。在内容编写方面，注重通俗易懂，细致全面；在文字叙述方面，力争言简意赅、突出重点；在案例选取方面，强调案例的针对性和实用性。

本书附赠教学资源，包含书中所有课堂案例和习题测试的源文件、素材文件以及所有案例的多媒体有声视频教学视频。这些视频均由专业人士录制，视频详细记录了案例的操作步骤，使读者一目了然。同时，为了方便老师教学，本书还配备了PPT课件。读者扫描"资源下载"二维码，即可获得下载方式。

资源下载

本书的参考学时为122课时，其中讲授环节为77课时，实训环节为45课时，各章的参考学时如下表所示。

章　节	课程内容	学时分配	
		讲　授	实　训
第 1 章	会声会影 X8 新手入门	3	1
第 2 章	掌握会声会影基本操作	4	2
第 3 章	使用媒体模版素材	4	2
第 4 章	捕获视频素材文件	5	3
第 5 章	添加各种影视媒体素材	4	2
第 6 章	编辑、校正与修整素材	5	3
第 7 章	剪辑视频素材画面	5	2
第 8 章	视频滤镜特效的制作	6	4
第 9 章	视频转场特效的制作	6	4
第 10 章	视频覆叠特效的制作	7	5
第 11 章	标题字幕特效的制作	7	4
第 12 章	视频音乐特效的制作	6	4
第 13 章	输出与刻录视频素材	4	2
第 14 章	分享视频至手机与互联网	3	1
第 15 章	案例实训——制作旅游相册	8	6
课时总计		77	45

为了使读者轻松自学并深入地了解使用会声会影X8进行视频编辑制作的操作方法，本书在版面结构上尽量做到清晰明了，如下图所示。

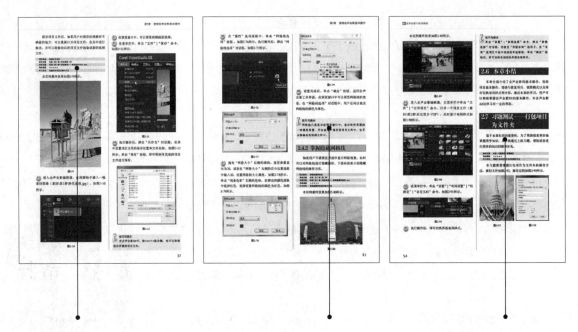

课堂案例：包含大量的案例详解，使读者深入掌握会声会影X8的基础知识以及各种功能的作用。

技巧与提示：针对会声会影X8的实用技巧及制作过程中的难点进行重点提示。

习题测试：安排重要的制作习题，让读者在学完相应内容以后继续强化所学技术。

本书由华天印象编著，参与编写的人员还有李毅等人。由于作者知识水平有限，书中难免有疏漏之处，恳请广大读者批评、指正。如果遇到问题，可以与我们联系，视频制作微信号：flhshy1，摄影技巧微信号：goutudaquan。

本书采用会声会影X8软件编写，请用户一定要使用同版本软件。直接打开资源中的效果文件时，会弹出重新链接素材的提示，如音频、视频、图像素材，甚至提示丢失信息等，这是因为每个用户安装的会声会影X8及素材与效果文件的路径不一致，进而发生了改变，这属于正常现象，用户只需要将这些素材重新链接到素材文件夹中的相应文件即可。

编　者
2017年4月

目 录 CONTENTS

目 录 CONTENTS

目 录 CONTENTS

目 录 CONTENTS

目 录 CONTENTS

目 录 CONTENTS

第1章

会声会影X8新手入门

内容摘要

会声会影是一款专为个人及家庭等非专业用户设计的视频编辑软件，现在已升级到X8版本，新版本的会声会影X8功能更加全面，设计更具人性化，操作也更加简单方便。本章主要介绍视频编辑的基本常识、会声会影的新增功能、系统配置以及安装卸载会声会影X8等内容，希望读者仔细阅读与学习。

课堂学习目标

● 熟悉视频编辑常识

● 熟悉会声会影X8新增功能

● 安装与卸载会声会影X8

● 了解会声会影X8界面

1.1 熟悉视频编辑常识

在进行视频编辑之前，首先需要对视频的相关编辑常识了解清楚，如视频编辑术语、视频技术术语以及常用的视频、音频格式等。本节将对视频编辑常识的相关知识进行详细介绍。

1.1.1 熟悉视频编辑术语

在进行视频编辑之前，首先需要了解视频的相关编辑术语，如帧、剪辑、分辨率以及编辑解码器等。

1. 帧与场

帧是视频技术常用的最小单位，一帧是由两次扫描获得的一幅完整图像的模拟信号。视频信号的每次扫描称为场。

视频信号扫描的过程是从图像左上角开始，水平向右到达图像右边后迅速返回左边，并另起一行重新扫描。这种从一行到另一行的返回过程称为水平消隐。每一帧扫描结束后，扫描点从图像的右下角返回左上角，再开始新一帧的扫描。从右下角返回左上角的时间间隔称为垂直消隐。一般行频表示每秒扫描多少行，场频表示每秒扫描多少场，帧频表示每秒扫描多少帧。

2. 剪辑

剪辑可以说是视频编辑中最常提到的专业术语，一部完整的好电影通常都需要经过无数的剪辑操作。

视频剪辑技术在发展过程中也经历了几次变革，在最初的传统影像剪辑中采用的是机械剪辑和电子剪辑两种方式，下面将分别进行介绍。

机械剪辑是指直接对胶卷或者录像带进行物理的剪辑，并重新连接起来。因此，这种剪辑相对比较简单也容易理解。随着磁性录像带的问世，这种机械剪辑的方式逐渐显现出其缺陷，因为剪辑录像带上的磁性信息除了需要确定和区分视频轨道的位置外，还需要精确切割两帧视频之间的信息，这就增加了剪辑操作的难度。

电子剪辑的问世，让这一难题得到了解决。电子剪辑也称为线性录像带电子剪辑，它是通过按新的顺序重新录制信息的过程。数据处理阶段：随着字符发生器的诞生，计算机不但能处理简单的数值，还可以表示和处理字幕及各类符号。从此，计算机的应用领域得到了进一步扩展。

3. 分辨率

分辨率即帧的大小（Frame Size），表示单位区域内垂直和水平的像素数值，一般单位区域中像素数值越大，图像显示越清晰，分辨率也越高。不同电视制式的不同分辨率，用途也会有所不同，如表1-1所示。

表 1-1　不同电视制式分辨率的用途

制　式	行　帧	用　途
NTSC	352×240	VDC
	720×480、704×480	DVD
	480×480	SVCD
	720×480	DV
	640×480、704×480	AVI 视频格式
PAL	352×288	VCD
	720×576、704×576	DVD
	480×576	SVCD
	720×576	DV
	640×576、704×576	AVI 视频格式

4. 时：分：秒：帧

时：分：秒：帧（Hours：Minutes：Seconds：Frames）是电影与电视工程师协会（SMPTE）规定的，用来描述剪辑持续时间的时间代码标准。在EDIUS 7中，用户可以很直观地在"时间线"面板中查看到持续时间，如图1-1所示。

图1-1

1.1.2 熟悉视频技术术语

在会声会影X8中，常用的视频技术主要包括PAL、DV及NTSC等，下面简单介绍这几种常用的视频技术。

1. PAL

PAL（Phase Alternation Line）是一个被用于欧洲、非洲和南美洲的电视标准。PAL的意思是逐行倒相，也属于同时制。它对同时传送的两个色差信号中的一个色差信号采用逐行倒相，对另一个色差信号进行正交调制方式。这样，如果在信号传输过程中发生相位失真，则会由于相邻两行信号的相位相反起到互相补偿作用，从而有效地克服了因相位失真而起的色彩变化问题。因此，PAL制对相位失真不敏感，图像彩色误差较小，与黑白电视的兼容度也较好。PAL和NTSC这两种制式是不能互相兼容的，如果在PAL制式的电视上播放NTSC的影像，画面将变成黑白，反之在NTSC制式电视上播放PAL的影像也是一样。

2. DV

DV（Digital Video）是新一代的数字录影带的规格，文件体积更小、录制时间更长。DV使用6.35带宽的录影带，以数字信号来录制影音，录影时间为60分钟，有LP模式可延长拍摄时间至带长的1.5倍。目前市面上有两种规格的DV，一种是标准的DV带，一种是缩小的Mini DV带，一般家用的摄像机使用的都是Mini DV带。

3. NTSC

NTSC（National Television Standards Committee）是国家电视标准委员会定义的一个标准，它的标准是每秒30帧，每帧525条扫描线，这个标准包括在电视上显示的色彩范围限制。

1.1.3 常用的视频、图像及音频格式

在会声会影X8软件中，支持多种类型的视频、图像及音频格式，依次包括AVI格式、WMV格式、JPEG格式、GIF格式，以及NP3格式、WMA格式等。下面向读者进行简单介绍，希望读者熟练掌握这些格式。

1. 常用的视频格式

数字视频是用于压缩视频画面和记录声音数据及回放过程的标准，同时包含了DV格式的设备和数字视频压缩技术本身，下面介绍几种常用的视频格式。

（1）AVI格式

AVI（Audio Video Interleave）格式在WIN3.1时代就出现了，它的好处是兼容性好，图像质量高，调用方便，但数据量有点偏大。

（2）MPEG格式

MPEG（Motion Picture Experts Group）类型的视频文件是由MPEG编码技术压缩而成的视频文件，被广泛应用于VCD/DVD及HDTV的视频编辑与处理中。MPEG包括MPEG-1、MPEG-2和MPEG-4。

- MPEG-1

  MPEG-1是用户接触得最多的视频文件格式，被广泛应用在VCD的制作及下载一些视频片段的网络上，一般的VCD都是应用MPEG-1格式压缩的（注意：VCD2.0并不是说VCD是用MPEG-2压缩的）。使用MPEG-1的压缩算法，可以把一部时间为120分钟的电影压缩到1.2GB左右。

- MPEG-2

  MPEG-2主要应用在制作DVD方面，同时在一些高清晰电视广播（HDTV）和一些高要求的视频编辑、处理上也被广泛应用。使用MPEG-2的压缩算法压缩一部120分钟时长的电影，可以将其压缩到4～8GB。

- MPEG-4

  MPEG-4是一种新的压缩算法，使用这种算法的ASF格式可以把一部120分钟时长的电影压缩到300MB左右，可以在网上观看。其他像DIVX格式也可以压缩到600MB左右，但其图像质量比ASF要好很多。

（3）WMV格式

随着网络化的迅猛发展，互联网实时传播的视频文件WMV（Windows Media Video）视频格式逐渐流行起来，其主要优点在于：可扩充的媒体类型、本地或网络回放、可伸缩的媒体类型、多语言支持及扩展性等。

2. 常用的图像格式

在会声会影X8软件中，也支持多种类型的图像格式，包括JPEG格式、PNG格式、BMP格式、GIF格式以及TIF格式等，下面向读者进行简单介绍，希望读者熟练掌握这些格式。

（1）JPEG格式

JPEG格式是一种有损压缩格式，它能够将图像压缩在很小的存储空间，但图像中重复或不重要的资料却会丢失，因此容易造成图像数据的损伤。尤其是使用过高的压缩比例，将使最终解压缩后恢复的图像质量明显降低，如果追求高品质图像，不宜采用过高压缩比例。但是JPEG压缩技术十分先进，它用有损压缩方式去除冗余的图像数据，在获得极高的压缩率的同时也能展现出十分丰富生动的图像。

换句话说，就是可以用最少的磁盘空间得到较好的图像品质，而且JPEG是一种很灵活的格式，具有调节图像质量的功能，允许用不同的压缩比例对文件进行压缩，支持多种压缩级别，压缩比率通常在10∶1到40∶1之间，压缩比越大，品质就越低；相反，品质就越高。

JPEG格式的应用非常广泛，特别是在网络和光盘读物上，都能找到它的身影。各类浏览器均支持JPEG这种图像格式，因为JPEG格式的文件数据量较小，下载速度快。

（2）PNG格式

PNG图像文件存储格式的目的是试图替代GIF和TIFF文件格式，同时增加一些GIF文件格式所不具备的特性。可移植网络图形格式（Portable Network Graphic Format，PNG）名称来源于非官方的"PNG's Not GIF"，是一种位图文件（bitmap file）存储格式，读成"ping"。

PNG用来存储灰度图像时，灰度图像的深度可多到16位；存储彩色图像时，彩色图像的深度可多到48位，并且还可存储多到16位的通道数据。PNG使用从LZ77派生的无损数据压缩算法。一般应用于JAVA程序中，应用在网页或S60程序中是因为它的压缩率高，生成文件容量小。

（3）GIF格式

GIF文件的数据，是一种基于LZW算法的连续色调的无损压缩格式，其压缩率一般在50%左右，它不属于任何应用程序。目前几乎所有相关软件都支持它，公共领域有大量的软件也都在使用GIF图像文件。GIF图像文件的数据是经过压缩的，而且是采用了可变长度等压缩算法。

GIF格式的另一个特点，是其在一个GIF文件中可以存多幅彩色图像，如果把存于一个文件中的多幅图像数据逐幅读出并显示到屏幕上，就可构成一种最简单的动画。

3. 常用的音频格式

数字音频是用来表示声音强弱的数据序列，由模拟声音经抽样、量化和编码后得到。简单地说，数字音频的编码方式就是数字音频格式，不同的数字音频设备对应着不同的音频文件格式，下面介绍几种常用的数字音频格式。

（1）MP3格式

MP3全称是MPEG Layer3，在1992年合并至MPEG规范中。MP3能够以高音质、低采样的形式对数字音频文件进行压缩。换句话说，音频文件（主要是大型文件，比如WAV文件）能够在音质损失很小的情况下（人耳根本无法察觉这种音质损失），把文件压缩到相对更小的程度。

（2）WAV格式

WAV格式是微软公司开发的一种声音文件格式，又称为波形声音文件，是最早的数字音频格式，得到Windows平台及其应用程序的广泛支持。WAV格式支持许多压缩算法，支持多种音频位数、采样频率和声道，采用44.1kHz的采样频率，16位量化位数，因此WAV的音质与CD相差无几。但WAV格式对存储空间需求太大，不便于交流和传播。

（3）WMA格式

WMA是微软公司在因特网音频、视频领域的力作。WMA格式可以通过减少数据流量但保持音质的方法，来达到更高的压缩率目的，其压缩率一般可以达到1:18。另外，WMA格式还可以通过DRM（Digital Rights Management）方案防止拷贝，或者限制播放时间和播放次数以及限制播放机器，从而有力防止盗版。

1.1.4　熟悉后期编辑类型

传统的后期编辑应用的是A/B ROLL方式，它要用到A和B两个放映机，一台录像机和一台转换机（Switcher）。A和B放映机中的录像带中存储了已经采集好的视频片段，这些片段的每一帧都有时间码。如果现在把A带上的a视频片段与B带上的b视频片段连接在一起，就必须先设定好a片段要从哪一帧开始、到哪一帧结束，即确定好"开始"点和"结束"点。同样，b片段也要设定好相应的"开始"和"结束"点，将两个视频片段连接在一起时，就可以使用转换机来设定转换效果，当然也可以通过它来制作更多特效。视频后期编辑有两种类型，线性编辑和非线性编辑，下面进行简单介绍。

1. 线性编辑

线性编辑是利用电子手段，按照播出节目的需求对原始素材进行顺序剪接处理，最终形成新的连续画面。线性编辑的优点是技术比较成熟，可以直接、直观地对素材录像带进行操作，因此操作相对简单。

但是，线性编辑系统所需的设备也为编辑过程带来了众多的不便，全套的设备不仅需要投入较高的资金，而且设备的连线多，故障也频繁发生，维修起来更是较为复杂。这种线性编辑技术的编辑过程只能按时间顺序进行编辑，无法删除、缩短或加长中间某一段视频区域。

2. 非线性编辑

非线性编辑是相对线性编辑而言的，它具有以下3个特点。

- 需要强大的硬件，价格十分昂贵。
- 依靠专业视频卡可实现实时编辑，目前大多数电视台均采用这种系统。
- 非实时编辑，影像合成需要通过渲染来生成，花费的时间较长。

形象地说，非线性编辑是指对广播或电视节目不是按素材原有的顺序或长短，而是随机进行编排、剪辑的编辑方式。非线性编辑比使用磁带的线性编辑更方便、效率更高，编成的节目可以任意改变其中某个片段的长度或插入其他片段，而且不用重录其他部分。虽然非线性编辑在某些方面运用起来非常方便，但是线性编辑还不是非线性编辑在短期内能够完全替代的。

非线性编辑的制作过程：首先创建一个编辑平台，然后将数字化的视频素材拖放到平台上；在该平台上可以自由地设置、编辑信息，并灵活地调用编辑软件提供的各种工具。

会声会影是一款非线性编辑软件，正是由于这种非线性的特性，使得视频编辑不再依赖编辑机、字幕机和特效机等价格非常昂贵的硬件设备，让普通家庭用户也可以轻松体验到视频编辑的乐趣。

线性编辑与非线性编辑的特点如表1-2所示。

表1-2　线性编辑与非线性编辑的特点

内　容	线性编辑	非线性编辑
学习性	不易学	易学
方便性	不方便	方便
剪辑所耗费的时间	长	短
加文字或特效	需购买字幕机或特效机	可直接添加字幕和特效
品质	不易保持	易保持
实用性	需剪辑师	可自行处理

1.2　熟悉会声会影X8新增功能

会声会影X8在X7的基础上新增了许多功能，如可将字幕文件转换为动画的应用、高级遮罩特效的应用、视频插件特效的应用以及新增转场特效的应用等，本节主要向读者简单介绍会声会影X8的新增功能。

1.2.1 通过对勾显示媒体素材

进入会声会影X8工作界面，单击"媒体"按钮，进入"媒体"选项卡，在"照片"和"视频"素材库中，选择相应的媒体素材，并将其添加到时间轴面板的视频轨中。此时素材库中被应用后的素材右上角位置，将显示一个对勾的符号，前后对比如图1-2所示，用来提醒用户该素材在时间轴面板中已被使用。

图1-2

技巧与提示

该功能在制作大型视频文件时非常实用，可方便用户查看在素材库中，哪些素材被遗漏而没有添加到轨道中。

1.2.2 转换字幕为PNG及动画文件

在会声会影X8中，当用户在标题轨中新建相应的字幕文件后，用户可以将字幕文件转换为PNG文件，也可以将字幕文件转换为动画文件。这两种转换的格式都是会声会影X8新增的功能，下面进行简单介绍。

1. 将字幕文件转换为PNG文件

如果用户需要将字幕文件以PNG图片的方式调入其他应用程序中使用，此时可以将字幕文件转换为PNG格式。转换的方法很简单，用户首先在时间轴面板中选择需要转换的标题字幕，在字幕文件上单击鼠标右键，在弹出的快捷菜单中选择"转换为PNG"选项，如图1-3所示。执行操作后，即可将字幕文件转换为PNG文件。在"媒体"素材库中也会显示转换后的PNG文件，如图1-4所示。

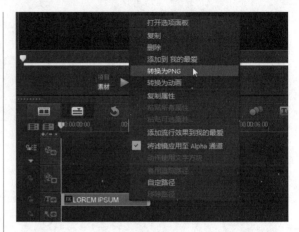

图1-3

图1-4

技巧与提示

用户在"媒体"素材库中转换后的字幕文件上，单击鼠标右键，在弹出的快捷菜单中选择"打开文件夹"选项，可以快速在电脑的磁盘中找到转换为PNG后的字幕源文件位置。用户可根据需要将该源文件调入其他软件中进行应用。

2. 将字幕文件转换为动画文件

如果用户需要将字幕文件以动画的播放方式应用到其他影视制作软件中，此时可以将字幕文件转换为动画格式。转换的方法很简单，用户首先要在时间轴面板中选择需要转换的标题字幕，在字幕文件上单击鼠标右键，在弹出的快捷菜单中选择"转换为动画"选项，如图1-5所示，即可将字幕文件转换为动画文件。在"媒体"素材库中就会显示出转换后的字幕动画文件，如图1-6所示。

在会声会影X8中，用户将字幕文件转换为动画文件后，在电脑中相应的磁盘文件夹中，就会显示该字幕动画文件的逐帧动画，即由多张PNG格式的图片组成的动画效果，如图1-7所示。用户可以通过右键菜单中的"打开文件夹"选项进行查看。

图1-5

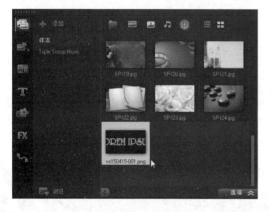

图1-6

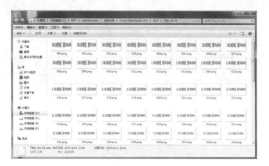

图1-7

1.2.3 覆叠遮罩特效

在会声会影X8中，新增了4种高级遮罩特效——视频遮罩、灰色调节、相乘遮罩以及相加遮罩。选择不同的遮罩效果，视频轨和覆叠轨中叠加的画面也会有所不同。用户首先在覆叠轨中选择需要设置遮罩特效的素材文件，然后在"属性"选项面板中，单击"遮罩和色度键"按钮，如图1-8所示。

图1-8

执行操作后，在弹出的选项面板中选中"遮罩和色度键"复选框，单击"类型"右侧的下三角按钮，在弹出的列表框中，除了原有的"色度键"和"遮罩帧"两种遮罩特效外，另显示了新增的4种遮罩特效——视频遮罩、灰色调节、相乘遮罩以及相加遮罩。选择某个遮罩特效，在右侧可以相应地调节遮罩的参数值，如图1-9所示。

图1-9

1. 视频遮罩特效

视频遮罩特效是指遮罩画面以视频运动播放的方式应用于覆叠素材上，效果如图1-10所示。

图1-10

2. 灰色调节特效

灰色调节特效是指在覆叠素材上应用灰色遮罩，使视频画面产生灰度融合的效果，如图1-11所示。

图1-11

3. 相乘遮罩特效

相乘遮罩特效是指将视频轨中的素材画面颜色与覆叠轨中的素材画面颜色相乘，得到一种新的画面色彩效果，如图1-12所示。

图1-12

4. 相加遮罩特效

相加遮罩特效是指将视频轨中的素材画面颜色与覆叠轨中的素材画面颜色相加，得到一种新的画面色彩效果，如图1-13所示。

图1-13

1.2.4 视频插件特效

会声会影X8的旗舰版安装程序中，向用户提供了视频插件的安装程序。启动插件安装程序后，将弹出相应的插件安装列表，其中包括New Blue FX插件、Boris Graffiti插件以及pro DAD插件等，如图1-14所示。用户可根据需要选择相应的插件进行安装操作。待插件安装完成后，在程序中单击Exit，退出插件安装程序。

图1-14

> **技巧与提示**
> 在会声会影X8的"滤镜"素材库中，安装的滤镜插件只会显示在"全部"选项卡中，而在其他的单项选项卡中无法查看到新增的滤镜插件文件。

安装完会声会影X8插件后，将显示在"滤镜"素材库中，用户在滤镜素材库中单击右侧的"画廊"按钮，在弹出的列表框中选择"全部"选项，即可在下方显示安装的多种插件滤镜，如图1-15所示。用户可以将其应用于时间轴面板中的素材上，制作出非常专业的视频滤镜画面特效。

图1-15

1.2.5 视频转场特效

在会声会影X8中，进入"转场"素材库，单击右侧的"画廊"按钮，在弹出的列表框中选择"我的最爱"选项，即可在下方显示多种新增的转场特效，如神奇波纹、神奇光芒、神奇火焰以及神奇龙卷风等，如图1-16所示。

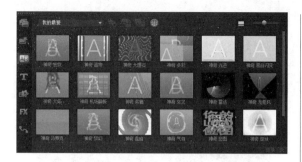

图1-16

选择相应的转场效果，拖曳至视频轨中的两个素材文件之间，即可应用新增的转场特效，如图1-17所示。

图1-17

1.3 安装与卸载会声会影X8

读者在学习会声会影X8之前，需要对软件的系统配置有所了解，并掌握软件的安装与卸载等方法，这样才有助于读者更进一步地学习会声会影软件。本节主要介绍安装会声会影X8所需的系统配置要求，以及安装与卸载会声会影X8等操作。

1.3.1 了解软件所需的系统配置

视频编辑需要占用较多的计算机资源，因此用户在选用视频编辑的配置系统时，要考虑的因素包括硬盘的容量大小和运行速度、内存和处理器。这些因素决定了保存视频的容量、处理和渲染文件的速度。

如果用户有能力购买大容量的硬盘、内存更大和处理速度更快的CPU的计算机，就应尽量配置得高档一些。需要注意的是，由于技术变化非常快，需先评估自己所要做的视频编辑项目的类型，然后根据工作需要配置系统。正常启用会声会影X8，计算机系统需要达到以下最低配置要求。

- CPU：Intel Core Duo 1.83GHz、AMD双核2.0GHz或更高，建议使用Intel Core i7处理器以发挥更高的编辑效率。
- 操作系统：Microsoft Windows 8、Windows 7、Windows Vista或Windows XP，安装有最新的Service Pack（32位或64位版本）。
- 内存：最低2GB内存，建议使用4GB以上内存。
- 硬盘：建议保留尽可能大的硬盘空间，3GB可用硬盘空间用于安装程序，用于视频捕捉和编辑影片的空间应尽可能大。

> **注意：**
> 捕获1小时DV视频需要13GB的硬盘空间；制作时长为1小时的MPEG-1 VCD影片需要600MB的硬盘空间；制作时长为1小时的MPEG-2 DVD影片需要4.7GB的硬盘空间；建议保留尽可能大的硬盘空间。

- 驱动器：CD-ROM、DVD-ROM驱动器。
- 光盘刻录机：DVD-R/RW、DVD＋R/RW、DVD-RAM、CD-R/RW，建议使用Blue-ray（蓝光）刻录机输出高清光盘。
- 显卡：128MB以上显存，建议使用512MB或更高显存。
- 声卡：Windows兼容的声卡，建议采用多声道声卡，以便支持环绕音效。
- 显示器：至少支持1024像素×768像素的显示分辨率，24位真彩显示，建议使用56厘米（22英寸）以上显示器，分辨率达到1680像素×1050像素，以获得更大的操作空间。
- 其他：Windows兼容的设备；适用于DV/D8摄像机的1394 Fire Wire卡；USB捕获设备和摄像头；支持OHCE Compliant IEEE-1394和1394 Adapter 8940/8945接口。
- 网络：计算机需具备网络连接能力，当程序安装完成后，第一次打开程序时，请务必连接网络，然后单击"激活"按钮，即可使用程序的完整功能。如果未完成激活，则仅能使用VCD功能。

1.3.2 安装会声会影X8

当用户仔细了解了安装会声会影X8所需的系统配置和硬件信息后，接下来就可以准备安装会声会影X8软件了。该软件的安装与其他应用软件的安装方法基本一致。在安装会声会影X8之前，需要先检查计算机是否装有低版本的会声会影程序，如果有，需要将其卸载后再安装新的版本。

会声会影X8原装光盘中包含3个安装程序：Corel VideoStudio X8、Contents和Bonus，用户需要按顺序将这3个程序都安装到计算机中，才算完成了会声会影X8的软件安装操作。下面对会声会影X8的安装过程进行详细的介绍。

1. 安装Video Studio X8

下面向读者介绍在会声会影X8中，安装Corel VideoStudio X8程序的操作方法。

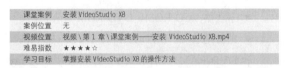

课堂案例	安装 VideoStudio X8
案例位置	无
视频位置	视频 \ 第 1 章 \ 课堂案例—— 安装 VideoStudio X8.mp4
难易指数	★★★★☆
学习目标	掌握安装 VideoStudio X8 的操作方法

01 将会声会影X8安装程序复制到电脑中，进入安装文件夹，选择exe格式的安装文件，单击鼠标右键，在弹出的快捷菜单中选择"打开"选项，如图1-18所示。

图1-18

02 启动会声会影X8安装程序后，开始自动加载软件，并显示加载进度，如图1-19所示。

03 稍等片刻，进入下一个页面，在左下方勾选"I accept the terms in the license agreement."复选框，如图1-20所示。

图1-19

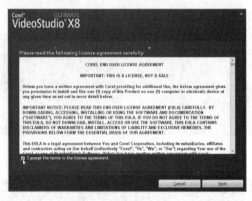

图1-20

04 单击"Next"按钮，进入下一个页面，在其中输入软件序列号，如图1-21所示。

图1-21

技巧与提示

建议用户购买官方正版会声会影X8软件，在软件的包装盒上会显示软件的序列号。序列号输入后，即可进行下一步操作。

05 输入完成后，单击"Next"按钮，进入下一个页面，在其中单击"浏览"按钮，如图1-22所示。

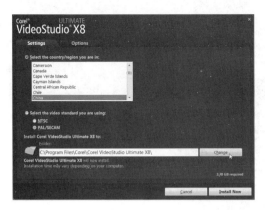

图1-22

06 弹出"浏览文件夹"对话框，在其中选择软件安装的文件夹，如Corel文件夹，如图1-23所示。

图1-23

07 单击"确定"按钮，返回安装页面，在Folder下方的文本框中显示了软件安装的位置，如图1-24所示。

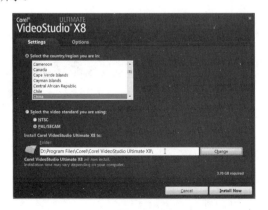

图1-24

08 确认无误后，单击"Install Now"按钮，开始安装Corel VideoStudio X8软件，页面下方显示安装进度，如图1-25所示。

图1-25

09 稍等片刻，待软件安装完成后，进入下一个页面，提示软件已经安装成功，单击"Finish"按钮即可完成操作，如图1-26所示。

图1-26

10 软件安装完成后，便会在桌面上显示图标，如图1-27所示。

图1-27

2. 安装 VideoStudio Contents

下面向读者介绍在会声会影X8中，安装Corel VideoStudio Contents程序的操作方法。

课堂案例	安装VideoStudio Contents
案例位置	无
视频位置	视频\第1章\课堂案例——安装 VideoStudio Contents.mp4
难易指数	★★★★☆
学习目标	掌握安装VideoStudio Contents的操作方法

01　进入Contents安装文件夹，选择exe格式的安装文件，如图1-28所示。

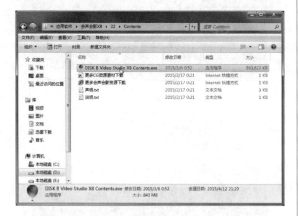

图1-28

02　单击鼠标右键，在弹出的快捷菜单中选择"打开"选项，如图1-29所示。

图1-29

03　开始运行安装程序后，显示程序加载进度，如图1-30所示。

图1-30

04　稍等片刻，弹出相应对话框，页面中显示了相关的安装提示，如图1-31所示。

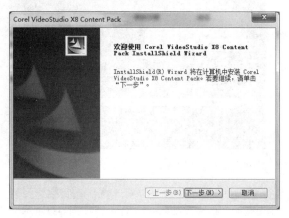

图1-31

05　单击"下一步"按钮，进入下一个页面，单击"安装"按钮，如图1-32所示。

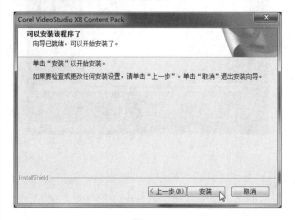

图1-32

06　执行操作后，即可开始安装Contents程序，并显示安装进度，如图1-33所示。

图1-33

07 稍等片刻，软件即可安装完成，单击"完成"按钮，如图1-34所示，完成Contents程序的安装操作。

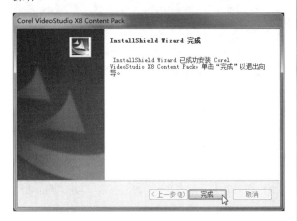

图1-34

3. 安装 VideoStudio Bonus

下面向读者介绍在会声会影X8中，安装Corel VideoStudio Bonus程序的操作方法。

课堂案例	安装VideoStudio Bonus
案例位置	无
视频位置	视频\第1章\课堂案例——安装 VideoStudio Bonus.mp4
难易指数	★★★★☆
学习目标	掌握安装VideoStudio Bonus的操作方法

01 进入Bonus安装文件夹，在其中选择exe格式的安装文件，如图1-35所示。

图1-35

02 在安装文件上，单击鼠标右键，在弹出的快捷菜单中选择"打开"选项，如图1-36所示，也可以在exe文件上双击鼠标左键。

图1-36

03 弹出相应页面，其中显示了可以安装的软件所有插件列表，在其中单击"Install All"，如图1-37所示。

图1-37

04 弹出InstallShield Wizard对话框，显示安装程序加载信息，如图1-38所示。

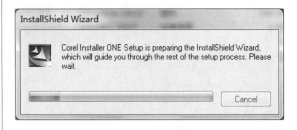

图1-38

05 稍等片刻，弹出相应对话框，其中显示了相关的程序安装提示信息，单击"Next"按钮，如图1-39所示。

图1-39

06 进入下一个页面，单击"Install"按钮，如图1-40所示。

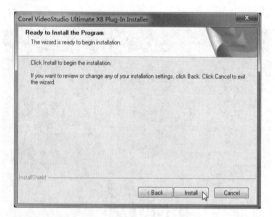

图1-40

07 执行操作后，即可开始安装Corel VideoStudio Bonus程序，页面下方显示程序的安装进度，如图1-41所示。

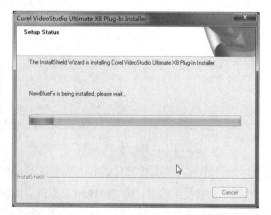

图1-41

08 程序安装过程中，会弹出相关的安装信息，如图1-42所示。

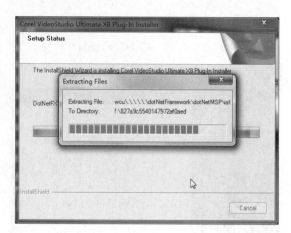

图1-42

09 稍等片刻，软件即可安装完成，单击"Finish"按钮，如图1-43所示，完成Bonus程序的安装操作。

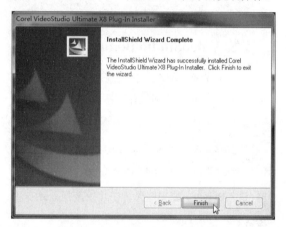

图1-43

技巧与提示
Corel公司目前只提供了英文版的会声会影X8软件，如果用户需要对软件界面进行汉化操作，可以在相关网站上下载汉化文件，然后进行安装。

1.3.3 卸载会声会影X8

当用户不再需要使用会声会影X8时，此时可以将会声会影X8进行卸载操作，提高电脑运行速度。下面向读者详细介绍通过第三方软件卸载会声会影X8的操作方法。

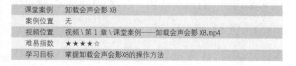

课堂案例	卸载会声会影 X8
案例位置	无
视频位置	视频\第1章\课堂案例——卸载会声会影 X8.mp4
难易指数	★★★★☆
学习目标	掌握卸载会声会影X8的操作方法

01 在桌面"360软件管家"图标上，单击鼠标右键，在弹出的快捷菜单中选择"打开"选项，如图1-44所示，也可以在图标上双击鼠标左键。

图1-44

02 打开"360软件管家"窗口，在界面的上方，单击"软件卸载"标签，如图1-45所示。

图1-45

03 执行操作后，切换至"软件卸载"选项卡，在下方的下拉列表框中单击Corel VideoStudio Ultimate X8选项右侧的"卸载"按钮，如图1-46所示。

图1-46

04 执行上述操作后，提示用户正在分析软件信息，如图1-47所示。

图1-47

05 稍等片刻，进入VideoStudio X8（会声会影X8）页面，提示正在初始化安装向导，显示初始化进度，如图1-48所示。

图1-48

06 待软件初始化完成后，进入下一个页面，勾选"Clear all personal settings in Corel VideoStudio Uitimate X8"复选框，如图1-49所示。

图1-49

25

07 单击"Remove"按钮,进入下一个页面,显示软件卸载进度,如图1-50所示。

图1-50

08 待软件卸载完成后,进入卸载完成页面,单击"Finish"按钮,如图1-51所示。

图1-51

09 返回"360软件管家—卸载软件"对话框,在软件的右侧单击"强力清扫"按钮,如图1-52所示。

图1-52

10 弹出"360软件管家—强力清扫"对话框,选中相应复选框,单击"删除所选项目"按钮,如图1-53所示,执行上述操作后,会声会影X8程序卸载完成。

图1-53

技巧与提示

在计算机中,用户还可以通过"控制面板"窗口中提供的卸载功能来卸载会声会影X8,卸载过程也很简单,用户根据页面提示进行操作即可。

1.4 了解会声会影X8界面

会声会影X8编辑器提供了完善的编辑功能,用户利用它可以全面控制影片的制作过程,还可以为采集的视频添加各种素材、转场、覆叠及滤镜效果等。使用会声会影编辑器的图形化界面,可以清晰而快速地完成各种影片的编辑工作。本节主要向读者介绍会声会影X8工作界面的各个组成部分,希望读者熟练掌握本节内容。

1.4.1 了解工作界面的组成

会声会影X8工作界面主要包括菜单栏、步骤面板、预览窗口、导览面板、选项面板、各类素材库以及时间轴面板等,如图1-54所示。

图1-54

1.4.2　了解菜单栏

在会声会影X8中，菜单栏位于工作界面的上方，包括"文件""编辑""工具""设置""帮助"5个菜单，如图1-55所示。

图1-55

在菜单栏中，各菜单项的作用分别如下。

1.　"文件"菜单

在"文件"菜单中可以进行新建项目、打开项目、保存、另存为、导出为模版、智能包、成批转换、重新链接及退出等操作。

在"文件"菜单下，各命令含义如下。

- 新建项目：可以新建一个普通项目文件。
- 新HTML 5项目：可以新建一个HTML 5格式的项目文件。
- 打开项目：可以打开一个项目文件。
- 保存：可以保存一个项目文件。
- 另存为：可以另存为一个项目文件。
- 导出为模版：将现有的影视项目文件导出为模版，方法以后进行重复调用操作。
- 智能包：将现有项目文件进行智能打包操作，还可以根据需要对智能包进行加密。
- 成批转换：可以成批转换项目文件格式，包括

AVI格式、MPEG格式、MOV格式以及MP4格式等。

- 保存修整后的视频：可以将修整或剪辑后的视频文件保存到媒体素材库中。
- 重新链接：当素材源文件被更改位置或更改名称后，用户可以通过"重新链接"功能重新链接修改后的素材文件。
- 修复DVB-T视频：可以修改视频素材。
- 将媒体文件插入到时间轴：可以将视频、照片、音频等素材插入到时间轴面板中。
- 将媒体文件插入到素材库：可以将视频、照片、音频等素材插入到素材库面板中。
- 退出：可以退出会声会影X8工作界面。

2.　"编辑"菜单

在"编辑"菜单中可以进行恢复、撤销、删除、复制属性、粘贴、匹配运动、自定义运动、抓拍快照、自动摇动和缩放以及多重修整视频等操作。

在"编辑"菜单下，各命令含义如下。

- 撤销：可以撤销做错的视频编辑操作。
- 重复：可以恢复被撤销后的视频编辑操作。
- 删除：可以删除视频、照片或音频素材。
- 复制：可以复制视频、照片或音频素材。
- 复制属性：可以复制视频、照片或音频素材的属性，该属性包括覆叠选项、色彩校正、滤镜特效、旋转、大小、方向、样式以及变形等。
- 粘贴：可以对复制的素材进行粘贴操作。
- 粘贴所有属性：粘贴复制的所有素材属性。
- 粘贴可选属性：粘贴部分素材的属性，用户可以根据需要自行选择。
- 动态追踪：在视频中运用动态追踪功能，可以运动跟踪视频中某一个对象，形成一条路径。
- 套用追踪路径：当用户为视频设置动态追踪后，使用套用追踪路径功能可以设置动态追踪的属性，包括对象的偏移、透明度、阴影以及边框都可以进行设置。
- 自定路径：可以为视频自定义运动路径。
- 移除路径：删除视频中已经添加的运动跟踪

27

视频特效。

- 更改照片/色彩区间：可以更改照片或色彩素材持续的时间长度。
- 抓拍快照：可以在视频中抓拍某一个动态画面的静帧素材。
- 自动摇动和缩放：可以为照片素材添加摇动和缩放运动特效。
- 多重修整视频：可以多重修整视频素材的长度，以及对视频片段进行相应剪辑操作。
- 分割素材：可以对视频、照片以及音频素材的片段进行分割操作。
- 按场景分割：按照视频画面的多个场景来将视频素材分割为多个小节。
- 分割音频：将视频文件中的背景音乐单独分割出来，使其在时间轴面板中成为单个文件。
- 速度/时间流逝：可以设置视频的速度。
- 变速调节：可以更改视频画面为快动作播放或慢动作播放。

3. "工具"菜单

在"工具"菜单中可以进行DV转DVD向导、从光盘镜像刻录（ISO）以及绘图创建器等操作，如图1-56所示。

图1-56

在"工具"菜单下，各命令含义如下。

- 动态追踪：在视频中运用运动跟踪功能，可以运动跟踪视频中某一个对象，形成一条路径。
- 影音快手：可以使用软件自带的模版快速制作影片画面。
- DV转DVD向导：可以使用DV转DVD向导来捕获DV中的视频素材。
- 创建光盘：在"创建光盘"子菜单中，还包括

多种光盘类型，如DVD光盘、AVCHD光盘以及蓝光光盘等，选择相应的选项可以将视频刻录为相应的光盘。

- 从光盘镜像刻录（ISO）：可以将视频文件刻录为ISO格式的镜像文件。
- 绘图创建器：在绘图创建器中，用户可以使用画笔工具绘制各种不同的图形对象。

4. "设置"菜单

在"设置"菜单中可以进行参数选择、制作影片模版管理器、轨道管理器、章节点管理器及提示点管理器等操作，如图1-57所示。

图1-57

在"设置"菜单下，各命令含义如下。

- 参数选择：可以设置项目文件的各种参数，包括项目参数、回放属性、预览窗口颜色、撤销级别、图像采集属性以及捕获参数设置等。
- 项目属性：可以查看当前编辑的项目文件的各种属性，包括时长、帧速率以及视频数据大小等。
- 智能代理管理器：是否将项目文件进行智能代理操作，在"参数选择"对话框的"性能"选项卡中，可以设置智能代理属性。
- 素材库管理器：可以更好地管理素材库中的文件，用户可以将文件导入库或者导出库。
- 制作影片模版管理器：可以制作出不同的视频格式，在"输出"选项面板中单击相应的视频输出格式，也可以选择"自定"选项，然后在下方列表框中选择用户需要创建的视频格式即可。
- 轨道管理器：可以管理轨道中的素材文件。

- 章节点管理器：可以管理素材中的章节点。
- 提示点管理器：可以管理素材中的提示点。
- 布局设置：可以更改会声会影的布局样式。

5. "帮助"菜单

在"帮助"菜单下，可以查看软件的相关帮助信息，如帮助主题、使用指南、新增功能、检查更新以及信息版本等内容，如图1-58所示。

图1-58

- 帮助主题：在相应网页窗口中，可以查看会声会影X8的相关主题资料，也可以搜索需要的软件信息。
- 使用指南：在相应网页窗口中，可以查看会声会影X8的使用指南等信息。
- 视频教学课程：可以查看软件视频教学资料。
- 新增功能：可以查看软件的新增功能信息。
- 入门：该命令下的子菜单中，提供了多个学习软件的入门知识，用户可根据实际需求进行相应选择和学习。
- Corel支援：可以获得Corel软件相关的支援和帮助。
- 购买蓝光光盘制作：在打开的网页中，可以购买蓝光光盘的制作权限。
- 检查更新：在打开的页面中，可以检查软件是否需要更新。
- 信息：在打开的页面中，可以查看软件的相关信息。
- 版本：可以查看软件的相关版本。

1.4.3　了解步骤面板

在会声会影X8编辑器中，将影片创建分为3个面板，分别为"捕获""编辑"和"输出"，单击

相应的标签，即可切换至相应的面板，如图1-59所示。

图1-59

- 捕获：在"捕获"面板中可以直接将视频源中的影片素材捕获到电脑中。录像带中的素材可以被捕获成单独的文件或自动分割成多个文件，还可以单独捕获静止的图像。
- 编辑："编辑"面板是会声会影X8的核心，在这个面板中可以对视频素材进行整理、编辑和修改，还可以将视频滤镜、转场、字幕、路径及音频应用到视频素材上。
- 输出：影片编辑完成后，在"输出"面板中可以创建视频文件，将影片输出到VCD、DVD或网络上。

1.4.4　了解预览窗口

预览窗口位于操作界面的左上方，可以显示当前的项目、素材、视频滤镜、效果或标题等，也就是说，对视频进行的各种设置基本都可以在此显示出来，而且有些视频内容需要在此进行编辑，如图1-60所示。

图1-60

1.4.5　了解导览面板

导览面板主要用于控制预览窗口中显示的内容，运用该面板可以浏览所选的素材，进行精确的编辑或修整操作。预览窗口下方的导览面板上有一

排播放控制按钮和功能按钮,用于预览和编辑项目中使用的素材,通过选择导览面板中不同的播放模式来播放所选的项目或素材。使用修整栏和擦洗器可以对素材进行编辑,将鼠标指针移动到按钮或对象上方时会显示该按钮的名称。

- "播放"按钮▶:单击该按钮,播放会声会影的项目、视频或音频素材。按住Shift键的同时单击该按钮,可以仅播放在修整栏上选取的区间(在开始标记和结束标记之间)。在回放时,单击该按钮,可以停止播放视频。
- "起始"按钮◀:返回到项目、素材或所选区域的起始点。
- "上一帧"按钮◀‖:移动到项目、素材或所选区域的上一帧。
- "下一帧"按钮‖▶:移动到项目、素材或所选区域的下一帧。
- "结束"按钮▶‖:移动到项目、素材或所选区域的终止点位置。
- "重复"按钮↻:连续播放项目、素材或所选区域。
- "系统音量"按钮◀):单击该按钮,或拖动弹出的滑动条,可以调整视频素材的音频音量,亦会同时调整扬声器的音量。
- "修整标记"按钮:用于修整、编辑和剪辑视频素材。
- "开始标记"按钮[:用于标记素材的起始点。
- "结束标记"按钮]:用于标记素材的结束点。
- "按照飞梭栏的位置分割素材"按钮✂:将滑轨定位到需要分割的位置,将所选的素材剪切为两段。
- "滑轨"▽:单击并拖动该按钮,可以浏览视频或图像素材的画面效果,该停顿的位置显示在当前预览窗口的内容中。
- "扩大"按钮⊡:单击该按钮,可以在较大的窗口中预览项目或素材。
- 时间轴00:00:00:00⟲:通过指定确切的时间,可以直接调节到项目或所选素材的特定位置。

1.4.6 了解选项面板

在会声会影X8的选项面板中,包含了控件、按钮和其他信息,可用于自定义所选素材的设置,该面板中的内容将根据步骤面板的不同而有所不同。下面向读者简单介绍"照片"选项面板和"视图"选项面板。

1. "照片"选项面板

在视频轨中,插入一幅照片素材,然后双击插入的照片素材,即可进入"照片"选项面板,如图1-61所示,在其中用户可以对照片素材进行旋转与调色操作。

图1-61

在"照片"选项面板中,各选项含义如下。

- "照片区间" 0:00:03:00:可以调整照片素材的整体区间长度。
- "将照片逆时针旋转90度"按钮:可以将照片素材逆时针旋转90度。
- "将照片顺时针旋转90度"按钮:可以将照片素材顺时针旋转90度。
- "色彩校正"按钮:单击该按钮,可以弹出相应调色面板,在其中可以校正照片素材的画面色调与白平衡。
- "重新采样选项":单击该选项右侧的下三角按钮,在弹出的列表框中选择相应的选项,可以调整预览窗口中素材的大小和样式。
- "摇动和缩放"单选按钮:可以为照片素材添加摇动和缩放运动效果,使静态的照片素材能动起来,增强照片素材的视觉欣赏力。
- "预设效果"列表框:可以选择软件自带的多种预设动画。

- "自定义"按钮 ：可以自定义摇动和缩放运动参数，手动调整运动方向等。

2. "视频"选项面板

在视频轨中，选择一段视频素材，然后双击选择的视频素材，即可进入"视频"选项面板，如图1-62所示，在其中用户可以对视频素材进行编辑与剪辑操作。

图1-62

- "素材音量"数值框：可以设置视频文件的背景音乐音量大小，单击右侧的下三角按钮，在弹出的滑动条中，拖曳滑块可以调整音量大小。
- "静音"按钮：可以设置视频中的背景音量静音属性，被静音后，视频轨中视频左下角缩略图上显示一个音频关闭图标，而且呈红色显示。
- "淡入"按钮：可以设置音频的淡入特效。
- "淡出"按钮：可以设置音频的淡出特效。
- "反转视频"复选框：可以对视频素材的画面进行反转操作，产生反向播放视频效果。
- "速度/时间流逝"按钮：单击该按钮，在弹出的对话框中可以设置视频素材的回放速度和流逝时间。
- "变频调速"按钮：单击该按钮，可以调整视频的速度，或快或慢。
- "分割音频"按钮：在视频轨中选择相应的视频素材后，单击该按钮，可以将视频中的音频分割出来。
- "按场景分割"按钮：在视频轨中选择相应的视频素材后，单击该按钮，在弹出的对话框中，用户可以对视频文件按场景分割为多段单独的视频文件。

- "多重修整视频"按钮：单击该按钮，弹出"多重修整视频"对话框，在其中用户可以对视频文件进行多重修整操作，也可以将视频按照指定的区间长度进行分割和修剪。

1.4.7　了解媒体素材库

在会声会影X8界面的右上角，单击"媒体"按钮 ，即可进入"媒体"素材库，其中显示了所有视频、图像与音频素材。图1-63所示为视频素材与音频素材显示的缩略图文件。

图1-63

1.4.8　了解即时项目素材库

在会声会影X8界面的右上角，单击"即时项目"按钮 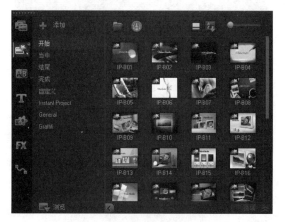，即可进入"即时项目"素材库，其中包括各种片头、片中以及片尾项目文件，如图1-64所示。

图1-64

1.4.9 了解转场素材库

在界面的右上角，单击"转场"按钮 **AB**，即可进入"转场"素材库，其中包括3D、过滤、闪光以及擦拭等各类转场特效，如图1-65所示。

图1-65

1.4.10 了解标题素材库

在会声会影X8界面的右上角，单击"标题"按钮 **T**，即可进入"标题"素材库，其中包括各种不同的标题预设模版，如图1-66所示，用户可根据需要将相应的预设标题添加至标题轨中，这些预设的标题样式都有各自的字体样式、动画属性以及特效等，字幕特效丰富多彩。

图1-66

1.4.11 了解图形素材库

在界面的右上角，单击"图形"按钮，即可进入"图形"素材库，在"色彩图样"选项卡中，包括多种不同的色彩图形素材，如图1-67所示。

图1-67

1.4.12 了解滤镜素材库

在会声会影X8界面的右上角，单击"滤镜"按钮 **FX**，即可进入"滤镜"素材库，其中包括2D对映、相机镜头、自然绘图以及标题特效等各类滤镜特效，如图1-68所示。

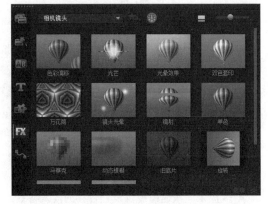

图1-68

1.4.13 了解路径素材库

"路径"素材库功能可以将路径特效运用在视频轨或覆叠轨中的素材文件上，可制作出非常专业的视频运动效果，"路径"素材库，如图1-69所示。

图1-69

1.4.14　了解时间轴面板

在会声会影X8的时间轴中，可以准确地显示出事件发生的时间和位置，还可以粗略浏览不同媒体素材的内容，如图1-70所示。在时间轴中，允许用户微调效果，并以精确到帧的精度来修改和编辑视频，还可以根据素材在每条轨道上的位置准确地显示故事中事件发生的时间和位置。

图1-70

1.5　本章小结

本章全面介绍了会声会影X8的基本知识，包括视频编辑常识、新增功能、如何安装与卸载软件，以及认识会声会影X8界面。通过本章的学习，用户可以初识会声会影X8，对会声会影X8的学习及以后的操作都有一定的帮助。

1.6　习题测试——启动会声会影X8

鉴于本章知识的重要性，为了帮助读者更好地掌握所学知识，本节将通过上机习题，帮助读者进行简单的知识回顾和补充。

案例位置	无
难易指数	★★☆☆☆
学习目标	掌握启动会声会影X8的操作方法

本习题需要读者掌握启动会声会影X8的操作方法，启动方法如图1-71所示，启动后的界面，如图1-72所示。

图1-71

图1-72

第2章

掌握会声会影基本操作

内容摘要

　　会声会影X8的基本操作主要包括项目文件、视图模式等。项目文件是指运用会声会影X8进行视频素材编辑等操作时，用于记录视频素材编辑的信息文件，在项目文件中可以保存视频素材、图像素材、声音素材以及特效等使用的参数信息，项目文件的格式为*.VSP。使用会声会影对视频进行编辑时，会涉及一些项目的基本操作，如新建项目、打开项目、保存项目和关闭项目等。本章主要向读者介绍会声会影X8软件的基本操作方法。

课堂学习目标

● 熟练掌握项目基本操作
● 掌握链接与修复项目
● 熟悉视图模式
● 掌握显示与隐藏网格线
● 更改、保存与切换界面布局

2.1 熟练掌握项目基本操作

所谓项目，就是进行视频编辑等操作的文件，使用会声会影对视频进行编辑时，会涉及一些项目的基础操作，如新建项目、打开项目、保存等。

2.1.1 掌握新建项目

运行会声会影X8时，程序会自动新建一个项目。若是第一次使用会声会影X8，项目将使用会声会影X8的初始默认设置，项目设置决定在预览项目时视频项目的渲染方式。

进入会声会影编辑器，单击菜单栏中的"文件"|"新建项目"命令，如图2-1所示。执行上述的操作后，即可新建一个项目文件。单击"显示照片"按钮，显示软件自带的照片素材，如图2-2所示。

图2-1

图2-2

在照片素材库中，选择照片素材，单击鼠标左键并拖曳至视频轨中，如图2-3所示。在预览窗口中，即可预览视频效果，如图2-4所示。

图2-3

图2-4

技巧与提示

在会声会影X8工作界面中，直接按Ctrl＋N组合键，也可快速新建一个空白的项目文件。

2.1.2 掌握打开项目

当用户需要使用其他已经保存的项目文件时，可以选择需要的项目文件打开。在会声会影X8工作界面，用户可以通过"打开项目"命令来打开项目文件。

下面向读者介绍打开项目文件的操作方法。

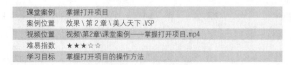

课堂案例	掌握打开项目
案例位置	效果\第2章\美人天下.VSP
视频位置	视频\第2章\课堂案例——掌握打开项目.mp4
难易指数	★★★☆☆
学习目标	掌握打开项目的操作方法

本实例最终效果如图2-5所示。

图2-5

01 进入会声会影编辑器，在菜单栏中，单击"文件"菜单，在弹出的菜单列表中单击"打开项目"命令，如图2-6所示。

图2-6

02 执行操作后，弹出"打开"对话框，在该对话框中用户可根据需要选择要打开的项目文件（素材\第2章\美人天下.VSP），如图2-7所示。

图2-7

03 单击"打开"按钮，即可打开项目文件，在时间轴视图中可以查看打开的项目文件，如图2-8所示。

图2-8

04 在预览窗口中，可以预览视频画面效果。

> **技巧与提示**
> 在会声会影X8中，按Ctrl＋O组合键，也可以快速打开所需的项目文件。

2.1.3 掌握保存项目

在会声会影X8中完成对视频的编辑后，可以将项目文件保存，保存项目文件对视频编辑相当重要，保存了项目文件也就保存了之前对视频编辑的参数信息。

保存项目文件后，如果用户对保存的视频有不满意的地方，可以重新打开项目文件，在其中进行修改，并可以将修改后的项目文件渲染成新的视频文件。

课堂案例	掌握保存项目
案例位置	效果 \ 第 2 章 \ 特色建筑 .VSP
视频位置	视频 \ 第 2 章 \ 课堂案例——掌握保存项目 .mp4
难易指数	★★★☆☆
学习目标	掌握保存项目的操作方法

本实例最终效果如图2-9所示。

图2-9

01 进入会声会影编辑器，在视频轨中插入一幅素材图像（素材\第2章\特色建筑.jpg），如图2-10所示。

图2-10

02 在预览窗口中，可以预览视频画面效果。

03 在菜单栏中，单击"文件"|"保存"命令，如图2-11所示。

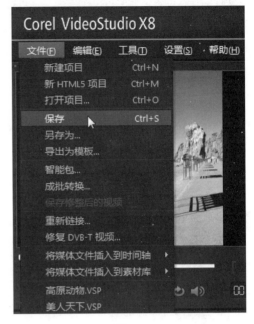

图2-11

04 执行操作后，弹出"另存为"对话框，在其中设置项目文件的保存位置和文件名称，如图2-12所示。单击"保存"按钮，即可将制作完成的项目文件进行保存。

图2-12

技巧与提示

在会声会影X8中，按Ctrl＋S组合键，也可以快速保存所需的项目文件。

2.1.4 掌握另存为项目

在保存项目文件的过程中，如果用户需要更改项目文件的保存位置，此时可以对项目文件进行另存为操作。

课堂案例	掌握另存为项目
案例位置	效果\第2章\旅游风光.VSP
视频位置	视频\第2章\课堂案例——掌握另存为项目.mp4
难易指数	★★★☆☆
学习目标	掌握另存为项目的操作方法

本实例最终效果如图2-13所示。

图2-13

01 进入会声会影编辑器，在菜单栏中单击"文件"|"打开项目"命令，打开一个项目文件（素材\第2章\旅游风光.VSP），如图2-14所示。

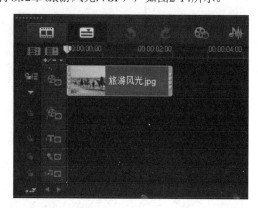

图2-14

02 对项目文件进行相关编辑操作，在预览窗口中可以预览视频效果。

03 在菜单栏中，单击"文件"|"另存为"命令，如图2-15所示。

04 执行操作后，弹出"另存为"对话框，在其中设置项目文件的另存为位置和文件名称，如图2-16

所示。单击"保存"按钮，即可将项目文件进行另存为操作。

图2-15

图2-16

2.1.5 掌握加密打包压缩文件

在会声会影X8中，用户可以将项目文件打包为压缩文件，还可以对打包的压缩文件设置密码，以保证文件的安全性。

下面向读者介绍将项目文件加密打包为压缩文件的操作方法。

课堂案例	掌握加密打包压缩文件
案例位置	效果\第2章\夜空美景.zip
视频位置	视频\第2章\课堂案例——掌握加密打包压缩文件.mp4
难易指数	★★★★★
学习目标	掌握加密打包压缩文件的操作方法

本实例最终效果如图2-17所示。

图2-17

01 进入会声会影编辑器，单击"文件"|"打开项目"命令，打开一个项目文件（素材\第2章\夜空美景.VSP），如图2-18所示。

图2-18

02 在预览窗口中可预览打开的项目效果。

03 在菜单栏上单击"文件"|"智能包"命令，如图2-19所示。

图2-19

04 弹出提示信息框，单击"是"按钮，如图2-20所示。

图2-20

05 弹出"智能包"对话框，选中"压缩文件"单选按钮，如图2-21所示。

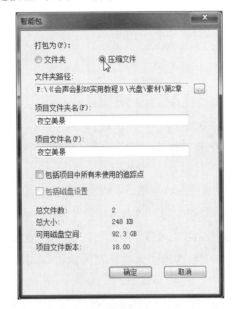

图2-21

06 单击"文件夹路径"右侧的按钮，如图2-22所示。

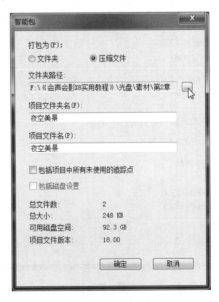

图2-22

07 弹出"浏览文件夹"对话框，在其中选择压缩文件的输出位置，如图2-23所示。

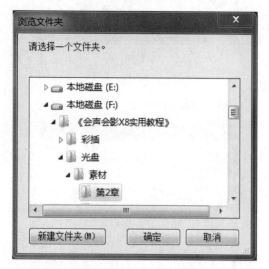

图2-23

08 设置完成后，单击"确定"按钮，返回"智能包"对话框，在"文件夹路径"下方显示了刚设置的路径，在"项目文件夹名"和"项目文件名"文本框中输入文字为"夜空美景"，如图2-24所示。

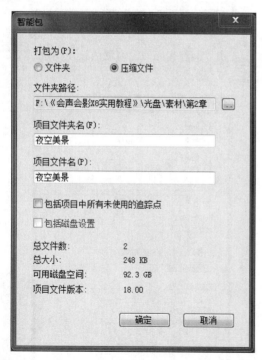

图2-24

09 单击"确定"按钮，弹出"压缩项目包"对话框，在下方选中"加密添加文件"复选框，如图2-25所示。

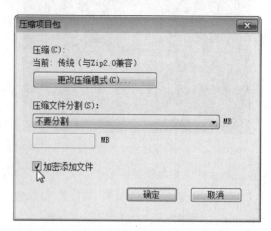

图2-25

10 单击"确定"按钮，弹出"加密"对话框，在其中设置压缩文件的密码（123456789），如图2-26所示。

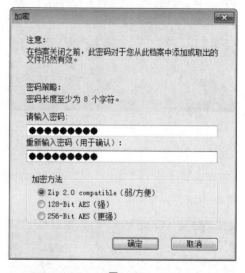

图2-26

图2-27

在图2-26所示的"加密"对话框中,当用户输入的密码数值少于8个字符时,单击"确定"按钮,将会弹出提示信息框,如图2-27所示,提示用户密码不符合设置的要求,此时需要重新修改密码参数。

⑪ 设置完成后,单击"确定"按钮,弹出提示信息框,提示用户项目已经成功压缩,如图2-28所示。

图2-28

⑫ 单击"确定"按钮,即可完成操作,打开效果原文件,查看保存的效果文件,如图2-29所示。

图2-29

2.2 掌握链接与修复项目

在会声会影X8中,如果制作的视频文件源素材被更改了名称或存储位置,此时需要对素材进行重新链接,才能正常打开需要的项目文件。

2.2.1 掌握打开项目重新链接

在会声会影X8中打开项目文件时,如果素材丢失,软件会提示用户需要重新链接素材,才能正确打开项目文件。

课堂案例	掌握打开项目重新链接
案例位置	效果\第2章\古城漫步.VSP
视频位置	视频\第2章\课堂案例——掌握打开项目重新链接.mp4
难易指数	★★★★☆
学习目标	掌握打开项目重新链接的操作方法

本实例最终效果如图2-30所示。

图2-30

① 在菜单栏中,单击"文件"|"打开项目"命令,如图2-31所示。

图2-31

② 弹出"打开"对话框,在其中选择需要打开的项目文件(素材\第2章\古城漫步.VSP),如图2-32所示。

图2-32

03 单击"打开"按钮,即可打开项目文件,此时时间轴面板中显示素材错误,如图2-33所示。

图2-33

04 软件自动弹出提示信息框,单击"重新链接"按钮,如图2-34所示。

图2-34

05 弹出"替换/重新链接素材"对话框,在其中选择正确的素材文件,如图2-35所示。

06 单击"打开"按钮,弹出提示信息框,提示用户素材链接成功,如图2-36所示,单击"确定"按钮。

图2-35

图2-36

07 此时,在时间轴面板中将显示素材的缩略图,表示素材已经链接成功,如图2-37所示。

图2-37

08 在预览窗口中,可以预览链接成功后的素材画面效果。

2.2.2 掌握制作过程重新链接

在会声会影X8中,用户如果在制作视频的过程中，修改了视频源素材的名称或素材的路径，此时可以在制作过程中重新链接正确的素材文件，使项目文件能够正常打开。下面向读者介绍重新链接素材的操作方法。

课堂案例	掌握制作过程重新链接
案例位置	效果\第2章\凉亭风景.VSP
视频位置	视频\第2章\课堂案例——掌握制作过程重新链接.mp4
难易指数	★★★★☆
学习目标	掌握制作过程重新链接的操作方法

本实例最终效果如图2-38所示。

图2-38

01 进入会声会影编辑器，在菜单栏中单击"文件"|"打开项目"命令，打开一个项目文件（素材\第2章\凉亭风景.VSP），如图2-39所示。

图2-39

02 在视频轨中选择"凉亭"照片素材，如图2-40所示。

图2-40

03 单击鼠标右键，在弹出的快捷菜单中选择"打开文件夹"选项，如图2-41所示。

图2-41

04 打开相应文件夹，在其中对照片素材进行重命名，如图2-42所示。

技巧与提示

在会声会影X8中，当项目文件中的源素材被更改名称或位置后，软件会自动弹出提示信息框，提示用户重新链接素材，用户也可以设置软件不提示重新链接素材的消息，此时只需在"参数选择"对话框的"常规"选项卡中，取消选中"重新链接检查"复选框即可。

43

图2-42

05 重命名完成后，返回会声会影编辑器，此时视频轨中被更改名称后的素材文件显示错误，如图2-43所示。

图2-43

06 在菜单栏中，单击"文件"|"重新链接"命令，如图2-44所示。

图2-44

07 弹出相应对话框，提示照片素材不存在，单击"重新链接"按钮，如图2-45所示。

图2-45

08 弹出相应对话框，在其中选择重命名后的照片素材，如图2-46所示。

图2-46

09 单击"打开"按钮，提示素材已经成功链接，完成照片素材的重新链接。这时在视频轨中可以查看该素材，如图2-47所示。

图2-47

2.2.3　掌握成批转换视频文件

在会声会影X8中，如果用户对某些视频文件的格式不满意，此时可以运用"成批转换"功能，成批转换视频文件的格式，使之符合用户的视频需求。下面向读者介绍成批转换视频文件的方法。

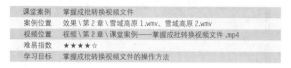

课堂案例	掌握成批转换视频文件
案例位置	效果\第2章\雪域高原1.wmv、雪域高原2.wmv
视频位置	视频\第2章\课堂案例——掌握成批转换视频文件.mp4
难易指数	★★★★☆
学习目标	掌握成批转换视频文件的操作方法

本实例最终效果如图2-48所示。

图2-48

01 进入会声会影编辑器，在菜单栏中单击"文件"|"成批转换"命令，如图2-49所示。

图2-49

02 弹出"成批转换"对话框，单击"添加"按钮，如图2-50所示。

03 弹出"开启视讯文件"对话框，在其中选择需要的素材，如图2-51所示。

图2-50

图2-51

04 单击"打开"按钮，即可将选择的素材添加至"成批转换"对话框中，单击"保存文件夹"文本框右侧的按钮，如图2-52所示。

05 弹出"浏览文件夹"对话框，在其中选择需要保存的文件夹，如图2-53所示。

06 单击"确定"按钮，返回"成批转换"对话框，其中显示了视频文件的转换位置，在下方设置视频需要转换的格式，这里选择"Windows Media视频"选项，如图2-54所示，单击"转换"按钮。

图2-52

图2-53

图2-54

07 执行上述操作，即可开始进行转换，转换完成后，弹出"任务报告"对话框，提示文件转换成功，如图2-55所示。单击"确定"按钮，即可完成成批转换的操作。

08 将转换后的视频文件添加至视频轨中，在预览窗口中可以预览视频的画面效果。

图2-55

2.2.4 掌握修复损坏文件

在会声会影X8中，用户可以通过软件的修复功能，修复已损坏的视频文件。下面向读者介绍修复损坏的文件的操作方法。

课堂案例	掌握修复损坏文件
案例位置	效果＼第2章＼经幡.mpg
视频位置	视频＼第2章＼课堂案例——掌握修复损坏文件.mp4
难易指数	★★★☆☆
学习目标	掌握修复损坏文件的操作方法

本实例最终效果如图2-56所示。

图2-56

01　进入会声会影编辑器，在菜单栏中单击"修复DVB-T视频"命令，如图2-57所示。

图2-57

02　弹出"修复DVB-T视频"对话框，单击"添加"按钮，如图2-58所示。

图2-58

03　弹出"开启视讯文件"对话框，在其中选择需要修复的视频文件（素材\第2章\经幡.mpg），如图2-59所示。

04　单击"打开"按钮，返回"修复DVB-T视频"对话框，其中显示了刚添加的视频文件，如图2-60所示。

05　单击"修复"按钮，即可开始修复视频文件，稍等片刻，弹出"任务报告"对话框，提示视频不需要修复，如图2-61所示。如果是已损坏的视频文件，则会提示修复完成。

图2-59

图2-60

图2-61

06　单击"确定"按钮。即可完成视频的修复操作，将修复的视频添加到视频轨中。这时，在预览窗口中可以预览视频画面效果。

2.3 熟悉视图模式

会声会影X8提供了3种可选择的视频编辑视图模式，分别为故事板视图、时间轴视图和混音器视图，每一个视图都有其特有的优势，不同的视图模式都可以应用于不同项目文件的编辑操作。本节主要向读者介绍在会声会影X8中切换常用视图模式的操作方法。

2.3.1 熟悉故事板视图

故事板视图模式是一种简单明了的编辑模式，用户只需从素材库中直接将素材用鼠标拖曳至视频轨中即可。在该视图模式中，每一张缩略图代表了一张图片、一段视频或一个转场效果，图片下方数字表示该素材区间。在该视图模式中编辑视频时，用户只需选择相应的视频文件，在预览窗口中进行编辑，从而轻松实现对视频的编辑操作，用户还可以在故事板中用鼠标拖曳缩略图顺序，从而调整视频项目的播放顺序。

在会声会影X8编辑器中，单击视图面板上方的"故事板视图"按钮，即可将视图模式切换至故事板视图，如图2-62所示。

图2-62

2.3.2 熟悉时间轴视图

时间轴视图是会声会影X8中最常用的编辑模式，相对比较复杂，但是其功能强大。在时间轴编辑模式下，用户不仅可以对标题、字幕、音频等素材进行编辑，而且还可在以"帧"为单位的精度下对素材进行精确的编辑。所以时间轴视图模式，是用户精确编辑视频的最佳形式。

课堂案例	熟悉时间轴视图
案例位置	效果 \ 第 2 章 \ 花朵 .VSP
视频位置	视频 \ 第 2 章 \ 课堂案例——熟悉时间轴视图 .mp4
难易指数	★★☆☆☆
学习目标	掌握熟悉时间轴视图的操作方法

本实例最终效果如图2-63所示。

图2-63

01 进入会声会影编辑器，在菜单栏中单击"文件"|"打开项目"命令，打开一个项目文件（素材\第2章\花朵.VSP），如图2-64所示。

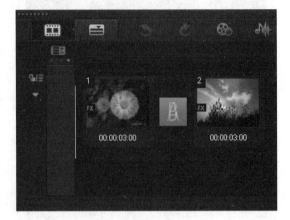

图2-64

02 单击故事板上方的"时间轴视图"按钮，如图2-65所示，即可将视图模式切换至时间轴视图模式。

图2-65

? 技巧与提示

在时间轴面板中，各轨道图标中均有一个眼睛样式的可视性图标，单击该图标，即可禁用相应轨道，再单击该图标，可启用相应轨道。

03 在预览窗口中，可以预览时间轴视图中的素材画面效果。

2.3.3 熟悉混音器视图

混音器视图在会声会影X8中，可以用来调整项目中语音轨和音乐轨中素材的音量大小，以及调整素材中特定点位置的音量。在该视图中用户还可以为音频素材设置淡入淡出、长回音、放大以及嘶声降低等特效。

课堂案例	熟悉混音器视图
案例位置	效果＼第2章＼玫瑰女人 .VSP
视频位置	视频＼第2章＼课堂案例——熟悉混音器视图 .mp4
难易指数	★★☆☆☆
学习目标	掌握熟悉混音器视图的操作方法

本实例最终效果如图2-66所示。

图2-66

01 进入会声会影编辑器，在菜单栏中单击"文件"|"打开项目"命令（素材＼第2章＼玫瑰女人.VSP），打开一个项目文件，如图2-67所示。

图2-67

02 单击时间轴上方的"混音器"按钮，如图2-68所示，即可将视图模式切换至混音器视图模式。

03 在预览窗口中，可以预览混音器视图中的素材画面效果。

图2-68

技巧与提示

在会声会影X8工作界面中，如果用户再次单击"混音器"按钮，可以返回至故事板视图或时间轴视图中。

2.4　掌握显示与隐藏网格线

在会声会影X8中，网格对于对称地布置图像或其他对象非常有用。本节主要向读者介绍显示与隐藏网格线的方法。

2.4.1 掌握显示网格线

在会声会影X8中，通过"显示网格线"复选框，可以在预览窗口中显示网格线。下面向读者介绍显示网格线的操作方法。

课堂案例	掌握显示网格线
案例位置	效果＼第2章＼结婚戒指 .VSP
视频位置	视频＼第2章＼课堂案例——掌握显示网格线 .mp4
难易指数	★★★★☆
学习目标	掌握显示网格线的操作方法

本实例最终效果如图2-69所示。

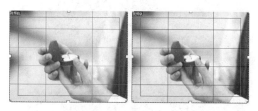

图2-69

01 进入会声会影编辑器，单击"文件"|"打开项目"命令，打开一个项目文件（素材\第2章\结婚戒指.VSP），如图2-70所示。

图2-70

02 在时间轴面板中，选择需要显示网络线的素材文件，如图2-71所示。

图2-71

03 单击时间轴面板右上方的"选项"按钮，如图2-72所示。之后弹出"选项"面板，在该面板中，单击"属性"选项卡，如图2-73所示。

图2-72

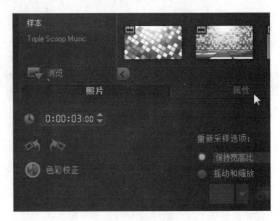

图2-73

04 打开"属性"选项面板，选中"变形素材"复选框，激活"显示网格线"复选框，并选中"显示网格线"复选框，如图2-74所示。

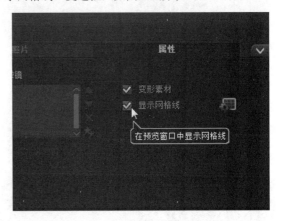

图2-74

05 执行操作后，即可显示网格线，效果如图2-75所示。

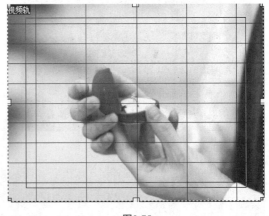

图2-75

06 在"属性"选项面板中,单击"网格线选项"按钮,如图2-76所示。执行操作后,弹出"网格线选项"对话框,如图2-77所示。

图2-76

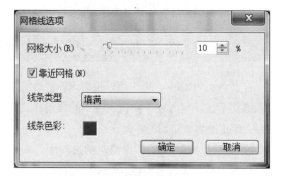

图2-77

07 拖曳"网格大小"右侧的滑块,直至参数显示为20,或者在"网格大小"右侧的百分比数值框中输入20,设置网格的大小属性,如图2-78所示。单击"线条色彩"右侧的色块,在弹出的颜色面板中选择红色,是指设置网格线的颜色为红色,如图2-79所示。

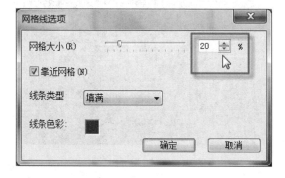

图2-78

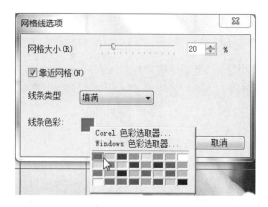

图2-79

08 设置完成后,单击"确定"按钮,返回会声会影工作界面,在预览窗口中可以预览网格线的效果。在"网格线选项"对话框中,用户还可以更改网格线的颜色为黑色。

技巧与提示

网格线只是显示在预览窗口中,是对软件界面的一种属性设置,不会被用户保存至项目文件中,也不会被输出至视频文件中。

2.4.2 掌握隐藏网格线

如果用户不需要在界面中显示网格效果,此时可以对网格线进行隐藏操作。下面向读者介绍隐藏网格线的操作方法。

课堂案例	掌握隐藏网格线
案例位置	效果\第2章\塔.VSP
视频位置	视频\第2章\课堂案例——掌握隐藏网格线.mp4
难易指数	★★★☆☆
学习目标	掌握隐藏网格线的操作方法

本实例最终效果如图2-80所示。

图2-80

01 进入会声会影编辑器,单击"文件"|"打开项目"命令,打开一个项目文件(素材\第2章\塔.VSP),如图2-81所示。

图2-81

02 在时间轴面板中,选择相应素材文件,效果如图2-82所示。

图2-82

03 展开"属性"选项面板,在其中取消选中的"变形素材"和"显示网格线"复选框,如图2-83所示。

04 执行操作后,即可隐藏网格线。

图2-83

技巧与提示
在显示网格线的状态下,单击"网格线选项"按钮,在弹出的"网格线选项"对话框中,拖曳鼠标指针放置在"网格大小"选项区右侧的滑块上,单击鼠标左键的同时将滑块拖曳至最右端,网格线将扩大到100%,预览窗口中的网格线将不可见,即可实现隐藏网格线的操作。

2.5 更改、保存与切换界面布局

更改软件的布局方式是会声会影X8的非常实用的功能,用户运用会声会影X8进行视频编辑时,可以根据操作习惯随意调整界面布局,如将面板放大、嵌入到其他位置以及设置成漂浮状态等。

2.5.1 软件默认布局的更改

在会声会影X8中,用户可以根据编辑视频的方式和操作手法,更改软件默认状态下的布局样式。下面介绍更改界面布局的方式。

在使用会声会影X8进行编辑的过程中,用户可以根据需要将面板放大或者缩小,如在时间轴中进行编辑时,将时间轴面板放大,可以获得更大的操作空间;在预览窗口中预览视频效果时,将预览窗口放大,可以获得更好的预览效果。操作时将鼠标移至预览窗口、素材库或时间轴相邻的边界线上,如图2-84所示。

图2-84

单击鼠标左键并拖曳,可将选择的面板随意的放大、缩小。图2-85所示为调整面板大小后的界面效果。

图2-85

2.5.2 界面布局样式的保存

在会声会影X8中，用户可以将更改的界面布局样式保存为自定义的界面，并在以后的视频编辑中，根据操作习惯方便地切换界面布局。

下面向读者介绍保存界面布局样式的操作方法。

课堂案例	界面布局样式的保存
案例位置	效果\第2章\新年快乐.VSP
视频位置	视频\第2章\课堂案例——界面布局样式的保存.mp4
难易指数	★★☆☆☆
学习目标	界面布局样式的保存的操作方法

本实例最终效果如图2-86所示。

图2-86

① 进入会声会影编辑器，在菜单栏中单击"文件"|"打开项目"命令，打开一个项目文件（素材\第2章\新年快乐.VSP），随意拖曳窗口布局，如图2-87所示。

② 在菜单栏中，单击"设置"|"布局设置"|"保存至"|"自定义#3"命令，如图2-88所示。

③ 执行操作后，即可将更改的界面布局样式进行保存操作，在预览窗口中可以预览视频的画面效果。

图2-87

图2-88

技巧与提示

在会声会影X8中，当用户保存了更改后的界面布局样式后，按Alt＋1组合键，可以快速切换至"自定义#1"布局样式；按Alt＋2组合键，可以快速切换至"自定义#2"布局样式；按Alt＋3组合键，可以快速切换至"自定义#3"布局样式。单击"设置"|"布局设置"|"切换到"|"默认"命令，或按F7键，可以快速恢复至软件默认的界面布局样式。

2.5.3 界面布局样式的切换

在会声会影X8中，当用户自定义多个布局样式后，此时根据编辑视频的习惯，用户可以切换至相应的界面布局样式中。

下面向读者介绍切换界面布局样式的操作方法。

课堂案例	界面布局样式的切换
案例位置	效果\第2章\东北雪乡.VSP
视频位置	视频\第2章\课堂案例——界面布局样式的切换.mp4
难易指数	★★☆☆☆
学习目标	界面布局样式的切换的操作方法

本实例最终效果如图2-89所示。

图2-89

01　进入会声会影编辑器，在菜单栏中单击"文件"|"打开项目"命令，打开一个项目文件（素材\第2章\东北雪乡.VSP），此时窗口布局样式如图2-90所示。

图2-90

02　在菜单栏中，单击"设置"|"布局设置"|"切换至"|"自定义#2"命令，如图2-91所示。

图2-91

03　执行操作后，即可切换界面布局样式。

技巧与提示

单击"设置"|"参数选择"命令，弹出"参数选择"对话框，切换至"界面布局"选项卡，在"布局"选项区中选中相应的单选按钮，单击"确定"按钮后，即可切换至相应的界面布局样式。

2.6　本章小结

本章全面介绍了会声会影的基本操作，包括项目基本操作、链接与修复项目、视图模式以及保存切换布局样式等内容。通过本章的学习，用户可以熟练掌握会声会影X8的基本操作，对会声会影X8的学习有一定的帮助。

2.7　习题测试——打包项目为文件夹

鉴于本章知识的重要性，为了帮助读者更好地掌握所学知识，本节将通过上机习题，帮助读者进行简单的知识回顾和补充。

案例位置	效果\习题测试\泰国建筑
难易指数	★★★★☆
学习目标	掌握打包项目为文件夹的操作方法

本习题需要掌握打包项目为文件夹的操作方法，素材文件如图2-92，操作过程如图2-93所示。

图2-92　　　　　　　图2-93

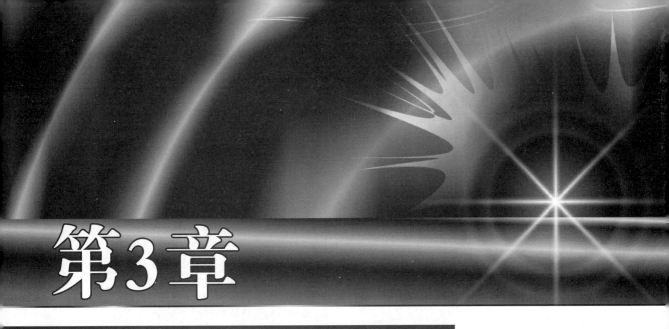

第3章

使用媒体模版素材

内容摘要

  会声会影X8提供了多种类型的媒体模版，如即时项目模版、图像模版、视频模版、边框模版及其他各种类型的模版等，使用这些媒体模版可以将大量生活和旅游中的静态照片或动态视频制作成动态影片。本章主要介绍媒体模版的使用方法。

课堂学习目标

● 使用图像模版

● 使用视频模版

● 使用即时项目特效模版

● 使用软件自带其他模版

● 使用影音快手制片

3.1 使用图像模版

在会声会影X8中，提供了多种类型的主题模版，本节主要向读者介绍在会声会影X8中使用图像模版的操作方法。

3.1.1 使用植物模版

在会声会影X8中，用户可以使用"照片"素材库中的蒲公英植物模版制作优美的风景效果，下面介绍使用植物模版制作美丽风景的操作方法。

课堂案例	使用植物模版
案例位置	无
视频位置	视频\第3章\课堂案例——使用植物模版.mp4
难易指数	★★☆☆☆
学习目标	掌握使用植物模版的操作方法

01 进入会声会影编辑器，单击"显示照片"按钮，如图3-1所示。

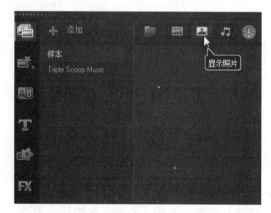

图3-1

02 在"照片"素材库中，选择植物图像模版，如图3-2所示。

图3-2

技巧与提示

在"媒体"素材库中，当用户显示照片素材后，"显示照片"按钮将变为"隐藏照片"按钮，单击"隐藏照片"按钮，即可隐藏素材库中所有的照片素材，使素材库保持整洁。在"媒体"素材库中，当用户显示照片素材后，"显示照片"按钮将变为"隐藏照片"按钮，单击"隐藏照片"按钮，即可隐藏素材库中所有的照片素材，使素材库保持整洁。

03 在植物图像模版上，单击鼠标左键并将其拖曳至时间轴面板中的适当位置后，释放鼠标左键，即可应用植物图像模版，如图3-3所示。

图3-3

04 在预览窗口中，可以预览添加的植物模版效果，如图3-4所示。

图3-4

3.1.2 使用笔记模版

在会声会影X8中，向读者提供了笔记模版，用户可以将笔记模版应用到各种各样的照片中，下面介绍使用笔记图像模版的操作方法。

01 在"照片"素材库中，选择笔记图像模版，如图3-5所示。

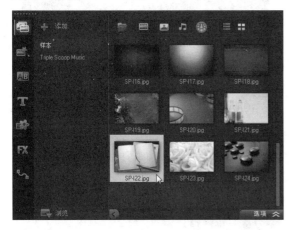

图3-5

02 在笔记图像模版上，单击鼠标右键，在弹出的快捷菜单中选择"插入到"|"视频轨"选项，如图3-6所示。

图3-6

03 执行操作后，即可将笔记图像模版插入到时间轴面板的视频轨中，如图3-7所示。

04 在预览窗口中，可以预览添加的笔记模版效果，如图3-8所示。

图3-7

图3-8

3.1.3 使用圣诞模版

在会声会影X8中，用户可以使用"照片"素材库中的圣诞模版制作圣诞快乐效果，下面介绍使用圣诞图像模版的操作方法。

本实例最终效果如图3-9所示。

01 进入会声会影编辑器，单击"文件"|"打开项目"命令，打开一个项目文件（素材\第3章\圣诞快乐.VSP），如图3-10所示。

02 在"照片"素材库中，选择圣诞背景图像模版，如图3-11所示。

图3-9

图3-10

图3-11

03 单击鼠标左键并拖曳至视频轨中的适当位置，释放鼠标左键，即可添加圣诞背景图像模版，如图3-12所示。

04 执行上述操作后，在预览窗口中即可预览圣诞快乐图像效果。

图3-12

3.1.4 使用背景模版

在会声会影X8中，用户可以使用"照片"素材库中的背景模版制作各种图像效果，下面介绍使用背景图像模版的操作方法。

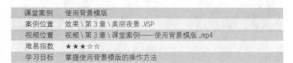

课堂案例	使用背景模版
案例位置	效果\第3章\美丽夜景.VSP
视频位置	视频\第3章\课堂案例——使用背景模版.mp4
难易指数	★★★☆☆
学习目标	掌握使用背景模版的操作方法

本实例最终效果如图3-13所示。

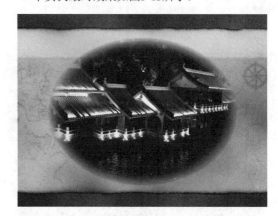

图3-13

01 进入会声会影编辑器，单击"文件"|"打开项目"命令，打开一个项目文件（素材\第3章\美丽夜景.VSP），如图3-14所示。

02 在"照片"素材库中，选择背景图像模版，如图3-15所示。

03 单击鼠标左键并拖曳至视频轨中的适当位置，释放鼠标左键，即可添加背景图像模版，如图3-16所示。

图3-14

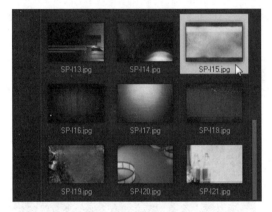

图3-15

图3-16

04 执行上述操作后，在预览窗口中即可预览背景图像效果。

3.2　使用视频模版

　　在会声会影X8中，该软件提供了多种类型的视频模版，用户可根据需要选择相应的视频模版类型，将其添加至故事板中。本节主要介绍使用视频模版的操作方法。

3.2.1　使用灯光模版

　　在会声会影X8中，用户可以使用"视频"素材库中的灯光模版作为霓虹夜景灯光效果，下面介绍使用灯光视频模版的操作方法。

课堂案例	使用灯光模版
案例位置	无
视频位置	视频\第3章\课堂案例——使用灯光模版.mp4
难易指数	★★★☆☆
学习目标	掌握使用灯光模版的操作方法

01 进入会声会影编辑器，单击"媒体"按钮，进入"媒体"素材库，单击"显示视频"按钮，如图3-17所示。

图3-17

02 在"视频"素材库中，选择灯光视频模版，如图3-18所示。

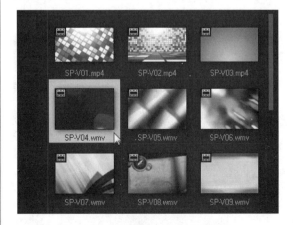

图3-18

03 在灯光视频模版上，单击鼠标右键，在弹出的快捷菜单中选择"插入到"|"视频轨"选项，如图3-19所示。

图3-19

04 执行操作后，即可将视频模版添加至时间轴面板的视频轨中，如图3-20所示。

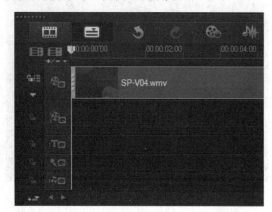

图3-20

05 在预览窗口中，可以预览添加的灯光视频模版效果，如图3-21所示。

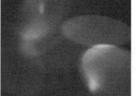

图3-21

3.2.2 使用片头模版

在会声会影X8中，用户可以使用"视频"素材

库中的片头模版制作视频片头动画效果，下面介绍使用片头视频模版的操作方法。

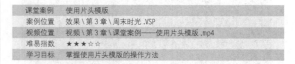

课堂案例	使用片头模版
案例位置	效果\第3章\周末时光.VSP
视频位置	视频\第3章\课堂案例——使用片头模版.mp4
难易指数	★★★☆☆
学习目标	掌握使用片头模版的操作方法

本实例最终效果如图3-22所示。

图3-22

01 进入会声会影编辑器，单击"文件"|"打开项目"命令，打开一个项目文件（素材\第3章\周末时光.VSP），如图3-23所示。

图3-23

02 在预览窗口中，可以预览打开的项目效果，如图3-24所示。

图3-24

03 在"视频"素材库中，选择片头视频模版，如图3-25所示。

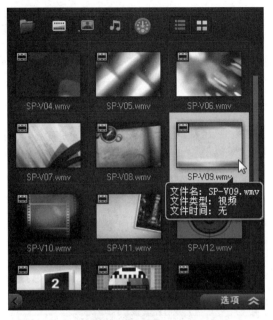

图3-25

04 单击鼠标左键，并将其拖曳至视频轨中的开始位置，即可添加视频模版，如图3-26所示。

图3-26

05 执行上述操作后，单击导览面板中的"播放"按钮，预览片头视频模版动画效果。

3.2.3 使用胶卷模版

在会声会影X8中，用户可以使用"视频"素材库中的胶卷模版制作视频运动效果，下面介绍使用胶卷视频模版的操作方法。

课堂案例	使用胶卷模版
案例位置	效果＼第3章＼孤独船只.VSP
视频位置	视频＼第3章＼课堂案例——使用胶卷模版.mp4
难易指数	★★★☆☆
学习目标	掌握使用胶卷模版的操作方法

本实例最终效果如图3-27所示。

图3-27

01 进入会声会影编辑器，单击"文件"|"打开项目"命令，打开一个项目文件（素材＼第3章＼孤独船只.VSP），如图3-28所示。

图3-28

02 在预览窗口中，可以预览打开的项目效果，如图3-29所示。

图3-29

03 在"视频"素材库中，选择胶卷视频模版，如图3-30所示。

04 单击鼠标左键，并将其拖曳至视频轨中的开始位置，即可添加视频模版，如图3-31所示。

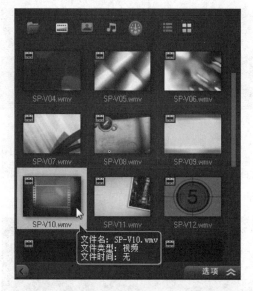

图3-30

图3-31

⑤ 执行上述操作后，单击导览面板中的"播放"按钮，预览胶卷视频模版动画效果。

3.3 使用即时项目特效模版

在会声会影X8中，即时项目不仅简化了手动编辑的步骤，还提供了多种类型的即时项目模版，用户可根据需要选择不同的即时项目模版。本节主要介绍运用即时项目的操作方法。

3.3.1 使用开始项目模版

会声会影X8的向导模版可以应用于不同阶段的视频制作中，如"开始"向导模版，用户可将其添

加在视频项目的开始处，制作成视频的片头。下面向读者介绍运用开始项目模版的操作方法。

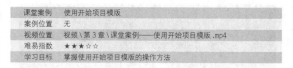

课堂案例	使用开始项目模版
案例位置	无
视频位置	视频\第3章\课堂案例——使用开始项目模版.mp4
难易指数	★★★☆☆
学习目标	掌握使用开始项目模版的操作方法

① 进入会声会影编辑器，在素材库的左侧单击"即时项目"按钮，如图3-32所示。

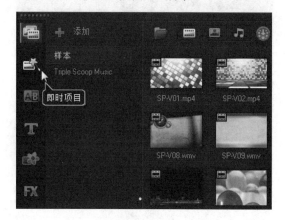

图3-32

② 打开"即时项目"素材库，显示库导航面板，在面板中选择"开始"选项，如图3-33所示。

图3-33

③ 进入"开始"素材库，在该素材库中选择相应的开始项目模版，如图3-34所示。

④ 在项目模版上，单击鼠标右键，在弹出的快捷菜单中选择"在开始处添加"选项，如图3-35所示。

⑤ 执行上述操作后，即可将开始项目模版插入至视频轨中的开始位置，如图3-36所示。

图3-34

图3-35

图3-36

06 单击导览面板中的"播放"按钮，预览影视片头效果，如图3-37所示。

图3-37

技巧与提示

上述这一套手机片头模版，用户可以运用在商业广告类的视频片头位置，做成片头动画特效。

3.3.2 使用当中项目模版

在会声会影X8的"当中"向导中，提供了多种即时项目模版，每一个模版都提供了不一样的素材转场以及标题效果，用户可根据需要选择不同的模版应用到视频中。下面介绍运用当中模版向导制作视频的操作方法。

课堂案例	使用当中项目模版
案例位置	无
视频位置	视频\第3章\课堂案例——使用当中项目模版.mp4
难易指数	★★★☆☆
学习目标	掌握使用当中项目模版的操作方法

01 进入会声会影编辑器，在素材库的左侧单击"即时项目"按钮，打开"即时项目"素材库，显示库导航面板，在面板中选择"当中"选项，如图3-38所示。

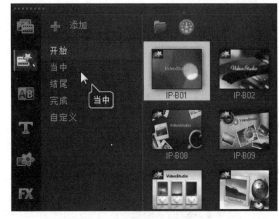

图3-38

63

02 进入"当中"素材库，在该素材库中选择相应的当中项目模版，如图3-39所示。

图3-39

03 单击鼠标左键，并将其拖曳至视频轨中，即可在时间轴面板中插入当中项目主题模版，如图3-40所示。

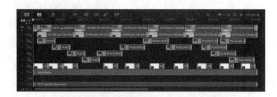

图3-40

技巧与提示

上述这一套温馨场景的当中项目模版，用户可以运用在全家团聚等温馨的视频中。

04 执行上述操作后，单击导览面板中的"播放"按钮，预览当中即时项目模版效果，如图3-41所示。

图3-41

3.3.3 使用结尾项目模版

在会声会影X8的"结尾"向导中，用户可以将其添加在视频项目的结尾处，制作成专业的片尾动

画效果。下面介绍运用结尾向导制作视频结尾画面的操作方法。

课堂案例	使用结尾项目模版
案例位置	无
视频位置	视频\第3章\课堂案例——使用结尾项目模版.mp4
难易指数	★★★☆☆
学习目标	掌握使用结尾项目模版的操作方法

01 进入会声会影编辑器，在素材库的左侧单击"即时项目"按钮，打开"即时项目"素材库，显示库导航面板，在面板中选择"结尾"选项，如图3-42所示。

图3-42

02 进入"结尾"素材库，在该素材库中选择相应的结尾项目模版，如图3-43所示。

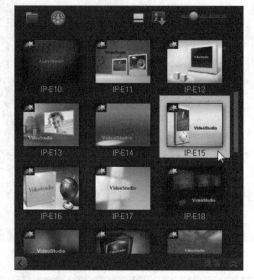

图3-43

03 单击鼠标左键，并将其拖曳至视频轨中，即可在时间轴面板中插入即时项目主题模版，如图3-44所示。

04 执行上述操作后，单击导览面板中的"播放"按钮，预览结尾即时项目模版效果，如图3-45所示。

图3-44

图3-45

技巧与提示
上述这一套商业片尾项目模版，用户可以运用在商业广告类的视频片尾位置。

3.3.4 使用完成项目模版

在会声会影X8中，除上述3种向导外，还为用户提供了"完成"向导模版。在该向导中，用户可以选择相应的视频模版并将其应用到视频制作中。在"完成"项目模版中，每一个项目都是一段完整的视频，其中包含片头、片中与片尾特效。下面介绍运用完成向导制作视频画面的操作方法。

课堂案例	使用完成项目模版
案例位置	无
视频位置	视频\第3章\课堂案例——使用完成项目模版.mp4
难易指数	★★★☆☆
学习目标	掌握使用完成项目模版的操作方法

01 进入会声会影编辑器，在素材库的左侧单击"即时项目"按钮，打开"即时项目"素材库，显示库导航面板，在面板中选择"完成"选项，如图3-46所示。

02 进入"完成"素材库，在该素材库中选择相应的完成项目模版，如图3-47所示。

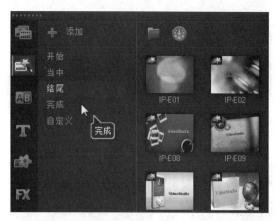

图3-46

图3-47

03 单击鼠标左键，并将其拖曳至视频轨中，即可在时间轴面板中插入即时项目主题模版，如图3-48所示。

图3-48

技巧与提示
当用户将项目模版添加至时间轴面板后，如果用户不需要模版中的字幕文件，可以对其进行删除。

04 执行上述操作后，单击导览面板中的"播放"按钮，预览完成即时项目模版效果，如图3-49所示。

图3-49

3.4 使用软件自带其他模版

在会声会影X8中，除了图像模版、视频模版和即时项目模版外，还有很多其他主题模版可供使用，如对象模版、边框模版等。在编辑视频时，可以适当添加这些模版，让制作的视频更加丰富多彩。本节主要介绍运用其他模版的操作方法。

3.4.1 使用对象模版

在会声会影X8中，提供了多种类型的对象主题模版，用户可以根据需要将对象主题模版应用到所编辑的视频中，使视频画面更加美观。下面向读者介绍运用对象模版制作视频画面的操作方法。

课堂案例	使用对象模版
案例位置	效果\第3章\长白山景区.VSP
视频位置	视频\第3章\课堂案例——使用对象模版.mp4
难易指数	★★★★☆
学习目标	掌握使用对象模版的操作方法

本实例最终效果如图3-50所示。

图3-50

01　进入会声会影编辑器，单击"文件"|"打开项目"命令，打开一个项目文件（素材\第3章\长白山景区.VSP），如图3-51所示。

图3-51

02　在预览窗口中可预览图像效果，如图3-52所示。

图3-52

03　在素材库的左侧，单击"图形"按钮，图3-53所示。

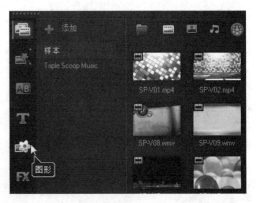

图3-53

04 切换至"图形"素材库，单击窗口上方的"画廊"按钮，在弹出的列表框中选择"对象"选项，如图3-54所示。

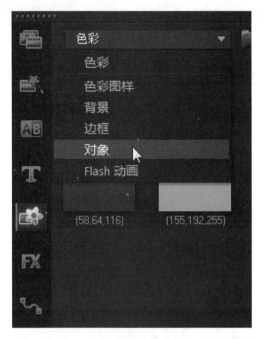

图3-54

05 打开"对象"素材库，其中显示了多种类型的对象模版，在其中选择需要添加的对象模版，如图3-55所示。

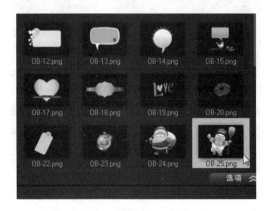

图3-55

06 在对象模版上，单击鼠标右键，在弹出的快捷菜单中选择"插入到"|"覆叠轨#1"选项，如图3-56所示。

07 执行操作后，即可将选择的对象模版插入到"覆叠轨#1"中，如图3-57所示。

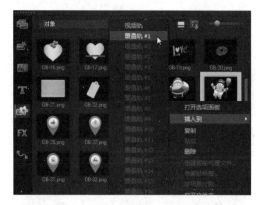

图3-56

图3-57

08 在预览窗口中，即可预览添加的对象模版效果。

> **技巧与提示**
>
> 在会声会影X8的"对象"素材库中，提供了多种对象素材供用户选择和使用。用户需要注意的是，对象素材添加至覆叠轨中后，如果发现其大小和位置与视频背景不符合，此时可以通过拖曳的方式调整覆叠素材的大小和位置等属性。

3.4.2 使用边框模版

在会声会影X8中编辑影片时，适当地为素材添加边框模版，可以制作出绚丽多彩的视频作品。下面向读者介绍运用边框模版制作视频画面的操作方法。

课堂案例	使用边框模版
案例位置	效果 \ 第3章 \ 雪乡美景 .VSP
视频位置	视频 \ 第3章 \ 课堂案例——使用边框模版 .mp4
难易指数	★★★★☆
学习目标	掌握使用边框模版的操作方法

本实例最终效果如图3-58所示。

图3-58

① 进入会声会影编辑器,单击"文件"|"打开项目"命令,打开一个项目文件(素材\第3章\雪乡美景.VSP),如图3-59所示。

图3-59

② 在预览窗口中可预览图像效果,如图3-60所示。

图3-60

③ 在素材库的左侧,单击"图形"按钮,切换至"图形"素材库,单击窗口上方的"画廊"按钮,在弹出的列表框中选择"边框"选项,如图3-61所示。

图3-61

④ 打开"边框"素材库,其中显示了多种类型的边框模版,在其中选择需要的边框模版,如图3-62所示。

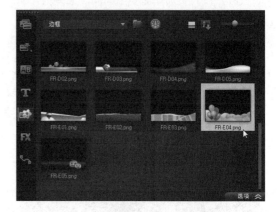

图3-62

⑤ 在边框模版上,单击鼠标右键,在弹出的快捷菜单中选择"插入到"|"覆叠轨#1"选项,如图3-63所示。

图3-63

06 执行操作后，即可将选择的边框模版插入到"覆叠轨#1"中，如图3-64所示。

图3-64

07 在预览窗口中，即可预览添加的边框模版效果。

3.4.3 使用Flash模版

在会声会影X8中，提供了多种样式的Flash模版，用户可根据需要进行相应的选择，将其添加至覆叠轨或视频轨中，使制作的影片效果更加漂亮。下面向读者介绍运用Flash模版制作视频画面的操作方法。

课堂案例	使用Flash模版
案例位置	效果\第3章\旅游拍摄.VSP
视频位置	视频\第3章\课堂案例——使用Flash模版.mp4
难易指数	★★★★☆
学习目标	掌握使用Flash模版的操作方法

本实例最终效果如图3-65所示。

01 进入会声会影编辑器，单击"文件"|"打开项目"命令，打开一个项目文件（素材\第3章\旅游拍摄.VSP），如图3-66所示。

02 在预览窗口中可预览图像效果，如图3-67所示。

图3-65

图3-66

图3-67

03 在素材库的左侧，单击"图形"按钮，切换至"图形"素材库，单击窗口上方的"画廊"按钮，在弹出的列表框中选择"Flash动画"选项，如图3-68所示。

04 打开"Flash动画"素材库，其中显示了多种类型的Flash动画模版，在其中选择相应的Flash动画模版，如图3-69所示。

69

图3-68

图3-69

05 在Flash动画模版上，单击鼠标右键，在弹出的快捷菜单中选择"插入到"|"覆叠轨#1"选项，如图3-70所示。

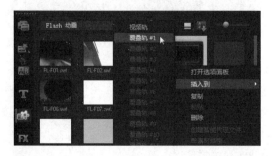

图3-70

06 执行操作后，即可将Flash动画模版插入到"覆叠轨#1中"，如图3-71所示。

图3-71

技巧与提示

用户还可以通过拖曳的方式，将相应的Flash模版拖曳至相应的覆叠轨道中进行应用。

07 在预览窗口中，即可预览添加的Flash动画模版效果。

3.4.4 使用色彩图样模版

在会声会影X8中，向用户提供了多种不同样式的色彩图样模版，供用户选择和使用。下面向读者介绍运用色彩图样模版的操作方法。

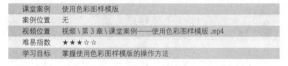

课堂案例	使用色彩图样模版
案例位置	无
视频位置	视频\第3章\课堂案例——使用色彩图样模版.mp4
难易指数	★★★☆☆
学习目标	掌握使用色彩图样模版的操作方法

01 单击"图形"按钮，切换至"图形"素材库，单击窗口上方的"画廊"按钮，在弹出的列表框中选择"色彩图样"选项，如图3-72所示。

图3-72

02 打开"色彩图样"素材库，其中显示了多种类型的色彩图样模版，在其中选择相应的色彩图样模版，如图3-73所示。

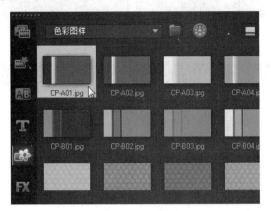

图3-73

03 在色彩图样模版上，单击鼠标左键并拖曳至视频轨中的开始位置，添加色彩图样模版，如图3-74所示。

图3-74

04 在预览窗口中，可以预览色彩图样模版的画面效果，如图3-75所示。

图3-75

05 用户还可以使用相同的方法，将其他喜欢的色彩图样拖曳至视频轨中，在预览窗口中可以即时预览图像的画面效果，如图3-76所示。

图3-76

3.4.5 使用图形背景模版

在会声会影X8中，向用户提供了多种漂亮的背景模版，用户可根据需要进行选择和使用。下面向读者介绍运用背景模版的操作方法。

课堂案例	使用图形背景模版
案例位置	无
视频位置	视频＼第3章＼课堂案例——使用图形背景模版.mp4
难易指数	★★★☆☆
学习目标	掌握使用图形背景模版的操作方法

01 单击"图形"按钮，切换至"图形"素材库，单击窗口上方的"画廊"按钮，在弹出的列表框中选择"背景"选项，如图3-77所示。

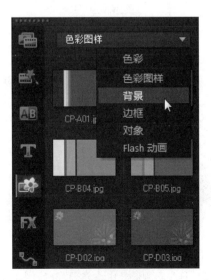

图3-77

02 打开"背景"素材库，其中显示了多种类型的背景模版，在其中选择相应的背景模版，如图3-78所示。

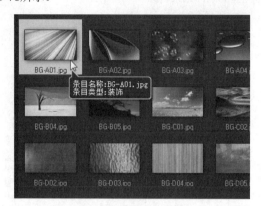

图3-78

03 在背景图像模版上，单击鼠标左键并拖曳至视频轨中的开始位置，添加背景模版，如图3-79所示。

图3-79

04 在预览窗口中，可以预览背景模版的画面效果，如图3-80所示。

图3-80

05 用户还可以使用相同的方法，将其他喜欢的背景模版拖曳至视频轨中，在预览窗口中可以预览背景的画面效果，如图3-81所示。

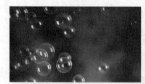

图3-81

3.5 使用影音快手制片

影音快手模版功能非常适合新手，可以让新手快速、方便地制作出视频画面，还可以制作出非常专业的影视短片效果。本节主要向读者介绍运用影音快手模版套用素材制作视频画面的方法，希望读者熟练掌握本节内容。

3.5.1 选择与使用影音模版

在会声会影X8中，用户可以通过菜单栏中的"影音快手"命令快速启动"影音快手"程序，启动程序后，用户首先需要选择影音模版，下面介绍具体的操作方法。

课堂案例	选择与使用影音模版
案例位置	无
视频位置	视频\第3章\课堂案例——选择与使用影音模版.mp4
难易指数	★★★☆☆
学习目标	掌握选择与使用影音模版的操作方法

01 在会声会影X8编辑器中，在菜单栏中单击"工具"菜单下的"影音快手"命令，如图3-82所示。

图3-82

02 执行操作后，即可进入影音快手工作界面，如图3-83所示。

03 在右侧的"所有主题"列表框中，选择一种视频主题样式，如图3-84所示。

图3-83

图3-84

04 在左侧的预览窗口下方，单击"播放"按钮，如图3-85所示。

图3-85

05 开始播放主题模版画面，预览模版效果，如图3-86所示。

图3-86

3.5.2 添加与选择影音素材

当用户选择好影音模版后，接下来用户需要在模版中添加需要的影视素材，使制作的视频画面更加符合用户的需求。下面向读者介绍添加影音素材的操作方法。

课堂案例	添加与选择影音素材
案例位置	无
视频位置	视频＼第3章＼课堂案例——添加与选择影音素材.mp4
难易指数	★★★☆☆
学习目标	掌握添加与选择影音素材的操作方法

01 完成第一步的影音模版选择后，接下来单击第二步中的"加入您的媒体"按钮，如图3-87所示。

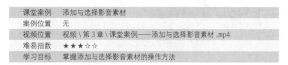

图3-87

02 执行操作后，即可打开相应面板，单击右侧的"新增媒体"按钮，如图3-88所示。

图3-88

03 执行操作后，弹出"新增媒体"对话框，在其中选择需要添加的文件，如图3-89所示。

04 单击"打开"按钮，将媒体文件添加到"Cord影音快手"界面中，在右侧显示了新增的媒体文件，如图3-90所示。

05 在左侧预览窗口下方，单击"播放"按钮，预览更换素材后的影片模版效果。

图3-89

图3-91

图3-90

3.5.3 输出与保存影音文件

当用户选择好影音模版并添加相应的视频素材后，最后一步即为输出制作的影视文件，使其可以在任意播放器中进行播放，并永久珍藏。下面向读者介绍输出影视文件的操作方法。

课堂案例	输出与保存影音文件
案例位置	效果＼第3章＼荷花场景.VSP、荷花视频.mpg
视频位置	视频＼第3章＼课堂案例——输出与保存影音文件.mp4
难易指数	★★★☆☆
学习目标	掌握输出与保存影音文件的操作方法

本实例最终效果如图3-91所示。

（01）当用户对第二步操作完成后，最后单击第三步中的"保存并分享"按钮，如图3-92所示。

（02）执行操作后，打开相应面板，在右侧单击"MPEG-2"按钮，如图3-93所示，是指导出为MPEG视频格式。

图3-92

图3-93

（03）单击"档案位置"右侧的"浏览"按钮，弹出"另存为"对话框，在其中设置视频文件的输出位置与文件名称，如图3-94所示。

图3-94

04 单击"保存"按钮，完成视频输出属性的设置，返回影音快手界面，在左侧单击Save Movie（保存影片）按钮，如图3-95所示。

图3-95

05 执行操作后，开始输出渲染视频文件，并显示输出进度，如图3-96所示。

图3-96

06 待视频输出完成后，将弹出提示信息框，提示用户影片已经输出成功，单击"确定"按钮，如图3-97所示，即可完成操作。

图3-97

3.6 本章小结

本章全面介绍了如何使用媒体模版素材，包括图像模版、视频模版、即时项目模版、软件自带的其他模版，以及影音快手等内容。通过本章的学习，用户可以熟练掌握会声会影X8媒体素材模版的使用方法和技巧，对会声会影X8的操作有很大的帮助。

3.7 习题测试——使用电视模版

鉴于本章知识的重要性，为了帮助读者更好地掌握所学知识，本节将通过上机习题，帮助读者进行简单的知识回顾和补充。

案例位置	效果\习题测试\美少女.VSP
难易指数	★★★☆☆
学习目标	掌握使用电视模版的操作方法

本习题需要掌握使用电视模版的操作方法，素材如图3-98所示，最终效果如图3-99所示。

图3-98

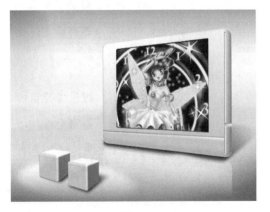

图3-99

第4章

捕获视频素材文件

内容摘要

视频编辑的第一步就是捕获视频素材。所谓捕获视频素材就是从摄像机、电视以及DVD等视频源获取视频数据，然后通过视频捕获卡或者IEEE 1394卡接收和翻译数据，最后将视频信号保存至电脑的硬盘中。本章主要介绍捕获视频素材的方法。

课堂学习目标

- 捕获DV中的视频素材
- 从高清数码摄像机中捕获视频
- 从手机和iPad中捕获视频
- 从其他移动设备中捕获视频

4.1　捕获DV中的视频素材

通常情况下，视频编辑的第一步是捕获视频素材。其中，捕获视频素材就是从DV摄像机、高清数码摄像机，以及手机等视频源获取视频数据，然后通过视频捕获卡或者IEEE 1394卡接收和翻译数据，最后将视频信号保存至计算机的硬盘中。本节主要向读者介绍用"捕获"面板捕获DV视频的操作方法。

4.1.1　连接DV摄影机

用户如果需要将DV中的视频导入会声会影X8，首先需要将摄像机与电脑相连接。一般情况，用户可选择使用延长线，连接DV摄像机与电脑，如图4-1所示。

图4-1

4.1.2　捕获DV摄影机中的视频

在编辑器中捕获DV视频的方法与在影片向导中捕获DV视频的方法类似。下面向读者介绍在编辑器中捕获DV视频的方法。

进入"捕获"选项面板，单击"来源"右侧的下三角按钮，在弹出的列表框中，选择已连接的DV设备，如图4-2所示。

图4-2

在"捕获文件夹"的右侧，单击"捕获文件夹"按钮，如图4-3所示。

图4-3

执行操作后，弹出"浏览文件夹"对话框，在其中设置捕获的DV视频存放的文件夹位置，如图4-4所示。

图4-4

设置完成后，单击"确定"按钮，返回"捕获"选项面板，在"捕获文件夹"的右侧，显示了刚设置的文件夹位置，如图4-5所示。

图4-5

在导览面板中，通过"播放"和"暂停"按钮，寻找需要捕获的视频起始位置，如图4-6所示。

图4-6

在"捕获"选项面板中,单击"捕获视频"按钮,如图4-7所示。

图4-7

开始捕获视频素材,待视频捕获完成后,单击"停止捕获"按钮,如图4-8所示。

图4-8

此时,捕获到的DV视频素材将显示在素材库中,以缩略图表示,如图4-9所示。

图4-9

4.2 从高清数码摄像机中捕获视频

会声会影X8全面支持各种类型的高清摄像机,包括磁带式高清摄像机、AVCHD、MOD、M2TS和MTS等多种文件格式的硬盘高清摄像机。由于高清摄像机可以使用HDV和DV两种模式拍摄和传输视频,因此在捕获高清视频之前,需要先对数码摄像机进行相关设置。

4.2.1 设置高清拍摄模式

由于HDV数码摄像机可以使用HDV和DV两种模式拍摄影片,因此在拍摄之前首先要把摄像机设置为高清拍摄模式,以保证视频是采用HDV模式拍摄的。

将高清摄像机的电源开关切换到开启状态,然后将摄像机切换到拍摄模式,如图4-10所示。

图4-10

按下摄像机液晶触摸屏上的P-MENU按钮,进入拍摄设置菜单,如图4-11所示。

按下拍摄设置菜单中的MENU按钮,进入参数选择菜单,如图4-12所示。

选择"基本设定"|"拍摄格式"选项,如图4-13所示。

在液晶触摸屏上轻按HDV 1080i按钮,将摄像机设置为高清拍摄模式,如图4-14所示。设置完成后,轻按液晶触摸屏上的"返回"按钮,关闭菜单。

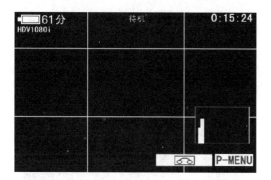

图4-11

图4-12

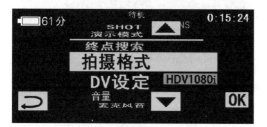

图4-13

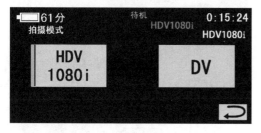

图4-14

4.2.2 设置VCR HDV/DV

在捕获视频之前，需要确保HDV摄像机已经切换到HDV模式。下面向读者介绍设置VCR HDV/DV的操作方法。

将高清摄像机的模式设置为PLAY/ EDIT（播放/编辑）模式，如图4-15所示。

按下摄像机液晶触摸屏上的P-MENU按钮，进入"播放/编辑"设置菜单，如图4-16所示。

图4-15

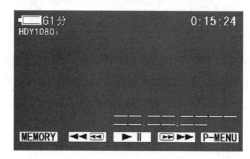

图4-16

选择"基本设定"| VCR HDV/DV选项，如图4-17所示。

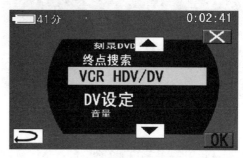

图4-17

按下HDV按钮，即可完成设置，如图4-18所示。

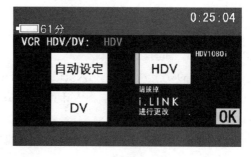

图4-18

4.2.3 设置I.LINK转换器

设置I.LINK转换器的目的是使高清视频能够正确地通过IEEE 1394线传输到计算机中。下面向读者介绍设置I.LINK转换器的操作方法。

将高清摄像机的模式设置为PLAY/ EDIT（播放/编辑）模式，按下摄像机液晶触摸屏上的P-MENU按钮，进入"播放/编辑"设置菜单，选择"基本设定"|"i.LINK转换"选项，如图4-19所示。

图4-19

按下"关"按钮，关闭HDV→DV的转换，如图4-20所示。

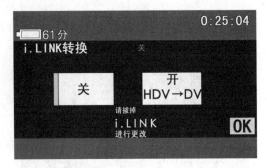

图4-20

4.2.4 捕获高清视频

高清摄像机中的各项参数设置完成后，即可按照以下步骤从HDV摄像机中捕获视频了。

打开摄像机上的IEEE 1394接口端盖，找到IEEE 1394接口，如图4-21所示。

将IEEE 1394连接线的一端插入摄像机上的1394接口，如图4-22所示。另一端插入计算机上IEEE 1394卡的接口。

打开HDV摄像机的电源，切换到"播放/编辑"模式，如图4-23所示。

图4-21

图4-22

图4-23

启动会声会影X8编辑器，切换到"捕获"步骤面板，然后单击选项面板上的"捕获视频"按钮，如图4-24所示。

图4-24

此时，会声会影X8将自动检测到HDV摄像机，并在"来源"下拉列表中显示HDV摄像机的型号，如图4-25所示。

图4-25

单击预览窗口中的"播放"按钮，在预览窗口中显示需要捕获的起始位置，如图4-26所示。

图4-26

单击选项面板上的"捕获视频"按钮，从暂停位置的下一帧开始捕获视频，同时在预览窗口中显示当前捕获进度。如果要停止捕获，可以单击"停止捕获"按钮。捕获完成后，被捕获的视频素材会出现在操作界面下方的故事板视图上。

4.3 从手机和iPad中捕获视频

随着智能手机与iPad设备的流行，目前很多用户都会使它们来拍摄视频素材或照片素材，当用户使用会声会影X8进行视频后期处理时，可以从安卓手机、苹果手机以及iPad移动设备中采集视频素材。本节主要向读者介绍从手机与iPad中采集视频的操作方法。

4.3.1 从安卓手机中捕获视频

安卓（Android）是一个基于Linux内核的操作系统，是Google公司公布的手机类操作系统，并不是手机，不过有很多手机都采用安卓系统。安卓系统是现在流行的主流的手机系统之一。

下面向读者介绍从安卓手机中捕获视频素材的操作方法。

在Windows 7操作系统中，打开"计算机"窗口，在安卓手机的内存磁盘上，单击鼠标右键，在弹出的快捷菜单中选择"打开"选项，如图4-27所示。

图4-27

依次打开手机移动磁盘中的相应文件夹，选择安卓手机拍摄的视频文件，如图4-28所示。

图4-28

在视频文件上，单击鼠标右键，在弹出的快捷菜单中选择"复制"选项，复制视频文件，如图4-29所示。

图4-29

进入"计算机"中的相应盘符，在合适位置上单击鼠标右键，在弹出的快捷菜单中选择"粘贴"选项，如图4-30所示。

图4-30

执行操作后，即可粘贴复制的视频文件，如图4-31所示。

图4-31

将选择的视频文件拖曳至会声会影X8编辑器的视频轨中，即可应用安卓手机中的视频文件，如图4-32所示。

图4-32

技巧与提示

根据智能手机的类型和品牌不同，拍摄的视频格式也会不相同，但大多数拍摄的视频格式会声会影都会支持，都可以导入会声会影编辑器中。

在导览面板中单击"播放"按钮，预览安卓手机中拍摄的视频画面，如图4-33所示，完成安卓手机中视频的捕获操作。

图4-33

4.3.2 从苹果手机中捕获视频

iPhone是苹果公司推出的一个智能手机系列，搭载苹果公司所研发的iOS（原称"iPhone OS"）手机操作系统。iPhone是结合照相手机、个人数码助理、媒体播放器以及无线通信设备于一体的掌上智能手机。下面向读者介绍从苹果手机中捕获视频的操作方法。

打开"计算机"窗口，在Apple iPhone移动设备上，单击鼠标右键，在弹出的快捷菜单中选择"打开"选项，如图4-34所示。

图4-34

打开苹果移动设备，在其中选择苹果手机的内存文件夹，单击鼠标右键，在弹出的快捷菜单中选择"打开"选项，如图4-35所示。

图4-35

依次打开相应文件夹，选择苹果手机拍摄的视频文件，单击鼠标右键，在弹出的快捷菜单中选择"复制"选项，如图4-36所示，复制视频。

进入"计算机"中的相应盘符，在合适位置上单击鼠标右键，在弹出的快捷菜单中选择"粘贴"选项，如图4-37所示。

执行操作后，即可粘贴复制的视频文件，如图4-38所示。

图4-36

图4-37

图4-38

将选择的视频文件拖曳至会声会影编辑器的视频轨中，即可应用苹果手机中的视频文件，如图4-39所示。

图4-39

在导览面板中单击"播放"按钮，预览苹果手机中拍摄的视频画面，如图4-40所示，完成苹果手机中视频的捕获操作。

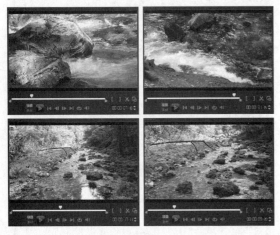

图4-40

4.3.3 从iPad平板电脑中捕获视频

iPad是一款由苹果公司发布的平板电脑，定位介于苹果的智能手机iPhone和笔记本电脑产品之间。iPad通体只有4个按键，与iPhone布局一样，提供浏览互联网、收发电子邮件、观看电子书、播放音频或视频、游戏等功能。下面向读者介绍从iPad平板电脑中采集视频的操作方法。

用数据线将iPad与计算机连接，打开"计算机"窗口，在"便携设备"一栏中，显示了用户的iPad设备，如图4-41所示。

图4-41

在iPad设备上，双击鼠标左键，依次打开相应文件夹，如图4-42所示。

图4-42

在其中选择相应视频文件，单击鼠标右键，在弹出的快捷菜单中选择"复制"选项，如图4-43所示。

图4-43

复制需要的视频文件，进入"计算机"中的相应盘符，在合适位置上单击鼠标右键，在弹出的快捷菜单中选择"粘贴"选项，如图4-44所示。

图4-44

执行操作后，即可粘贴复制的视频文件，如图4-45所示。

将选择的视频文件拖曳至会声会影编辑器的视频轨中，即可应用iPad中的视频文件，如图4-46所示。

在导览面板中单击"播放"按钮，预览iPad中拍摄的视频画面，如图4-47所示，完成iPad平板电脑中视频的捕获操作。

图4-45

图4-46

图4-47

4.4 从其他移动设备中捕获视频

在会声会影X8中，用户除了可以从DV摄像机和高清摄像机中捕获视频素材以外，还可以从其他不同途径捕获视频素材，如U盘、摄像头以及DVD光盘等移动设备。本节主要向读者介绍从其他移动设备中捕获视频素材的操作方法。

4.4.1 捕获U盘视频

U盘，全称USB闪存驱动器，英文名"USB flash disk"。它是一种使用USB接口的无需物理驱动器的微型高容量移动存储产品，通过USB接口与电脑连接，实现即插即用。下面向读者介绍从U盘中捕获视频素材的操作方法。

课堂案例	捕获U盘视频
案例位置	效果\第4章\红地毯.mpg
视频位置	视频\第4章\课堂案例——捕获U盘视频.mp4
难易指数	★★★☆☆
学习目标	掌握捕获U盘视频的操作方法

01 在时间轴面板上方，单击"录制/捕获选项"按钮，如图4-48所示。

图4-48

02 弹出"录制/捕获选项"对话框，单击"移动设备"图标，如图4-49所示。

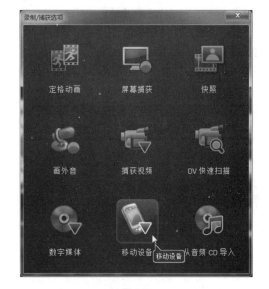

图4-49

03 弹出相应对话框，在其中选择U盘设备，然后选择U盘中的视频文件，如图4-50所示。

图4-50

85

04 单击"确定"按钮,弹出"导入设置"对话框,在其中选中"捕获到素材库"和"插入到时间轴"复选框,然后单击"确定"按钮,如图4-51所示。

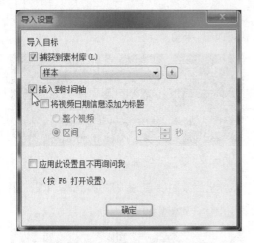

图4-51

05 执行操作后,即可捕获U盘中的视频文件,并插入到时间轴面板的视频轨中,如图4-52所示。

图4-52

06 在导览面板中单击"播放"按钮,预览捕获的视频画面效果,如图4-53所示。

图4-53

4.4.2 捕获摄像头视频

随着数码产品的迅速普及,现在很多家庭都安装了摄像头,用户可以通过QQ或者MSN用摄像头和麦克风与好友进行视频交流,也可以使用摄像头实时拍摄并通过会声会影捕获视频。下面向读者介绍通过摄影头获取视频的操作方法。

课堂案例	捕获摄像头视频
案例位置	无
视频位置	视频\第4章\课堂案例——捕获摄像头视频.mp4
难易指数	★★★☆☆
学习目标	掌握捕获摄像头视频的操作方法

01 将摄像头与计算机连接,并正确安装摄像头驱动程序,如图4-54所示。

图4-54

02 进入会声会影X8编辑器,切换至"捕获"步骤面板,然后单击选项面板上的"捕获视频"按钮,如图4-55所示。

图4-55

03 在选项面板上显示会声会影找到的摄像头名称，如图4-56所示。

图4-56

04 单击"格式"选项右侧的下三角按钮，从弹出的下拉列表中选择保存捕获的视频文件的格式，如图4-57所示。

图4-57

05 单击选项面板上的"捕获视频"按钮，开始捕获摄像头拍摄的视频。如果要停止捕获，单击"停止捕获"按钮。捕获完成后，视频素材被保存到素材库中。

4.4.3 捕获DVD视频

会声会影X8能够直接识别DVD光盘中后缀名为DAT的视频文件，因此用户可以将光盘中的视频文件导入到会声会影中。下面介绍从光盘中捕获视频的操作方法。

课堂案例	捕获 DVD 视频
案例位置	无
视频位置	视频\第 4 章\课堂案例——捕获 DVD 视频 .mp4
难易指数	★★★★☆
学习目标	掌握捕获 DVD 视频的操作方法

01 在时间轴面板上方，单击"录制/捕获选项"按钮，如图4-58所示。

图4-58

02 弹出"录制/捕获选项"对话框，单击"数字媒体"图标，如图4-59所示。

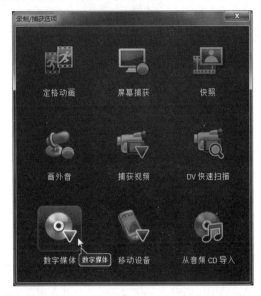

图4-59

技巧与提示

在会声会影X8编辑器的上方，单击"捕获"标签，切换至"捕获"步骤面板，在"捕获"选项面板中单击"从数字媒体导入"按钮，也可以快速从DVD或VCD光盘中捕获视频素材。

03 弹出"选取'导入源文件夹'"对话框，在其中选择DVD设备下的相应文件夹复选框，如图4-60所示。

图4-60

04 单击"确定"按钮，弹出"从数字媒体导入"对话框，各选项为默认设置，单击"起始"按钮，如图4-61所示。

图4-61

05 弹出"从数字媒体导入"对话框，在中间的下拉列表框中选中需要导入的视频文件左上角的复选框，如图4-62所示。

图4-62

06 单击"开始导入"按钮，即可开始导入DVD光盘中的视频素材，并显示导入进度，如图4-63所示。

图4-63

07 稍等片刻，待视频文件导入完成后，弹出"导入设置"对话框，在其中选中"捕获到素材库"和"插入到时间轴"复选框，然后单击"确定"按钮，如图4-64所示。

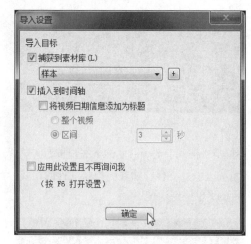

图4-64

08 执行操作后，即可捕获DVD光盘中的视频文件，并插入到时间轴面板的视频轨中，如图4-65所示。

图4-65

09 在导览面板中单击"播放"按钮，即可预览捕获的DVD视频画面效果，如图4-66所示。

图4-66

技巧与提示

在"计算机"窗口中，打开DVD光盘所在的磁盘文件夹，在其中选择需要导入的DVD视频文件，然后直接拖曳至会声会影编辑器的视频轨中，也可以直接应用DVD视频文件。

4.5　本章小结

本章全面介绍了如何捕获视频素材画面，包括捕获DV、高清数码摄像机、手机、平板等设备中的视频素材。通过本章的学习，用户可以熟练掌握会声会影X8捕获视频素材画面的使用方法和技巧，对会声会影X8的操作有一定的帮助。

4.6　习题测试——亲手录制视频画面

鉴于本章知识的重要性，为了帮助读者更好地掌握所学知识，本节将通过上机习题，帮助读者进行简单的知识回顾和补充。

案例位置	无
难易指数	★★★★☆
学习目标	掌握亲手录制视频画面的操作方法

本习题需要掌握添加png格式的图像文件的操作方法，操作过程如图4-67所示，预览视频如图4-68所示。

图4-67

图4-68

第5章

添加各种影视媒体素材

内容摘要

在会声会影X8中，除了可以从摄像机中直接捕获视频和图像素材外，还可以在编辑器窗口中添加各种不同类型的素材。本章主要向读者介绍视频素材的添加、图像素材的添加、其他格式素材的添加，以及色块素材的制作与调整等内容。

课堂学习目标

● 添加视频、图像素材
● 添加、调整与删除Flash素材
● 添加外部对象与边框样式
● 制作与调整色块素材

5.1　添加视频、图像素材

会声会影X8素材库中提供了各种类型的视频和图像素材，用户可以直接从中取用。当素材库中的视频和图像素材不能满足用户编辑视频的需求时，用户可以将常用的视频和图像素材导入到素材库中。

5.1.1　用命令方式添加视频

在会声会影X8应用程序中，用户可以通过菜单栏中的"插入视频"命令来添加视频素材。下面向读者介绍用"插入视频"命令添加视频素材的方法。

课堂案例	用命令方式添加视频
案例位置	效果\第5章\火焰.VSP
视频位置	视频\第5章\课堂案例——用命令方式添加视频.mp4
难易指数	★★★☆☆
学习目标	掌握用命令方式添加视频的操作方法

本实例最终效果如图5-1所示。

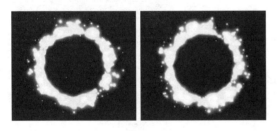

图5-1

01 进入会声会影编辑器，单击"文件"|"将媒体文件插入到素材库"|"插入视频"命令，如图5-2所示。

图5-2

02 弹出"浏览视频"对话框，在其中选择所需打开的视频素材（素材\第5章\火焰.mpg），如图5-3所示。

图5-3

03 单击"打开"按钮，即可将视频素材添加至素材库中，如图5-4所示。

图5-4

04 将添加的视频素材拖曳至时间轴面板的视频轨中，如图5-5所示。

图5-5

05 单击导览面板中的"播放"按钮，预览添加的视频画面效果。

5.1.2 用按钮方式添加视频

下面向读者介绍在素材库中，通过"导入媒体文件"按钮添加视频素材的方法。

课堂案例	用按钮方式添加视频
案例位置	效果\第5章\片头.VSP
视频位置	视频\第5章\课堂案例——用按钮方式添加视频.mp4
难易指数	★★★☆☆
学习目标	掌握用按钮方式添加视频的操作方法

本实例最终效果如图5-6所示。

图5-6

01 进入会声会影编辑器，单击"显示视频"按钮 ▦▦，如图5-7所示。

图5-7

02 即可显示素材库中的视频文件，单击"导入媒体文件"按钮 🗀，如图5-8所示。

03 弹出"浏览媒体文件"对话框，在该对话框中选择所需打开的视频素材（素材\第5章\片头.mpg），如图5-9所示。

04 单击"打开"按钮，即可将所选择的素材添加到素材库中，如图5-10所示。

图5-8

图5-9

图5-10

05 将素材库中添加的视频素材拖曳至时间轴面板的视频轨中，如图5-11所示。

06 单击导览面板中的"播放"按钮，预览添加的视频画面效果。

图5-11

5.1.3 在时间轴中添加图像

下面介绍在会声会影X8中，通过时间轴添加图像素材的操作方法。

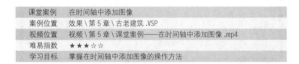

课堂案例	在时间轴中添加图像
案例位置	效果\第5章\古老建筑.VSP
视频位置	视频\第5章\课堂案例——在时间轴中添加图像.mp4
难易指数	★★★☆☆
学习目标	掌握在时间轴中添加图像的操作方法

本实例最终效果如图5-12所示。

图5-12

01 在会声会影X8时间轴面板中，单击鼠标右键，在弹出的快捷菜单中选择"插入照片"选项，如图5-13所示。

02 执行操作后，弹出"浏览照片"对话框，在该对话框中选择所需打开的图像素材文件（素材\第5章\古老建筑.jpg），如图5-14所示。

图5-13

图5-14

03 单击"打开"按钮，即可将所选择的图像素材添加到时间轴面板中，如图5-15所示。

图5-15

04 单击导览面板中的"播放"按钮,即可预览添加的图像素材。

5.1.4 在素材库中添加图像

下面介绍在会声会影X8中,通过素材库添加图像素材的操作方法。

课堂案例	在素材库中添加图像
案例位置	效果\第5章\轮船.VSP
视频位置	视频\第5章\课堂案例——在素材库中添加图像.mp4
难易指数	★★★☆☆
学习目标	掌握在素材库中添加图像的操作方法

本实例最终效果如图5-16所示。

图5-16

01 进入会声会影编辑器,在素材库空白处单击鼠标右键,在弹出的快捷菜单中选择"插入媒体文件"选项,如图5-17所示。

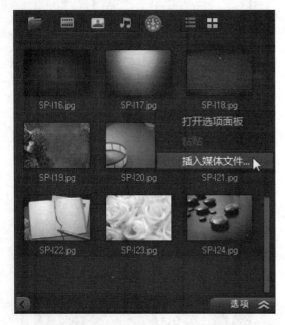

图5-17

02 弹出"浏览媒体文件"对话框,在该对话框中选择所需打开的图像素材(素材\第5章\轮船.jpg),如图5-18所示。

图5-18

03 单击"打开"按钮,即可将所选择的图像素材添加到素材库中,如图5-19所示。

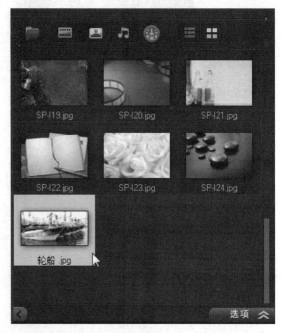

图5-19

04 将素材库中添加的图像素材拖曳至视频轨中的开始位置，如图5-20所示。

05 单击导览面板中的"播放"按钮，即可预览添加的图像素材。

图5-20

5.2 添加、调整与删除Flash素材

会声会影X8可以直接应用Flash动画素材，用户可以根据需要将素材导入至素材库中，或者应用到时间轴面板中，然后对Flash素材进行相应编辑操作，如调整Flash动画的大小和位置等属性。下面向读者介绍在会声会影X8中添加Flash动画素材的操作方法。

5.2.1 添加与打开Flash动画素材

在会声会影X8中，用户可以添加相应的Flash动画素材至视频中，丰富视频内容。下面向读者介绍添加与打开Flash动画素材的操作方法。

课堂案例	添加与打开 Flash 动画素材
案例位置	效果\第 5 章\玫瑰花 .VSP
视频位置	视频\第 5 章\课堂案例——添加与打开 Flash 动画素材 .mp4
难易指数	★★★★☆
学习目标	掌握添加与打开 Flash 动画素材的操作方法

本实例最终效果如图5-21所示。

01 进入会声会影编辑器，在素材库左侧单击"图形"按钮，如图5-22所示。

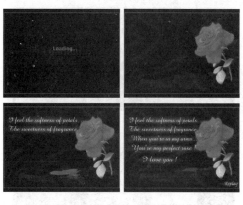

图5-21

图5-22

02 执行操作后，切换至"图形"素材库，单击素材库上方"画廊"按钮▾，在弹出的列表框中选择"Flsah动画"选项，如图5-23所示。

图5-23

03 打开"Flash动画"素材库，单击素材库上方的"添加"按钮□，如图5-24所示。

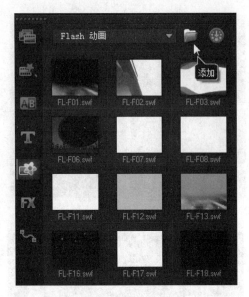

图5-24

④ 弹出"浏览Flash动画"对话框,在该对话框中选择需要添加的Flash文件(素材\第5章\玫瑰花.swf),如图5-25所示。

图5-25

⑤ 选择完毕后,单击"打开"按钮,将Flash动画素材插入到素材库中,如图5-26所示。

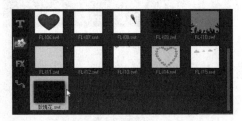

图5-26

技巧与提示

在会声会影X8中,单击"文件"|"将媒体文件插入到时间轴"|"插入视频"命令,弹出"打开视频文件"对话框,然后在该对话框中选择需要插入的Flash文件,单击"打开"按钮,即可将Flash文件直接添加到时间轴中。

⑥ 在素材库中选择Flash动画素材,单击鼠标左键并将其拖曳至时间轴面板中合适的位置,如图5-27所示。

图5-27

⑦ 在导览面板中单击"播放"按钮,即可预览Flash动画素材效果。

5.2.2 调整与更改Flash动画大小

在会声会影X8中,用户可以应用相应的Flash动画素材至视频中,丰富视频内容。下面向读者介绍添加Flash动画素材的操作方法。

课堂案例	调整与更改 Flash 动画大小
案例位置	效果\第5章\海边景色.VSP
视频位置	视频\第5章\课堂案例——调整与更改 Flash 动画大小 .mp4
难易指数	★★★★☆
学习目标	掌握调整与更改 Flash 动画大小的操作方法

本实例最终效果如图5-28所示。

图5-28

① 进入会声会影编辑器,单击"文件"|"打开项目"命令,打开一个项目文件(素材\第5章\海边景色.VSP),如图5-29所示。

图5-29

② 在预览窗口中，可以预览视频的画面效果，如图5-30所示。

图5-30

③ 在时间轴面板中，单击鼠标右键，弹出快捷菜单，选择"插入视频"选项，如图5-31所示。

图5-31

④ 弹出"开启视讯文件"对话框，在其中选择需要添加的Flash文件（素材\第5章\泡泡.swf），如图5-32所示。

⑤ 单击"打开"按钮，即可在覆叠轨中插入Flash动画素材，如图5-33所示。

⑥ 在预览窗口中，可以预览插入的Flash动画效果，如图5-34所示。

图5-32

图5-33

图5-34

⑦ 在Flash动画效果上，单击鼠标右键，在弹出的快捷菜单中选择"调整到屏幕大小"选项，如图5-35所示。

图5-35

(08) 执行操作后，即可调整Flash动画在预览窗口中至全屏大小，单击导览面板中的"播放"按钮，预览调整Flash动画位置后的视频效果。

5.2.3 调整与更改Flash动画位置

在会声会影X8中添加Flash动画文件后，如果动画文件的位置不符合用户的要求，此时用户可以调整Flash动画文件在视频中的位置，使视频画面更加协调。

调整Flash动画位置的操作很简单，首先在时间轴面板中选择需要调整位置的Flash动画文件，在预览窗口中将鼠标移至Flash动画素材上，此时鼠标指针呈✛形状，如图5-36所示。单击鼠标左键并拖曳至合适位置后释放鼠标，即可调整好Flash动画文件的位置，效果如图5-37所示。

图5-36

图5-37

5.2.4 删除不需要Flash动画文件

在会声会影X8中，如果用户对添加的Flash动画素材不满意，可以对动画素材进行删除操作。下面向读者介绍删除Flash动画素材的方法。

课堂案例	删除不需要Flash动画文件
案例位置	效果\第5章\码头.VSP
视频位置	视频\第5章\课堂案例——删除不需要Flash动画文件.mp4
难易指数	★★★☆☆
学习目标	掌握删除不需要Flash动画文件的操作方法

本实例最终效果如图5-38所示。

图5-38

(01) 进入会声会影编辑器，单击"文件"|"打开项目"命令，打开一个项目文件（素材\第5章\码头.VSP），如图5-39所示。

(02) 在导览面板中单击"播放"按钮，预览Flash动画效果，如图5-40所示。

图5-39

图5-40

03 在时间轴面板中，选择需要删除的Flash动画，如图5-41所示。

图5-41

04 在需要删除的Flash动画上，单击鼠标右键，在弹出的快捷菜单中选择"删除"选项，如图5-42所示。

05 执行操作后，即可删除时间轴面板中的Flash动画文件，如图5-43所示。

06 在预览窗口中，可以预览删除Flash动画后的视频效果。

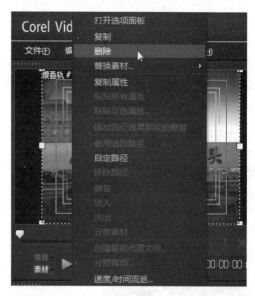

图5-42

图5-43

5.3 添加外部对象与边框样式

在会声会影X8中，用户根据视频编辑的需要，还可以加载外部的对象素材和边框素材，使制作的视频画面更加具有吸引力。本节主要向读者介绍将装饰素材添加至项目中的操作方法，希望读者熟练掌握本节内容。

5.3.1 添加外部对象样式

在会声会影X8中，用户可以通过"对象"素材库，加载外部的对象素材。

下面向读者介绍添加外部对象样式的操作方法。

课堂案例	添加外部对象样式
案例位置	效果\第5章\书桌.VSP
视频位置	视频\第5章\课堂案例——添加外部对象样式.mp4
难易指数	★★★★☆
学习目标	掌握成批转换视频文件的操作方法

本实例最终效果如图5-44所示。

图5-44

01 进入会声会影编辑器,单击"文件"|"打开项目"命令,打开一个项目文件(素材\第5章\书桌.VSP),如图5-45所示。

图5-45

02 在预览窗口中,可以预览打开的项目效果,如图5-46所示。

03 在素材库左侧单击"图形"按钮,执行操作后,切换至"图形"素材库,单击素材库上方"画廊"按钮▼,在弹出的列表框中选择"对象"选项,打开"对象"素材库,单击素材库上方的"添加"按钮■,如图5-47所示。

图5-46

图5-47

04 弹出"浏览图形"对话框,在该对话框中选择需要添加的对象文件(素材\第5章\蜡烛.png),如图5-48所示。

图5-48

05 选择完毕后，单击"打开"按钮，将对象素材插入到素材库中，如图5-49所示。

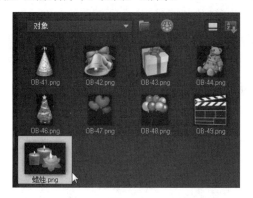

图5-49

06 在素材库中选择对象素材，单击鼠标左键并将其拖曳至时间轴面板中合适的位置，如图5-50所示。

图5-50

07 在预览窗口中，可以预览加载的外部对象样式，如图5-51所示。

08 在预览窗口中，可手动拖曳对象素材四周的控制柄，调整对象素材的大小和位置。

图5-51

5.3.2 添加外部边框样式

在会声会影X8中，用户可以通过"边框"素材库，加载外部的边框素材。下面向读者介绍添加外部边框样式的操作方法。

课堂案例	添加外部边框样式
案例位置	效果\第5章\青春少女.VSP
视频位置	视频\第5章\课堂案例——添加外部边框样式.mp4
难易指数	★★★★☆
学习目标	掌握添加外部边框样式的操作方法

本实例最终效果如图5-52所示。

图5-52

01 进入会声会影编辑器，单击"文件"|"打开项目"命令，打开一个项目文件（素材\第5章\青春少女.VSP），如图5-53所示。

图5-53

02 在预览窗口中，可以预览打开的项目效果，如图5-54所示。

03 在素材库左侧单击"图形"按钮，执行操作后，切换至"图形"素材库。单击素材库上方"画廊"按钮■，在弹出的列表框中选择"边框"选项，打开"边框"素材库。单击素材库上方的"添加"按钮■，如图5-55所示。

图5-54

图5-55

04　弹出"浏览图形"对话框，在该对话框中选择需要添加的边框文件（素材\第5章\纹样.png），如图5-56所示。

图5-56

05　选择完毕后，单击"打开"按钮，将边框素材插入到素材库中，如图5-57所示。

图5-57

06　在素材库中选择边框素材，单击鼠标左键并将其拖曳至时间轴面板中合适的位置，如图5-58所示。

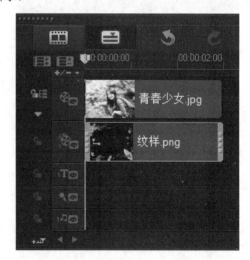

图5-58

07　在预览窗口中，可以预览加载的外部边框样式，如图5-59所示。

08　在预览窗口中的边框样式上，单击鼠标右键，在弹出的快捷菜单中选择"调整到屏幕大小"选项，如图5-60所示。

09　执行操作后，即可调整边框样式的大小，使其全屏显示在预览窗口中。

图5-59

图5-60

5.4　制作与调整色块素材

在会声会影X8中，用户可以亲手制作色彩丰富的色块画面，色块画面常用于视频的过渡场景中，黑色与白色的色块常用来制作视频的淡入与淡出特效。本节主要向读者介绍亲手制作色块素材的操作方法，希望读者熟练掌握本节内容。

5.4.1　通过Corel颜色制作色块

在会声会影X8的"图形"素材库中，软件提供的色块素材颜色有限，如果其中的色块不能满足用户的需求，此时用户可以通过Corel颜色制作颜色色块。

课堂案例	通过Corel颜色制作色块
案例位置	无
视频位置	视频\第5章\课堂案例——通过Corel颜色制作色块.mp4
难易指数	★★★★★
学习目标	掌握通过Corel颜色制作色块的操作方法

01　在素材库的左侧，单击"图形"按钮，如图5-61所示。

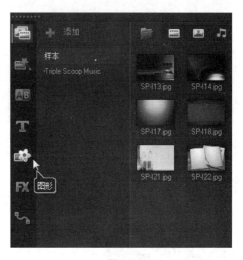

图5-61

02　切换至"图形"素材库，在上方单击"添加"按钮，如图5-62所示。

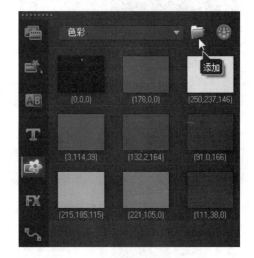

图5-62

03　执行操作后，弹出"新建色彩素材"对话框，如图5-63所示。

图5-63

04　单击"色彩"右侧的黑色色块，在弹出的颜色面板中选择"Corel色彩选取器"选项，如图5-64所示。

图5-64

(05) 弹出"Corel色彩选择工具"对话框，如图5-65所示。

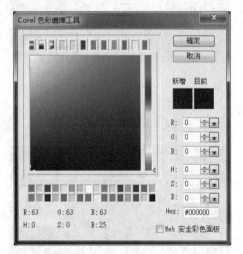

图5-65

(06) 在对话框的下方，单击粉红色色块，如图5-66所示，是指新建的色块颜色为粉红色。

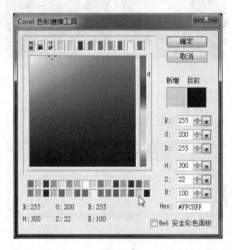

图5-66

(07) 单击"确定"按钮，返回"新建色彩素材"对话框，此时"色彩"右侧的色块变为粉红色，如图5-67所示。

图5-67

(08) 单击"确定"按钮，即可在"色彩"素材库中新建粉红色色块，如图5-68所示。

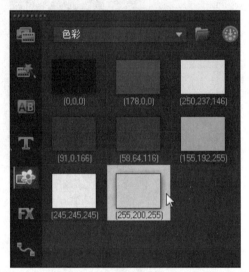

图5-68

(09) 将新建的粉红色色块拖曳至时间轴面板的视频轨中，添加粉红色色块，如图5-69所示。

图5-69

(10) 在预览窗口中，可以预览添加的色块画面，如图5-70所示。

图5-70

图5-72

⑪ 在色块素材上，用户还可以添加其他的对象素材，将色块素材用作背景，效果如图5-71所示。

图5-71

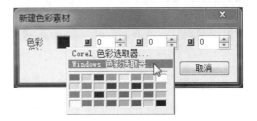

图5-73

5.4.2 通过Windows颜色制作色块

在会声会影X8中，用户还可以通过Windows"颜色"对话框来设置色块的颜色。下面向读者介绍通过Windows颜色制作色块的操作方法。

课堂案例	通过 Windows 颜色制作色块
案例位置	无
视频位置	视频\第 5 章\课堂案例——通过 Windows 颜色制作色块 .mp4
难易指数	★★★★☆
学习目标	掌握通过 Windows 颜色制作色块的操作方法

① 在素材库的左侧，单击"图形"按钮，切换至"图形"素材库，在上方单击"添加"按钮，如图5-72所示。

② 执行操作后，弹出"新建色彩素材"对话框，单击"色彩"右侧的黑色色块，在弹出的颜色面板中选择"Windows色彩选取器"选项，如图5-73所示。

③ 执行操作后，弹出"颜色"对话框，如图5-74所示。

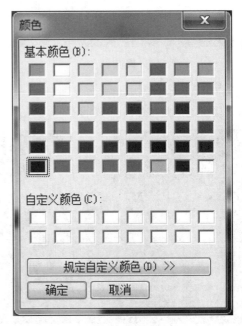

图5-74

04 在"基本颜色"选项区中，单击粉红色色块，如图5-75所示。

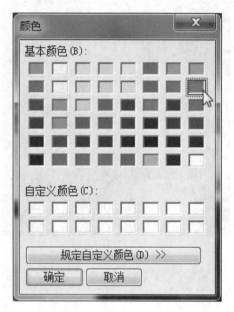

图5-75

05 单击"确定"按钮，返回"新建色彩素材"对话框，此时"色彩"右侧的色块变为粉红色，如图5-76所示。

图5-76

06 单击"确定"按钮，即可在"色彩"素材库中新建粉红色色块，如图5-77所示。

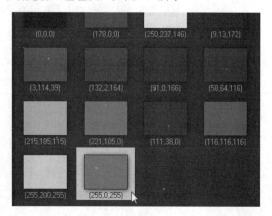

图5-77

07 将新建的粉红色色块拖曳至时间轴面板的视频轨中，添加粉红色色块，如图5-78所示。

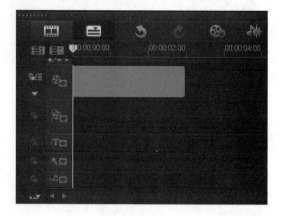

图5-78

08 在预览窗口中，可以预览添加的色块画面，如图5-79所示。

图5-79

09 在色块素材上，用户还可以添加其他的对象素材，将色块素材用作背景，效果如图5-80所示。

图5-80

5.4.3 调整与修改色块区间长度

当用户将色块素材添加到时间轴面板中时，如果色块的区间长度无法满足用户的需求，此时用户可以设置色块的区间长度，使其与视频画面更加符合。下面向读者介绍调整与修改色块区间长度的方法。

在会声会影X8中，用户可以通过拖曳色块素材右侧的黄色标记，来更改色块素材的区间长度。选择视频轨中需要调整区间长度的色块，将鼠标移至右侧的黄色标记上，此时鼠标指针呈双向箭头形状，如图5-81所示。

单击鼠标左键并向右拖曳至合适位置后释放鼠标左键，即可调整色块素材的区间长度，如图5-82所示。这种操作方式比较随意，适合对视频剪辑要求不高的用户使用。

图5-81

图5-82

5.4.4 调整与更改色块颜色

当用户将色块素材添加到视频轨后，如果用户对色块的颜色不满意，此时可以更改色块的颜色。下面向读者介绍调整与更改色块颜色的操作方法。

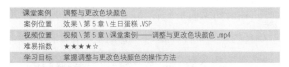

课堂案例	调整与更改色块颜色
案例位置	效果\第5章\生日蛋糕.VSP
视频位置	视频\第5章\课堂案例——调整与更改色块颜色.mp4
难易指数	★★★★☆
学习目标	掌握调整与更改色块颜色的操作方法

本实例最终效果如图5-83所示。

图5-83

01 进入会声会影编辑器，单击"文件"|"打开项目"命令，打开一个项目文件（素材\第5章\生日蛋糕.VSP），如图5-84所示。

图5-84

02 在预览窗口中，可以预览色块与视频叠加的效果，如图5-85所示。

图5-85

03 在时间轴面板的视频轨中，选择用户需要更改颜色的色块素材，如图5-86所示。

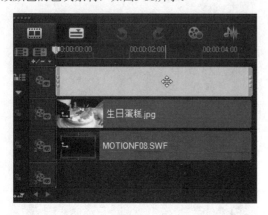

图5-86

04 单击"选项"按钮，展开"色彩"选项面板，单击"色彩选取器"左侧的颜色色块，如图5-87所示。

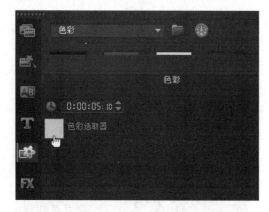

图5-87

05 执行操作后，弹出颜色面板，在其中选择"Corel色彩选取器"选项，如图5-88所示。

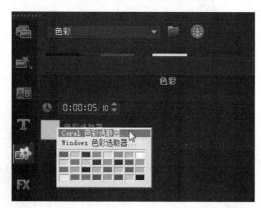

图5-88

06 弹出"Corel色彩选择工具"对话框，在其中设置颜色为淡黄色（RGB参数值分别为255、221、120），如图5-89所示。

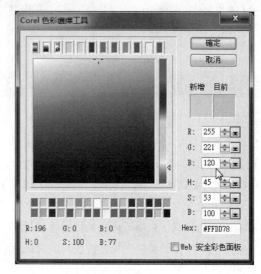

图5-89

07 设置完成后，单击"确定"按钮，即可更改色块素材的颜色，如图5-90所示。

08 单击导览面板中的"播放"按钮，预览更改色块颜色后的视频画面效果。

图5-90

5.5　本章小结

本章全面介绍了如何添加与制作影视素材，包括添加图像、视频、Flash、装饰素材，以及如何制作色块素材等内容。通过本章的学习，用户可以熟练掌握会声会影X8添加与制作各种影视素材的使用方法和技巧，对会声会影X8的操作有一定的帮助。

5.6　习题测试——添加png图像文件

鉴于本章知识的重要性，为了帮助读者更好地掌握所学知识，本节将通过上机习题，帮助读者进行简单的知识回顾和补充。

案例位置	效果 \ 习题测试 \ 真爱回味 .VSP
难易指数	★ ★ ★ ★ ☆
学习目标	掌握成批转换视频文件的操作方法

本习题需要掌握添加png图像文件的操作方法，素材如图5-91所示，最终效果如图5-92所示。

图5-92

图5-91

第6章

编辑、校正与修整素材

内容摘要

    在会声会影X8编辑器中，用户可以对素材进行设置和编辑，使制作的影片更为生动、美观。本章主要向读者介绍视频素材常用技巧的编辑、视频素材的修整，以及校正素材画面色彩的操作方法。

课堂学习目标

● 编辑影视素材
● 色彩校正素材画面
● 修整影视素材

6.1 编辑影视素材

在会声会影X8中对视频素材进行编辑时，用户可根据编辑需要对视频轨中的素材进行相应的处理，如选择、删除、移动、替换、复制以及粘贴等。本节主要向读者介绍编辑影视素材文件的操作方法。

6.1.1 选取素材文件

在会声会影X8中编辑素材之前，首先需要选取相应的视频素材。选取素材是编辑素材的前提，用户可以根据需要选择单个素材文件或多个素材文件。下面向读者介绍选取素材的操作方法。

1. 选择单个素材

在时间轴面板中，如果用户需要编辑某一个视频素材，首先需要选择该素材文件。

选择单个素材文件的方法很简单，用户将鼠标移至需要选择的素材缩略图上方，此时鼠标指针呈⊞形状，如图6-1所示。单击鼠标左键，即可选择该视频素材，被选中的素材四周呈黄色显示，如图6-2所示。

图6-1

图6-2

2. 选择连续的多个素材

在时间轴面板的视频轨中，用户根据需要可以选择连续的多个素材文件同时进行相关编辑操作。

选择连续的多个素材文件的方法很简单，用户首先选择第一段素材，按住Shift键的同时，选择最后一段素材，此时两段素材之间的所有素材都将被选中，被选中的素材四周呈黄色显示，如图6-3所示。

图6-3

6.1.2 删除素材文件

在会声会影X8中编辑视频时，当插入到时间轴面板中的素材不符合用户的要求时，用户可以将不需要的素材进行删除操作。下面向读者介绍删除素材的多种操作方法。

1. 通过选项删除素材

在会声会影X8中，用户可以通过"删除"选项来删除不需要的素材文件。

首先，在时间轴面板中选择需要删除的素材文件，如图6-4所示。单击鼠标右键，在弹出的快捷菜单中选择"删除"选项，如图6-5所示。

图6-4

图6-5

执行操作后，即可在时间轴面板中，删除选择的视频素材，如图6-6所示。

图6-6

2. 通过命令删除素材

在会声会影X8中，用户可以通过菜单栏中的"删除"命令来删除不需要的素材文件。

首先，在时间轴面板中选择需要删除的素材文件，在菜单栏中单击"编辑"|"删除"命令，如图6-7所示。执行操作后，即可删除时间轴面板中选择的素材文件。

图6-7

技巧与提示

在会声会影X8的时间轴面板中，选中需要删除的素材文件后，按键盘上的Delete键，也可以快速删除选择的素材文件。

6.1.3 移动素材文件

如果用户对视频轨中素材的位置和顺序不满意，此时可以通过移动素材的方式调整素材的播放顺序。下面向读者介绍移动素材文件的方法。

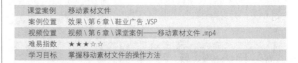

课堂案例	移动素材文件
案例位置	效果\第6章\鞋业广告.VSP
视频位置	视频\第6章\课堂案例——移动素材文件.mp4
难易指数	★★★☆☆
学习目标	掌握移动素材文件的操作方法

本实例最终效果如图6-8所示。

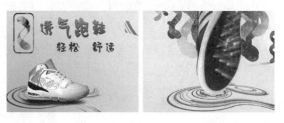

图6-8

01 进入会声会影编辑器，单击"文件"|"打开项目"命令，打开一个项目文件（素材\第6章\鞋业广告.VSP），如图6-9所示。

图6-9

02 移动鼠标指针至时间轴面板中素材"鞋业广告2.JPG"上，单击鼠标左键，选取该素材，单击鼠标左键，并将其拖曳至素材"鞋业广告1.JPG"的前方，如图6-10所示。

图6-10

03 执行操作后，即可调整两段素材的播放顺序，如图6-11所示。

图6-11

（04）单击导览面板中的"播放"按钮，预览调整顺序后的视频画面效果。

6.1.4 替换视频素材文件

在会声会影X8中，如果用户对制作完成的视频画面不满意，此时可以将不满意的视频替换为用户需要的视频文件。下面向读者介绍替换视频素材的操作方法。

课堂案例	替换视频素材文件
案例位置	效果\第6章\厦门大学.VSP
视频位置	视频\第6章\课堂案例——替换视频素材文件.mp4
难易指数	★★★☆☆
学习目标	掌握替换视频素材文件的操作方法

本实例最终效果如图6-12所示。

图6-12

（01）进入会声会影编辑器，单击"文件"|"打开项目"命令，打开一个项目文件（素材\第6章\厦门大学.VSP），如图6-13所示。

图6-13

（02）在视频轨中，选择需要替换的视频素材，如图6-14所示。

图6-14

（03）在视频素材上，单击鼠标右键，在弹出的快捷菜单中选择"替换素材"|"视频"选项，如图6-15所示。

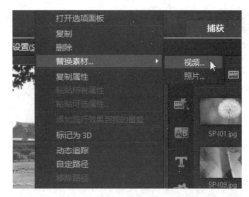

图6-15

（04）执行操作后，弹出"替换/重新链接素材"对话框，在其中选择需要的视频素材（素材\第6章\电视画面.mpg），如图6-16所示。

图6-16

05 单击"打开"按钮,即可替换视频轨中的视频素材,如图6-17所示。

图6-17

06 单击导览面板中的"播放"按钮,预览替换视频后的画面效果。

6.1.5 复制时间轴素材文件

在时间轴面板中,如果用户需要制作多处相同的视频画面,此时可以使用复制功能,对视频画面进行多次复制操作,这样可以提高用户制作视频的效率。下面向读者介绍复制时间轴中素材的操作方法,希望读者熟练掌握该操作。

课堂案例	复制时间轴素材文件
案例位置	效果\第6章\特色建筑 .VSP
视频位置	视频\第6章\课堂案例——复制时间轴素材文件 .mp4
难易指数	★★★☆☆
学习目标	掌握复制时间轴素材文件的操作方法

本实例最终效果如图6-18所示。

图6-18

01 进入会声会影编辑器,在时间轴面板的视频轨中插入一幅素材图像(素材\第6章\特色建筑.JPG),如图6-19所示。

02 在视频轨中,选择需要复制的素材文件,如图6-20所示。

图6-19

图6-20

03 在菜单栏中,单击"编辑"|"复制"命令,如图6-21所示。

图6-21

04 复制素材文件,在视频轨中向右移动鼠标,此时鼠标指针处呈白色色块,表示素材将要粘贴的位置,如图6-22所示。

图6-22

05 在合适位置上，单击鼠标左键，即可粘贴之前复制的素材。

6.1.6 粘贴所有素材属性

在会声会影X8中，如果用户需要制作多种相同的视频特效，此时可以将已经制作好的特效直接复制与粘贴到其他素材上，这样做可以提高用户编辑视频的效率。下面向读者介绍粘贴所有素材属性的方法。

课堂案例	粘贴所有素材属性
案例位置	效果\第6章\欣赏花儿.VSP
视频位置	视频\第6章\课堂案例——粘贴所有素材属性.mp4
难易指数	★★★☆☆
学习目标	掌握粘贴所有素材属性的操作方法

本实例最终效果如图6-23所示。

图6-23

01 进入会声会影编辑器，单击"文件"|"打开项目"命令，打开一个项目文件（素材\第6章\欣赏花儿.VSP），如图6-24所示。

02 在视频轨中，选择需要复制属性的素材文件，如图6-25所示。

03 在菜单栏中，单击"编辑"|"复制属性"命令，如图6-26所示。

图6-24

图6-25

Corel VideoStudio X8

图6-26

04 执行操作后，即可复制素材的属性，在视频轨中选择需要粘贴属性的素材文件，如图6-27所示。

图6-27

115

05 在菜单栏中，单击"编辑"|"粘贴所有属性"命令，如图6-28所示。

图6-28

06 执行操作后，即可粘贴素材的所有属性特效，在导览面板中单击"播放"按钮，预览视频画面效果。

技巧与提示
用户使用时间轴中的"粘贴所有属性"选项进行操作时，需要注意的是，粘贴至视频素材上与粘贴至照片素材上，所弹出的快捷菜单是不一样的，但同样会有"粘贴所有属性"选项，只是粘贴到视频素材上时，弹出的快捷菜单中的选项会多一些。

6.1.7 粘贴可选素材属性

用户制作视频的过程中，还可以将第一段视频上的部分特效粘贴至第二段视频素材上，节省重复操作的时间。下面向读者介绍粘贴可选属性至另一素材的操作方法。

课堂案例	粘贴可选素材属性
案例位置	效果 \ 第 6 章 \ 山中鲜花 .VSP
视频位置	视频 \ 第 6 章 \ 课堂案例——粘贴可选素材属性 .mp4
难易指数	★★★★☆
学习目标	掌握粘贴可选素材属性的操作方法

本实例最终效果如图6-29所示。

01 进入会声会影编辑器，单击"文件"|"打开项目"命令，打开一个项目文件（素材\第6章\山中鲜花.VSP），如图6-30所示。

02 在视频轨中，选择需要复制属性的素材文件，如图6-31所示。

图6-29

图6-30

图6-31

03 在菜单栏中，单击"编辑"|"复制属性"命令，如图6-32所示。

04 执行操作后，即可复制素材的属性，在视频轨中选择需要粘贴可选属性的素材文件，如图6-33所示。

图6-32

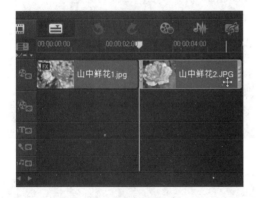

图6-33

05 在菜单栏中，单击"编辑"|"粘贴可选属性"命令，如图6-34所示。

图6-34

06 执行操作后，弹出"粘贴可选属性"对话框，如图6-35所示。

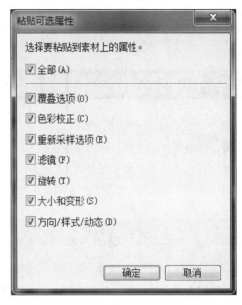

图6-35

07 在对话框中，取消选中"全部"复选框，然后在下方选中需要粘贴可选属性所对应的复选框，如图6-36所示。

08 设置完成后，单击"确定"按钮，即可粘贴素材中的可选属性，在导览面板中单击"播放"按钮，预览粘贴可选属性后的视频画面效果。

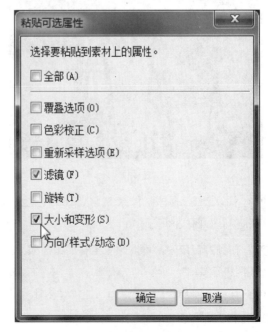

图6-36

6.2 色彩校正素材画面

会声会影X8提供了专业的色彩校正功能，用户
可以轻松调整素材的亮度、对比度以及饱和度等，
甚至还可以将影片调成具有艺术效果的色彩。本节
主要向读者介绍对素材进行色彩校正的操作方法。

6.2.1 调整素材色调

在会声会影X8中，如果用户对照片的色调不太
满意，此时可以重新调整照片的色调。下面向读者
介绍调整素材画面色调的操作方法。

课堂案例	调整素材色调
案例位置	效果\第6章\夕阳西下.VSP
视频位置	视频\第6章\课堂案例——调整素材色调.mp4
难易指数	★★★☆☆
学习目标	掌握调整素材色调的操作方法

本实例最终效果如图6-37所示。

图6-37

01 插入一幅素材图像（素材\第6章\夕阳西
下.jpg），如图6-38所示。

02 在预览窗口中，可以预览素材的画面效果，
如图6-39所示。

03 打开"照片"选项面板，单击"色彩校正"
按钮，如图6-40所示。

图6-38

图6-39

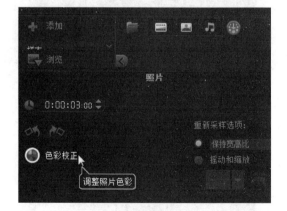

图6-40

04 执行操作后，打开相应选项面板，如图6-41所示。

05 在选项面板中，拖曳"色调"选项右侧的滑块，直至参数显示为30，如图6-42所示。

06 在预览窗口中，可以预览更改色调后的图像素材效果。

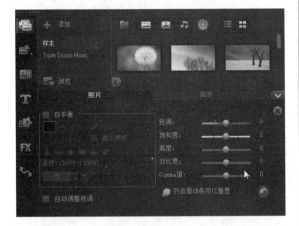

图6-41

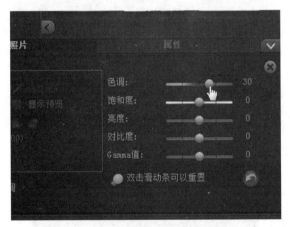

图6-42

6.2.2 自动调整素材色调

在会声会影X8中，用户还可以运用软件自动调整素材画面的色调。下面向读者介绍自动调整素材色调的操作方法。

课堂案例	自动调整素材色调
案例位置	效果\第6章\江南山水.VSP
视频位置	视频\第6章\课堂案例——自动调整素材色调.mp4
难易指数	★★★☆☆
学习目标	掌握自动调整素材色调的操作方法

本实例最终效果如图6-43所示。

图6-43

01 进入会声会影X8编辑器，在故事板中插入一幅素材图像（素材\第6章\江南山水.jpg），如图6-44所示。

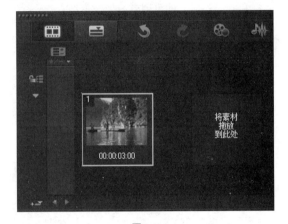

图6-44

02 在预览窗口中，可以预览素材画面效果，如图6-45所示。

图6-45

03 在"照片"选项面板中，单击"色彩校正"按钮，弹出相应选项面板，选中"自动调整色调"复选框，如图6-46所示。

图6-46

04 执行操作后，即可调整图像的色调。

6.2.3 调整图像饱和度

在会声会影X8中使用饱和度功能，可以调整整张照片或单个颜色分量的色相、饱和度和亮度值，还可以同步调整照片中所有的颜色。

下面向读者介绍调整图像饱和度的操作方法。

课堂案例	调整图像饱和度
案例位置	效果\第6章\美丽风景.VSP
视频位置	视频\第6章\课堂案例——调整图像饱和度.mp4
难易指数	★★★☆☆
学习目标	掌握调整图像饱和度的操作方法

本实例最终效果如图6-47所示。

图6-47

01 进入会声会影X8编辑器，在故事板中插入一幅素材图像（素材\第6章\美丽风景.jpg），如图6-48所示。

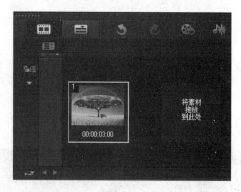

图6-48

02 在预览窗口中，可以预览素材画面效果，如图6-49所示。

图6-49

03 在"照片"选项面板中，单击"色彩校正"按钮，弹出相应选项面板，拖曳"饱和度"选项右侧的滑块，直至参数显示为62，如图6-50所示。

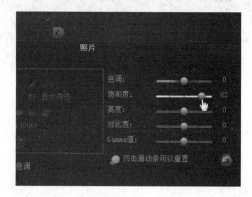

图6-50

04 执行操作后，即完成图像饱和度的调整。

技巧与提示

在会声会影X8的选项面板中设置饱和度参数时，饱和度参数值越低，图像画面越灰；饱和度参数值越高，图像颜色越鲜艳，色彩画面就越强。

6.2.4 调整素材亮度

在会声会影X8中，当素材亮度过暗或者过亮时，用户可以调整素材的亮度。

下面向读者介绍调整素材亮度的操作方法。

课堂案例	调整素材亮度
案例位置	效果\第6章\帅气男子.VSP
视频位置	视频\第6章\课堂案例——调整素材亮度.mp4
难易指数	★★★☆☆
学习目标	掌握调整素材亮度的操作方法

本实例最终效果如图6-51所示。

图6-51

01 进入会声会影X8编辑器，在故事板中插入一幅素材图像（素材\第6章\帅气男子.jpg），如图6-52所示。

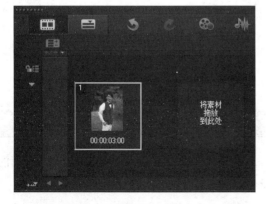

图6-52

02 在预览窗口中，可以预览素材画面效果，如图6-53所示。

图6-53

03 在"照片"选项面板中，单击"色彩校正"按钮，弹出相应选项面板，拖曳"亮度"选项右侧的滑块，直至参数显示为72，如图6-54所示。

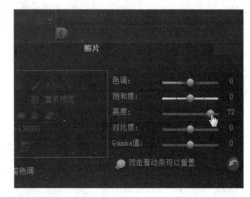

图6-54

04 执行操作后，即完成图像亮度的调整。

技巧与提示

亮度是指颜色的明暗程度，它通常使用从-100到100之间的整数来度量。在正常光线下照射的色相，被定义为标准色相。一些亮度高于标准色相的，称为该色相的高度，反之称为该色相的阴影。

6.2.5 调整素材对比度

对比度是指图像中阴暗区域最亮的白与最暗的黑之间不同亮度范围的差异。在会声会影X8中，用户可以轻松对素材的对比度进行调整。

下面向读者介绍调整素材对比度的操作方法。

课堂案例	调整素材对比度
案例位置	效果 \ 第 6 章 \ 建筑 .VSP
视频位置	视频 \ 第 6 章 \ 课堂案例——调整素材对比度 .mp4
难易指数	★★★☆☆
学习目标	掌握调整素材对比度的操作方法

本实例最终效果如图6-55所示。

图6-55

01 进入会声会影X8编辑器，在故事板中插入一幅素材图像（素材\第6章\建筑.jpg），如图6-56所示。

图6-56

02 在预览窗口中，可以预览素材画面效果，如图6-57所示。

图6-57

03 在"照片"选项面板中，单击"色彩校正"按钮，弹出相应选项面板，拖曳"对比度"选项右侧的滑块，直至参数显示为50，如图6-58所示。

04 执行操作后，即完成图像对比度的调整。

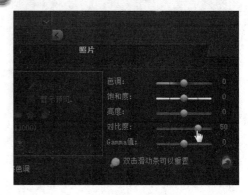

图6-58

技巧与提示

在会声会影X8中，"对比度"选项用于调整素材的对比度，其取值范围为-100到100之间的整数。数值越高，素材对比度越大，反之则降低素材的对比度。

6.2.6 调整画面Gamma值

在会声会影X8中，用户可以通过设置画面的Gamma值来更改画面的色彩灰阶。

课堂案例	调整画面 Gamma 值
案例位置	效果 \ 第 6 章 \ 航拍景色 .VSP
视频位置	视频 \ 第 6 章 \ 课堂案例——调整画面 Gamma 值 .mp4
难易指数	★★★☆☆
学习目标	掌握调整画面 Gamma 值的操作方法

本实例最终效果如图6-59所示。

图6-59

① 进入会声会影X8编辑器，在故事板中插入一幅素材图像（素材\第6章\航拍景色.jpg），如图6-60所示。

图6-60

② 在预览窗口中，可以预览素材画面效果，如图6-61所示。

③ 在"照片"选项面板中，单击"色彩校正"按钮，弹出相应选项面板，拖曳Gamma选项右侧的滑块，直至参数显示为50，如图6-62所示。

④ 执行操作后，即完成图像Gamma色调的调整。

图6-61

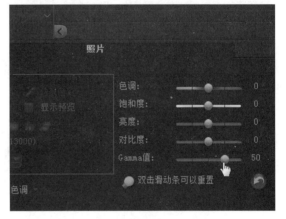

图6-62

技巧与提示

　　会声会影中的Gamma，翻译成中文是"灰阶"的意思，是指液晶屏幕上人们肉眼所见的一个点，即一个像素，它是由红、绿、蓝三个子像素组成的。每一个子像素其背后的光源都可以显现出不同的亮度级别。而灰阶代表了由最暗到最亮之间不同亮度的层次级别，中间的层级越多，所能够呈现的画面效果也就越细腻。

6.3　修整影视素材

　　在会声会影X8中添加视频素材后，可以根据需要对视频素材进行修整操作，以便满足影片的需要。本节主要向读者介绍修整项目中视频素材的操作方法，主要包括反转视频素材、变形视频素材、分割多段视频、抓拍视频快照以及调整素材持续时间等内容。

6.3.1 反转影视素材文件

在电影中经常可以看到物品破碎后又复原的效果，要在会声会影X8中制作出这种效果非常简单，用户只要逆向播放一次影片即可。下面向读者介绍反转影视素材的操作方法。

课堂案例	反转影视素材文件
案例位置	效果\第6章\山水美景.VSP
视频位置	视频\第6章\课堂案例——反转视频素材文件.mp4
难易指数	★★★☆☆
学习目标	掌握反转影视素材文件的操作方法

本实例最终效果如图6-63所示。

图6-63

01 进入会声会影编辑器，单击"文件"|"打开项目"命令，打开一个项目文件（素材\第6章\山水美景.VSP），如图6-64所示。

图6-64

02 单击导览面板中的"播放"按钮，预览视频效果，如图6-65所示。

03 在视频轨中，选择插入的视频素材，双击视

频轨中的视频素材，在"视频"选项面板中选中"反转视频"复选框，如图6-66所示。

图6-65

图6-66

技巧与提示

在会声会影X8中，用户只能对视频素材进行反转操作，无法对照片素材进行反转操作。

04 执行操作后，即可反转视频素材，单击导览面板中的"播放"按钮，即可在预览窗口中观看视频反转后的效果。

6.3.2 变形影视素材文件

使用会声会影X8的"变形素材"功能，可以任意倾斜或者扭曲视频素材，变形视频素材配合倾斜或扭曲的重叠画面，使视频应用变得更加自由。下面向读者介绍变形视频素材的操作方法。

课堂案例	变形影视素材文件
案例位置	效果\第6章\深秋金菊.VSP
视频位置	视频\第6章\课堂案例——变形影视素材文件.mp4
难易指数	★★★★☆
学习目标	掌握变形影视素材文件的操作方法

本实例最终效果如图6-67所示。

图6-67

① 进入会声会影编辑器，单击"文件"|"打开项目"命令，打开一个项目文件（素材\第6章\深秋金菊.VSP），在视频轨中选择需要变形的视频素材，如图6-68所示。

图6-68

② 在视频素材上，双击鼠标左键，展开"属性"选项面板，在其中选中"变形素材"复选框，如图6-69所示。

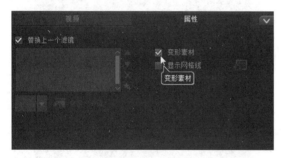

图6-69

③ 此时，预览窗口中的视频素材四周将出现黄色控制柄，将鼠标指针移至右下角的黄色控制柄上，鼠标指针呈双向箭头形状，如图6-70所示。

④ 单击鼠标左键并向右下角拖曳，变形视频素材，如图6-71所示。

⑤ 将鼠标指针移至左上角的黄色控制柄上，鼠标指针呈双向箭头形状，如图6-72所示。

⑥ 单击鼠标左键并向左上角拖曳，变形视频，使其全屏显示在预览窗口中，如图6-73所示。

图6-70

图6-71

图6-72

图6-73

125

07 变形视频素材后，单击导览面板中的"播放"按钮，预览变形后的视频画面效果。

6.3.3 分割多段影视素材

在会声会影X8中，用户可以将视频轨中的视频素材进行分割操作，使其变为多个小段的视频，然后为每个小段视频制作相应特效。下面向读者介绍分割多段影视素材的操作方法。

课堂案例	分割多段影视素材
案例位置	效果\第6章\城市建筑.VSP
视频位置	视频\第6章\课堂案例——分割多段影视素材.mp4
难易指数	★★★★☆
学习目标	掌握分割多段影视素材的操作方法

本实例最终效果如图6-74所示。

图6-74

01 进入会声会影编辑器，在时间轴面板的视频轨中插入一段视频素材（素材\第6章\城市建筑.mpg），如图6-75所示。

图6-75

02 在视频轨中，将时间线移至需要分割素材的位置，如图6-76所示。

图6-76

03 在菜单栏中，单击"编辑"|"分割素材"命令，如图6-77所示。

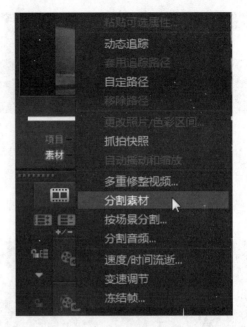

图6-77

04 或者在视频轨中的视频素材上，单击鼠标右键，在弹出的快捷菜单中选择"分割素材"选项，如图6-78所示。

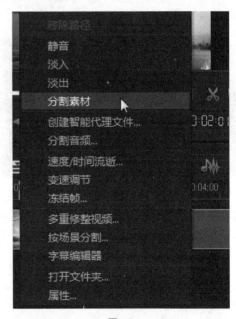

图6-78

05 执行操作后，即可在时间轴面板中的时间线位置，对视频素材进行分割操作，分割为两段，如图6-79所示。

06 用与上述同样的操作方法，再次对视频轨中的视频素材进行分割操作，如图6-80所示。

图6-79

图6-80

07 素材分割完成后，单击导览面板中的"播放"按钮，预览分割视频后的画面效果。

6.3.4 抓拍影视素材快照

制作视频画面特效时，如果用户对某个视频画面比较喜欢，可以将该视频画面抓拍下来，保存在素材库面板中。下面向读者介绍抓拍影视快照的操作方法。

课堂案例	抓拍影视素材快照
案例位置	效果\第6章\vs150614-001.BMP
视频位置	视频\第6章\课堂案例——抓拍影视素材快照.mp4
难易指数	★★★☆☆
学习目标	掌握抓拍影视素材快照的操作方法

本实例最终效果如图6-81所示。

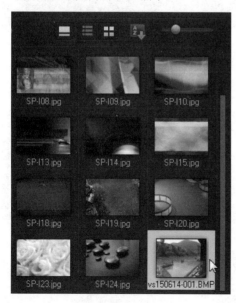

图6-81

01 进入会声会影编辑器，在时间轴面板的视频轨中插入一段视频素材（素材\第6章\坨江美景.mpg），如图6-82所示。

图6-82

02 在时间轴面板中，选择需要抓拍照片的视频文件，如图6-83所示。

图6-83

03 将时间线移至需要抓拍视频画面的位置，如图6-84所示。

图6-84

04 在菜单栏中，单击"编辑"|"抓拍快照"命令，如图6-85所示。

图6-85

127

05 执行操作后，即可抓拍视频快照，被抓拍的视频快照将显示在"照片"素材库中。

6.3.5 照片区间调整

在会声会影X8中，对于所编辑的照片素材，用户可以根据实际情况调整照片的播放长度。下面向读者介绍照片区间调整的操作方法。

1. 通过命令调整照片区间

在会声会影X8中，用户可以通过"更改照片/色彩区间"命令来调整照片的区间长度。

课堂案例	通过命令调整照片区间
案例位置	效果\第6章\长白山.VSP
视频位置	视频\第6章\课堂案例——通过命令调整照片区间.mp4
难易指数	★★★☆☆
学习目标	掌握通过命令调整照片区间的操作方法

本实例最终效果如图6-86所示。

图6-86

01 进入会声会影编辑器，在时间轴面板的视频轨中插入一幅素材图像（素材\第6章\长白山.jpg），如图6-87所示。

图6-87

02 在视频轨中，选择需要调整区间长度的照片素材，如图6-88所示。

图6-88

03 在菜单栏中，单击"编辑"|"更改照片/色彩区间"命令，如图6-89所示。

图6-89

04 执行操作后，弹出"区间"对话框，在其中设置"区间"为0:0:6:0，如图6-90所示。

图6-90

05 单击"确定"按钮，即可更改照片素材的区间长度。

2. 通过选项调整照片区间

在时间轴面板的视频轨中，选择需要调整区间的照片素材，在照片素材上单击鼠标右键，在弹出的快捷菜单中选择"更改照片区间"选项，如图6-91所示。弹出"区间"对话框，设置相应的区间参数后，单击"确定"按钮，即可更改照片素材的区间长度。

图6-91

3. 通过数值框调整照片区间

在会声会影X8中，选择需要调整区间长度的照片素材，展开"照片"选项面板，在"照片区间"数值框中输入相应的区间参数，如图6-92所示。按Enter键确认，即可调整视频轨中照片素材的区间长度。

图6-92

技巧与提示

在"照片"选项面板中，用户还可以单击"照片区间"右侧的上下微调按钮，来微调照片素材的区间参数值。

6.3.6 视频区间调整

在会声会影X8中编辑视频素材时，用户可以调整视频素材的区间长短，使调整后的视频素材更好地适用于所编辑的项目。下面介绍向读者介绍视频

区间调整的操作方法。

1. 通过命令调整视频区间

在会声会影X8中，用户可以通过"速度/时间流逝"命令来调整视频素材的区间长度。

课堂案例	通过命令调整视频区间
案例位置	效果 \ 第 6 章 \ 我爱你 .VSP
视频位置	视频 \ 第 6 章 \ 课堂案例——通过命令调整视频区间 .mp4
难易指数	★★★☆☆
学习目标	掌握通过命令调整视频区间的操作方法

本实例最终效果如图6-93所示。

图6-93

01 进入会声会影编辑器，在时间轴面板的视频轨中插入一段视频素材（素材\第6章\我爱你.mpg），如图6-94所示。

图6-94

02 在视频轨中，选择需要调整区间长度的视频素材，如图6-95所示。

图6-95

03 在菜单栏中，单击"编辑"|"速度/时间流逝"命令，如图6-96所示。

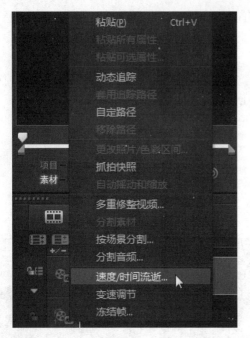

图6-96

04 执行操作后，弹出"速度/时间流逝"对话框，在其中设置"新素材区间"为0：0：5：0，如图6-97所示。

图6-97

05 设置完成后，单击"确定"按钮，即可更改视频的区间长度。

2. 通过选项调整视频区间

在时间轴面板的视频轨中，选择需要调整区间的视频素材，在视频素材上单击鼠标右键，在弹出的快捷菜单中选择"速度/时间流逝"选项，如

图6-98所示。弹出"速度/时间流逝"对话框，设置相应的新素材区间参数后，单击"确定"按钮，即可更改视频素材的区间长度。

图6-98

3. 通过数值框调整视频区间

在会声会影X8中，选择需要调整区间长度的视频素材，展开"视频"选项面板，在"视频区间"数值框中输入相应的区间参数，如图6-99所示。按Enter键确认，即可调整视频轨中视频素材的区间长度。

图6-99

6.3.7 调整素材声音

在会声会影X8中，当用户进行视频编辑时，对视频素材的音量进行调整，可以使视频与画外音、背景音乐更加协调。下面向读者介绍调整素材声音的操作方法。

课堂案例	调整素材声音
案例位置	效果＼第6章＼喜事.VSP
视频位置	视频＼第6章＼课堂案例——调整素材声音.mp4
难易指数	★★★☆☆
学习目标	掌握调整素材声音的操作方法

本实例最终效果如图6-100所示。

图6-100

01 进入会声会影编辑器，在故事板中插入一段视频素材（素材\第6章\喜事.mpg），如图6-101所示。

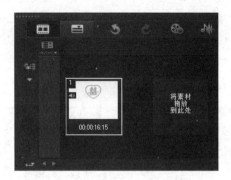

图6-101

02 在窗口的右侧，单击"选项"按钮，如图6-102所示。

图6-102

03 展开"选项"面板，单击"素材音量"右侧的下拉按钮，如图6-103所示。

图6-103

04 在弹出的列表框中，拖曳滑块调节音量，直至参数显示为262，如图6-104所示。

图6-104

05 视频素材的音量设置完成后，单击导览面板中的"播放"按钮，查看视频画面并聆听音频效果。

6.3.8 分割视频与音频

在会声会影中进行视频编辑时，有时需要将视频素材的视频部分和音频部分进行分割，然后替换成其他音频或对音频部分做进一步的调整。下面向读者介绍分割视频与音频的操作方法。

1. 通过命令分割视频与音频

下面向读者介绍在会声会影X8中，通过"分割音频"命令来分割视频与音频的操作方法。

课堂案例	通过命令分割视频与音频
案例位置	效果\第6章\情侣视频.VSP
视频位置	视频\第6章\课堂案例——通过命令分割视频与音频.mp4
难易指数	★★★☆☆
学习目标	掌握通过命令分割视频与音频的操作方法

本实例最终效果如图6-105所示。

图6-105

① 进入会声会影编辑器，在时间轴面板的视频轨中插入一段视频素材（素材\第6章\情侣视频.mpg），如图6-106所示。

图6-106

② 在时间轴面板的视频轨中，选择需要分割音频的视频素材，如图6-107所示。

图6-107

③ 在菜单栏中，单击"编辑"|"分割音频"命令，如图6-108所示。

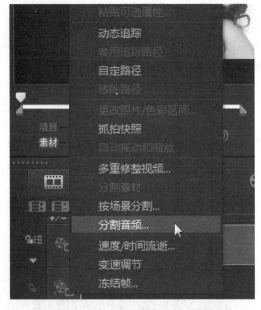

图6-108

④ 执行操作后，即可将视频中的背景音乐分割出来，显示在声音轨中。

2. 通过选项分割视频与音频

在时间轴面板的视频轨中，选择需要分割音频的视频素材，在视频素材上单击鼠标右键，在弹出的快捷菜单中选择"分割音频"选项，如图6-109所示。执行操作后，即可将视频与背景声音进行分割操作。

图6-109

3. 通过按钮分割视频与音频

在时间轴面板的视频轨中，选择需要分割音频的视频素材，展开"视频"选项面板，在其中单击"分割音频"按钮，如图6-110所示。执行操作后，即可将视频与背景声音进行分割操作。

图6-110

6.4 本章小结

本章全面介绍了如何编辑、校正与修整影视素材，包括编辑、修整素材文件，以及色彩校正素材画面等内容。通过本章的学习，用户可以熟练掌握会声会影X8编辑、校正与修整视频素材的使用方法和技巧，对会声会影X8的操作有一定的帮助。

6.5　习题测试——添加钨光效果

鉴于本章知识的重要性，为了帮助读者更好地掌握所学知识，本节将通过上机习题，帮助读者进行简单的知识回顾和补充。

案例位置	效果 \ 习题测试 \ 可爱小孩 .VSP
难易指数	★★★☆☆
学习目标	掌握添加钨光效果的操作方法

本习题需要掌握添加钨光效果的操作方法，素材如图6-111所示，最终效果如图6-112所示。

图6-111　　　　　　　　图6-112

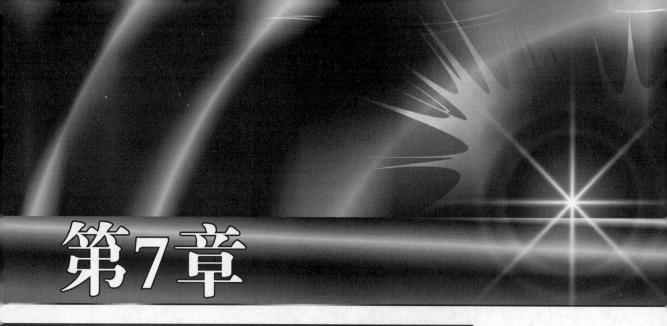

第7章

剪辑视频素材画面

内容摘要

　　在会声会影X8中可以对视频进行相应的剪辑，如标记修剪视频素材、按场景分割视频和多重修整视频等。在进行视频编辑时，用户只要掌握好这些剪辑视频的方法，便可以制作出更为完美、流畅的影片。

课堂学习目标

 剪辑视频素材的多种方式

● 按场景分割视频画面

● 视频素材的多重修整

● 剪辑单一素材

7.1 剪辑视频素材的多种方式

在会声会影X8中，用户可以对视频素材进行相应的剪辑。掌握一些常用视频剪辑的方法，可以制作出更为流畅、完美的影片。本节主要向读者介绍在会声会影X8中剪辑视频素材的方法。

7.1.1 通过按钮剪辑视频

在会声会影X8中，用户可以通过"按照飞梭栏的位置分割素材"按钮剪辑视频素材。下面介绍通过按钮剪辑视频素材的操作方法。

课堂案例	通过按钮剪辑视频
案例位置	效果\第7章\风景.VSP
视频位置	视频\第7章\课堂案例——通过按钮剪辑视频.mp4
难易指数	★★★☆☆
学习目标	掌握通过按钮剪辑视频的操作方法

本实例最终效果如图7-1所示。

图7-1

01 进入会声会影X8编辑器，在视频轨中插入一段视频素材（素材\第7章\风景.mpg），在视频轨中，将时间线移至00:00:02:16的位置处，如图7-2所示。

图7-2

02 在导览面板中，单击"按照飞梭栏的位置分割素材"按钮，如图7-3所示。

03 执行操作后，即可将视频素材分割为两段，如图7-4所示。

图7-3

图7-4

04 在时间轴面板的视频轨中，再次将时间线移至00:00:04:17的位置处，如图7-5所示。

图7-5

05 在导览面板中，单击"按照飞梭栏的位置分割素材"按钮，再次对视频素材进行分割操作，如图7-6所示。

图7-6

06 在导览面板中单击"播放"按钮，预览剪辑后的视频画面效果。

> **技巧与提示**
>
> 在会声会影X8中，当用户单击"按照飞梭栏的位置分割素材"按钮后，如果想撤销该剪辑操作，可以按Ctrl+Z组合键，还原至上一步的状态。

7.1.2 通过时间轴剪辑视频

在会声会影X8中，通过时间轴剪辑视频素材也是一种常用的方法，该方法主要通过"开始标记"按钮 **[** 和"结束标记"按钮 **]** 来实现对视频素材的剪辑操作。下面介绍通过时间轴剪辑视频素材的操作方法。

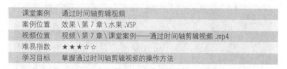

课堂案例	通过时间轴剪辑视频
案例位置	效果\第7章\水果.VSP
视频位置	视频\第7章\课堂案例——通过时间轴剪辑视频.mp4
难易指数	★★★☆☆
学习目标	掌握通过时间轴剪辑视频的操作方法

本实例最终效果如图7-7所示。

图7-7

01 进入会声会影X8编辑器，在视频轨中插入一段视频素材（素材\第7章\水果.mpg），如图7-8所示。

图7-8

02 在时间轴面板中，将时间线移至00:00:02:00的位置处，如图7-9所示。

03 在导览面板中，单击"开始标记"按钮 **[**，如图7-10所示。

04 此时，在时间轴上方会显示一条橘红色线条，如图7-11所示。

05 在时间轴面板中，再次将时间线移至00:00:04:00的位置处，如图7-12所示。

图7-9

图7-10

图7-11

图7-12

06 在导览面板中，单击"结束标记"按钮 **]**，确定视频的终点位置，如图7-13所示。

图7-13

07 此时，视频片段中选定的区域将以橘红色线条表示，如图7-14所示。

图7-14

08 在导览面板中单击"播放"按钮，预览剪辑后的视频画面效果。

技巧与提示

在时间轴面板中，将时间线定位到视频片段中的相应位置，按F3键，可以快速设置开始标记，按F4键，可以快速设置结束标记。

7.1.3 通过修整标记剪辑视频

在会声会影X8的飞梭栏中，有两个修整标记，在标记之间的部分代表素材被选取的部分，拖动修整标记，即可对素材进行相应的剪辑，在预览窗口中将显示与修整标记相对应的帧画面。下面向读者介绍通过修整标记剪辑视频素材的操作方法，希望读者熟练掌握该剪辑方法。

课堂案例	通过修整标记剪辑视频
案例位置	效果\第7章\天长地久.VSP
视频位置	视频\第7章\课堂案例——通过修整标记剪辑视频.mp4
难易指数	★★★★☆
学习目标	掌握通过修整标记剪辑视频操作方法

本实例最终效果如图7-15所示。

图7-15

01 进入会声会影X8编辑器，在视频轨中插入一段视频素材（素材\第7章\天长地久.avi），在视频轨中可以查看视频素材的长度，如图7-16所示。

图7-16

02 在导览面板中，将鼠标移至飞梭栏起始修整标记上，此时鼠标指针呈双向箭头形状，如图7-17所示。

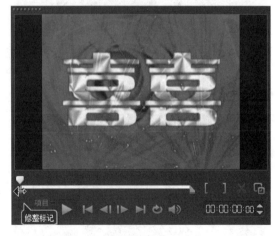

图7-17

03 在起始修整标记上，单击鼠标左键并向右拖曳，至合适位置后释放鼠标左键，即可剪辑视频的起始片段，如图7-18所示。

04 在导览面板中，将鼠标移至飞梭栏结束修整标记上，此时鼠标指针呈双向箭头形状，如图7-19所示。

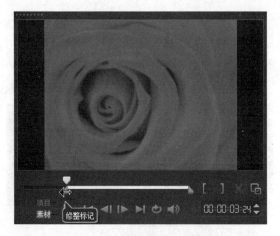

图7-18

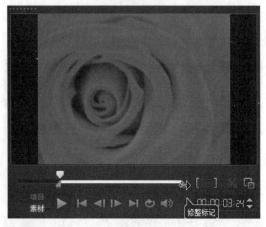

图7-19

05 在结束修整标记上，单击鼠标左键并向左拖曳，至合适位置后释放鼠标左键，即可剪辑视频的结束片段，如图7-20所示。

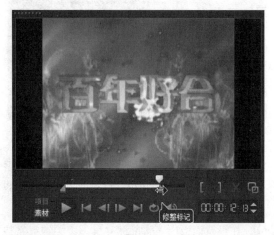

图7-20

06 在时间轴面板的视频轨中，将显示被修整标记剪辑留下来的视频片段，视频长度也将发生变化，如图7-21所示。

图7-21

07 在导览面板中单击"播放"按钮，预览剪辑后的视频画面效果。

7.1.4 通过直接拖曳剪辑视频

在会声会影X8中，最快捷、最直观的视频剪辑方式是在素材缩略图上直接对视频素材进行剪辑。下面向读者介绍通过直接拖曳的方式剪辑视频的方法。

课堂案例	通过直接拖曳剪辑视频
案例位置	效果\第7章\龙凤呈祥.VSP
视频位置	视频\第7章\课堂案例——通过直接拖曳剪辑视频.mp4
难易指数	★★★☆☆
学习目标	掌握通过直接拖曳剪辑视频的操作方法

本实例最终效果如图7-22所示。

图7-22

01 进入会声会影X8编辑器，在视频轨中插入一段视频素材（素材\第7章\龙凤呈祥.mpg），在视频轨中可以查看视频素材的长度，如图7-23所示。

图7-23

02 在视频轨中，将鼠标拖曳至时间轴面板中的视频素材的末端位置，此时鼠标指针呈双向箭头形状，如图7-24所示。

图7-24

03 在视频末端位置处，单击鼠标左键并向左拖曳，显示虚线框，表示视频将要剪辑的部分，如图7-25所示。

图7-25

04 释放鼠标左键，即可剪辑视频末端位置的片段，如图7-26所示。

图7-26

05 在导览面板中单击"播放"按钮，预览剪辑后的视频画面效果。

7.2 按场景分割视频画面

在会声会影 X 8 中，使用按场景分割功能，可以将不同场景下拍摄的视频内容分割成多个不同的视频片段。本节主要向读者介绍按场景分割视频素材的操作方法。

7.2.1 熟悉按场景分割视频

在会声会影X8中，按场景分割视频功能非常强大，它可以将视频画面中的多个场景分割为多个不同的小片段，也可以将多个不同的小片段场景进行合成操作。

选择需要按场景分割的视频素材后，在菜单栏中单击"编辑"|"按场景分割"命令，即可弹出"场景"对话框，如图7-27所示。

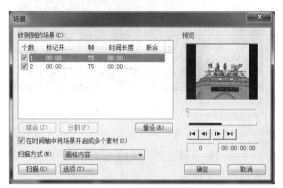

图7-27

在"场景"对话框中，各主要选项含义如下。

- "结合"按钮：可以将多个不同的场景进行连接、合成操作。
- "分割"按钮：可以将多个不同的场景进行分割操作。
- "重设"按钮：单击该按钮，可将已经扫描的视频场景恢复到未分割前状态。
- "在时间轴中将场景开启成多个素材"：可以将场景片段作为多个素材插入到时间轴面板中进行应用。
- "扫描方式"：在该列表框中，用户可以选择视频扫描的方法，默认选项为"画格内容"。
- "扫描"：单击该按钮，可以开始对视频素材进行扫描操作。
- "选项"：单击该按钮，可以设置视频检测场景时的敏感度值。
- "预览"：在预览区域内，可以预览扫描的视频场景片段。

7.2.2 通过素材库分割场景

下面向读者介绍在会声会影X8的素材库中分割视频场景的操作方法。

课堂案例	通过素材库分割场景
案例位置	效果 \ 第 7 章 \ 蓝天树木 .VSP
视频位置	视频 \ 第 7 章 \ 课堂案例——通过素材库分割场景 .mp4
难易指数	★★★★☆
学习目标	掌握通过素材库分割场景的操作方法

本实例最终效果如图7-28所示。

图7-28

01 进入媒体素材库，在素材库中的空白位置上，单击鼠标右键，在弹出的快捷菜单中选择"插入媒体文件"选项，如图7-29所示。

图7-29

02 弹出"浏览媒体文件"对话框，在其中选择需要按场景分割的视频素材（素材\第7章\树木.mpg），如图7-30所示。

图7-30

03 单击"打开"按钮，即可在素材库中添加选择的视频素材，如图7-31所示。

图7-31

04 在菜单栏中，单击"编辑"|"按场景分割"命令，如图7-32所示。

图7-32

05 执行操作后，弹出"场景"对话框，其中显示了一个视频片段，单击左下角的"扫描"按钮，如图7-33所示。

图7-33

技巧与提示

在素材库中的视频素材上，单击鼠标右键，在弹出的快捷菜单中选择"按场景分割"选项，也可以弹出"场景"对话框。

06　稍等片刻，即可扫描出视频中的多个不同场景，如图7-34所示。

图7-34

07　执行上述操作后，单击"确定"按钮，即可在素材库中显示按照场景分割的4个视频素材，如图7-35所示。

08　选择相应的场景片段，在预览窗口中可以预览视频的场景画面。

图7-35

7.2.3　通过故事板分割场景

下面向读者介绍在会声会影X8的故事板中按场景分割视频片段的操作方法。

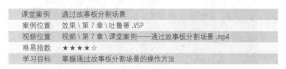

课堂案例	通过故事板分割场景
案例位置	效果＼第7章＼吐鲁番.VSP
视频位置	视频＼第7章＼课堂案例——通过故事板分割场景.mp4
难易指数	★★★★☆
学习目标	掌握通过故事板分割场景的操作方法

本实例最终效果如图7-36所示。

图7-36

01　进入会声会影X8编辑器，在故事板中插入一段视频素材（素材\第7章\吐鲁番.mpg），如图7-37所示。

图7-37

02　选择需要分割的视频文件，单击鼠标右键，在弹出的快捷菜单中选择"按场景分割"选项，如图7-38所示。

03　弹出"场景"对话框，单击"扫描"按钮，如图7-39所示。

04　执行操作后，即可根据视频中的场景变化开始扫描，扫描结束后将按照编号显示出分割的视频片段，如图7-40所示。

图7-38

图7-39

图7-40

⑤　分割完成后，单击"确定"按钮，返回会声会影编辑器，在故事板中显示了分割的多个场景片段，如图7-41所示。

图7-41

⑥　切换至时间轴视图，在视频轨中也可以查看分割的视频效果，如图7-42所示。

图7-42

⑦　选择相应的场景片段，在预览窗口中可以预览视频的场景画面。

7.3　视频素材的多重修整

用户如果需要从一段视频中间一次修整出多个片段，可以使用"多重修整视频"功能。该功能相对于"按场景分割"功能而言更为灵活，用户还可以在已经标记了起点和终点的修整素材上进行更为精细的修整。本节主要向读者介绍多重修整视频素材的操作方法。

7.3.1　熟悉多重修整视频

多重修整视频操作之前，首先需要打开"多重修剪视讯"对话框，其方法很简单，只需在菜单栏中单击"多重修整视频"命令即可。

将视频素材添加至素材库中，然后将素材拖曳至故事板中，在视频素材上单击鼠标右键，在弹出的快捷菜单中选择"多重修整视频"选项，如图7-43所示。或者在菜单栏中单击"编辑"|"多重修整视频"命令，如图7-44所示。

执行操作后，即可弹出"多重修剪视讯"对话框，拖曳对话框下方的滑块，即可预览视频画面，如图7-45所示。

在"多重修剪视讯"对话框中，各主要选项含义如下。

会声会影X8实用教程

图7-43

图7-44

图7-45

- "反向全选"按钮 ：可以反向选取视频素材的片段。
- "往后搜寻"按钮 ：可以将时间线定位到视频第1帧的位置。
- "往前搜寻"按钮 ：可以将时间线定位到视频最后1帧的位置。
- "自动侦测广告"按钮 ：可以自动检测视频片段中的电视广告。
- "侦测敏感度"选项区：在该选项区中，包含低、中、高3种敏感度设置，用户可根据实际需要进行相应选择。
- "播放修剪的视讯"按钮 ：可以播放修整后的视频片段。
- "剪辑视讯的时间长度"面板：在该面板中，显示了修整的多个视频片段文件。
- "设定标记开始时间"按钮 ：可以设置视频的开始标记位置。
- "设定标记结束时间"按钮 ：可以设置视频的结束标记位置。
- "移至特定时间码" 0:00:00.00 ：可以转到特定的时间码位置，用于精确剪辑视频帧位置时非常有效。

7.3.2 快速搜索视频间隔

在"多重修剪视讯"对话框中，设置"快速搜寻间隔"为0:00:04:00，如图7-46所示。

图7-46

143

单击"往前搜寻"按钮▶▶，即可快速搜索视频间隔，如图7-47所示。

图7-47

7.3.3 标记视频素材片段

在"多重修剪视讯"对话框中进行相应的设置，可以标记视频片段的起点和终点，以修剪视频素材。在"多重修剪视讯"对话框中，将滑块拖曳至合适位置后，单击"设定标记开始时间"按钮█，如图7-48所示，确定视频的起始点。

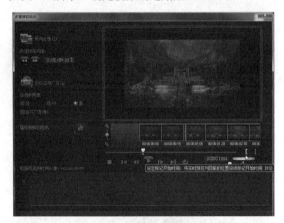

图7-48

单击预览窗口下方的"播放"按钮，播放视频素材，至合适位置后单击"暂停"按钮，单击"设定标记结束时间"按钮█，确定视频的终点位置，此时选定的区间即可显示在对话框下方的列表框中，完成标记第一个修整片段起点和终点的操作，如图7-49所示。

单击"确定"按钮，返回会声会影编辑器，在

图7-49

导览面板中单击"播放"按钮，即可预览标记的视频片段效果。

7.3.4 删除所选素材文件

在"多重修剪视讯"对话框中，将滑块拖曳至合适位置后，单击"设置开始标记"按钮█，然后单击预览窗口下方的"播放"按钮，查看视频素材，至合适位置后单击"暂停"按钮，单击"设置结束标记"按钮█，确定视频的终点位置，此时选定的区间即可显示在对话框下方的列表框中，单击"修整的视频区间"面板中的"删除所选素材"按钮█，如图7-50所示。

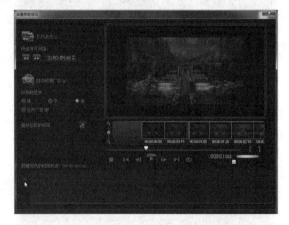

图7-50

执行上述操作后，即可删除所选素材片段，如图7-51所示。

图7-51

7.3.5 修整更多视频片段

下面向读者详细介绍在"多重修剪视讯"对话框中修整多个视频片段的操作方法。

课堂案例	修整更多视频片段
案例位置	效果\第7章\视频动画.VSP
视频位置	视频\第7章\课堂案例——修整更多视频片段.mp4
难易指数	★★★★☆
学习目标	掌握修整更多视频片段的操作方法

本实例最终效果如图7-52所示。

01 进入会声会影X8编辑器，在视频轨中插入一段视频素材（素材\第7章\视频动画.mpg），如图7-53所示。

图7-52

图7-53

02 选择视频轨中插入的视频素材，在菜单栏中单击"编辑"|"多重修整视频"命令，如图7-54所示。

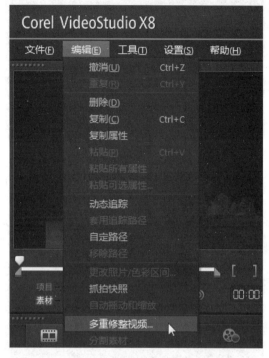

图7-54

03 执行操作后，弹出"多重修剪视讯"对话框，单击右下角的"设定标记开始时间"按钮，标记视频的起始位置，如图7-55所示。

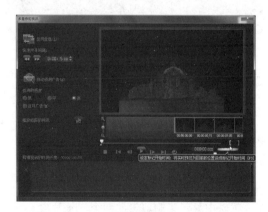

图7-55

04 单击"播放"按钮，播放至合适位置后，单击"暂停"按钮，单击"设定标记结束时间"按钮，选定的区间将显示在对话框下方的列表框中，如图7-56所示。

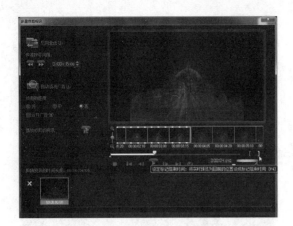

图7-56

05 单击预览窗口下方的"播放"按钮，查找下一个区间的起始位置，至适当位置后单击"暂停"按钮，单击"设定标记开始时间"按钮■，标记素材开始位置，如图7-57所示。

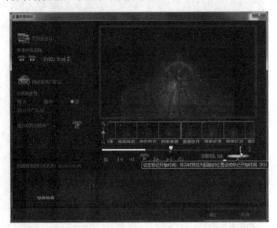

图7-57

06 单击"播放"按钮，查找区间的结束位置，至合适位置后单击"暂停"按钮，然后单击"设定标记结束时间"按钮■，确定素材结束位置，在"修整的视频区间"列表框中将显示选定的区间，如图7-58所示。

07 单击"确定"按钮，返回会声会影编辑器，在视频轨中显示了刚剪辑的两个视频片段，如图7-59所示。

08 切换至故事板视图，在其中可以查看剪辑的视频区间参数，如图7-60所示。

09 在导览面板中单击"播放"按钮，预览剪辑后的视频画面效果。

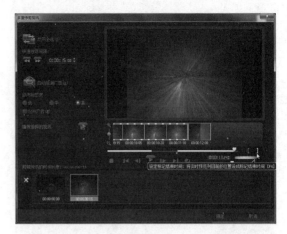

图7-58

图7-59

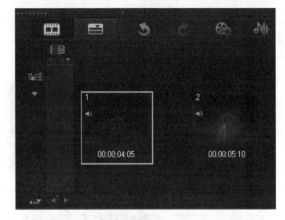

图7-60

7.3.6 精确标记视频片段

下面向读者介绍在"多重修剪视讯"对话框中，精确标记视频片段进行剪辑的操作方法。

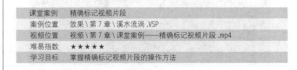

课堂案例	精确标记视频片段
案例位置	效果\第7章\溪水流淌.VSP
视频位置	视频\第7章\课堂案例——精确标记视频片段.mp4
难易指数	★★★★★
学习目标	掌握精确标记视频片段的操作方法

本实例最终效果如图7-61所示。

图7-61

01 进入会声会影X8编辑器，在视频轨中插入一段视频素材（素材\第7章\溪水流淌.mpg），如图7-62所示。

图7-62

02 在视频素材上，单击鼠标右键，在弹出的快捷菜单中选择"多重修整视频"选项，如图7-63所示。

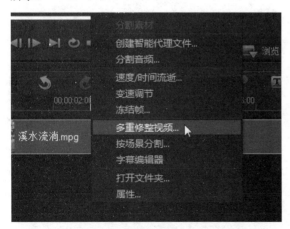

图7-63

03 执行操作后，弹出"多重修剪视讯"对话框，单击右下角的"设定标记开始时间"按钮 [，标记视频的起始位置，如图7-64所示。

图7-64

04 在"移至特定时间码"文本框中输入0:00:03:00，即可将时间线定位到视频中第3秒的位置处，如图7-65所示。

图7-65

05 单击"设定标记结束时间"按钮]，选定的区间将显示在对话框下方的列表框中，如图7-66所示。

图7-66

147

06 继续在"移至特定时间码"文本框中输入0:00:05:00，即可将时间线定位到视频中第5秒的位置处，单击"设定标记开始时间"按钮 **[**，标记第二段视频的起始位置，如图7-67所示。

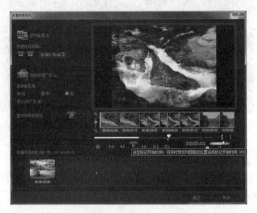

图7-67

07 继续在"移至特定时间码"文本框中输入0:00:07:00，即可将时间线定位到视频中第7秒的位置处，单击"设定标记结束时间"按钮 **]**，标记第二段视频的结束位置，选定的区间将显示在对话框下方的列表框中，如图7-68所示。

图7-68

08 单击"确定"按钮，返回会声会影编辑器，在视频轨中显示了刚剪辑的两个视频片段，如图7-69所示。

09 切换至故事板视图，在其中可以查看剪辑的视频区间参数，如图7-70所示。

10 在导览面板中单击"播放"按钮，预览剪辑后的视频画面效果。

图7-69

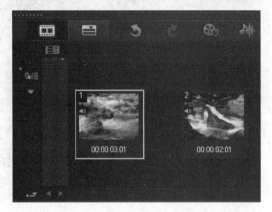

图7-70

技巧与提示

在"多重修剪视讯"对话框中，用户通过单击"转至上个画格"按钮 **◀|** 和"转至下个画格"按钮 **|▶**，也可以精确定位时间线的位置，对视频素材进行多重修整操作。

7.4　剪辑单一素材

在会声会影X8中，用户可以对媒体素材库中的视频素材进行单修整操作，然后将修整后的视频插入到视频轨中。本节主要向读者介绍单一素材剪辑的操作方法。

课堂案例	剪辑单一素材
案例位置	效果\第7章\小孩画画.VSP
视频位置	视频\第7章\课堂案例——剪辑单一素材.mp4
难易指数	★★★★☆
学习目标	掌握剪辑单一素材的操作方法

本实例最终效果如图7-71所示。

图7-71

① 进入会声会影X8编辑器，在素材库中插入一段视频素材（素材\第7章\小孩画画.mpg），如图7-72所示。

图7-72

② 在视频素材上，单击鼠标右键，在弹出的快捷菜单中选择"单素材修整"选项，如图7-73所示。

图7-73

③ 执行操作后，弹出"单一素材剪辑"对话框，如图7-74所示。

图7-74

④ 在"移至特定时间码"文本框中输入0:00:03:00，即可将时间线定位到视频中第3秒的位置处，单击"设定标记开始时间"按钮【，标记视频开始位置，如图7-75所示。

图7-75

⑤ 继续在"转到特定的时间码"文本框中输入0:00:07:00，即可将时间线定位到视频中第7秒的位置处，如图7-76所示。

图7-76

06 单击"设定标记结束时间"按钮，标记视频结束位置，如图7-77所示。

图7-77

07 视频修整完成后，单击"确定"按钮，返回会声会影编辑器，将素材库中剪辑后的视频添加至视频轨中，在导览面板中单击"播放"按钮，预览剪辑后的视频画面效果。

7.5　本章小结

本章全面介绍了如何剪辑视频素材画面，包括剪辑视频的多种方式、按场景分割视频、视频素材的多重修整，以及单一素材的剪辑等内容。通过本章的学习，用户可以熟练掌握会声会影X8剪辑视频素材画面的使用方法和技巧，对会声会影X8的操作有一定的帮助。

7.6　习题测试——用按钮剪辑视频

鉴于本章知识的重要性，为了帮助读者更好地掌握所学知识，本节将通过上机习题，帮助读者进行简单的知识回顾和补充。

案例位置	效果 \ 习题测试 \ 枫叶 .VSP
难易指数	★ ★ ☆ ☆ ☆
学习目标	掌握用按钮剪辑视频的操作方法

本习题需要掌握用按钮剪辑视频的操作方法，素材如图7-78所示，最终效果如图7-79所示。

图7-78

图7-79

第8章

视频滤镜特效的制作

内容摘要

在会声会影X8中，为用户提供了多种滤镜效果，在对视频素材进行编辑时，可以将其应用到视频素材中。通过视频滤镜不仅可以掩饰视频素材的瑕疵，还可以令视频产生绚丽的视觉效果，使制作出来的视频更具表现力。本章主要介绍制作视频滤镜特效的方法。

课堂学习目标

- 熟悉视频滤镜和选项面板
- 视频滤镜特效的基本操作
- 视频滤镜样式的多种选择
- 滤镜效果案例实战精通

8.1 熟悉视频滤镜和选项面板

在会声会影X8中，为用户提供了多种滤镜效果，对视频素材进行编辑时，可以将其应用到视频素材上。本节主要向读者介绍视频滤镜的基础内容，主要包括熟悉视频滤镜、掌握视频选项面板，以及熟悉常用滤镜属性设置等。

8.1.1 熟悉视频滤镜特效

视频滤镜是指可以应用到视频素材中的效果，它可以改变视频文件的外观和样式。会声会影X8提供了多达13大类70多种滤镜效果以供用户选择，如图8-1所示。

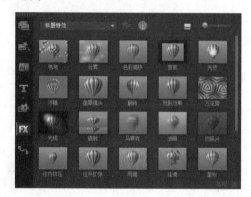

图8-1

运用视频滤镜对视频进行处理，可以掩盖一些由于拍摄造成的缺陷，并可以使画面更加生动。通过这些滤镜效果，可以模拟各种艺术效果，并对素材进行美化。图8-2所示，即为原图与应用滤镜后的效果。

图8-2

8.1.2 滤镜"属性"选项面板

当用户为素材添加滤镜效果后，展开滤镜"属性"选项面板，如图8-3所示，在其中可以设置相关的滤镜属性。

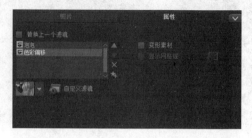

图8-3

在"属性"选项面板中，各选项含义如下。

- 替换上一个滤镜：选中该复选框，将新滤镜应用到素材中时，将替换素材中已经应用的滤镜。如果希望在素材中应用多个滤镜，则不选中此复选框。

- 已用滤镜：显示已经应用到素材中的视频滤镜列表。

- "上移滤镜"按钮▲：单击该按钮可以调整视频滤镜在列表中的位置，使当前所选择的滤镜提前应用。

- "下移滤镜"按钮▼：单击该按钮可以调整视频滤镜在列表中的显示位置，使当前所选择的滤镜延后应用。

- "删除滤镜"按钮✕：选中已经添加的视频滤镜，单击该按钮可以从视频滤镜列表中删除所选择的视频滤镜。

- "预设"按钮 ：会声会影X8为滤镜效果预设了多种不同的类型，单击右侧的下三角按钮，从弹出的下拉列表中可以选择不同的预设类型，并将其应用到素材中。

- "自定义滤镜"按钮 ：单击"自定义滤镜"按钮，在弹出的对话框中可以自定义滤镜属性。根据所选滤镜类型的不同，在弹出的对话框中设置不同的选项参数。

- 变形素材：选中该复选框，可以拖动控制点任意倾斜或者扭曲视频轨中的素材，使视频应用变得更加自由。

● 显示网格线：选中该复选框，可以在预览窗口中显示网格线效果。

8.1.3 设置滤镜特效属性

当用户为视频添加相应的滤镜效果后，单击选项面板中的"自定义滤镜"按钮，在弹出的对话框中可以设置滤镜特效的相关属性，使制作的视频滤镜更符合用户的需求。

1. 设置"云彩"属性

在会声会影X8中，利用视频滤镜可以模拟各种艺术效果来对素材进行美化，为素材添加云彩或气泡等效果，从而制作出精美的视频作品，如图8-4所示。

图8-4

添加视频滤镜后，滤镜效果将会应用到视频素材的每一帧上，通过调整滤镜的属性来控制起始帧到结束帧之间的滤镜强度、效果和速度等。如图8-5所示即为应用"云彩"滤镜后，在"属性"选项面板中单击"自定义滤镜"按钮弹出的"云彩"对话框。

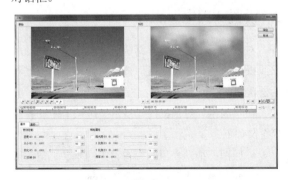

图8-5

在"云彩"对话框中，各主要选项含义如下。

● 原图：该区域显示的是图像未应用视频滤镜前的效果。

● 预览：该区域显示的是图像应用视频滤镜后的效果。

● "转到上一个关键帧"按钮◀：单击该按钮，可以使上一个关键帧处于编辑状态。

● "添加关键帧"按钮➕：单击该按钮，可以将当前帧设置为关键帧。

● "删除关键帧"按钮➖：单击该按钮，可以删除已经存在的关键帧。

● "翻转关键帧"按钮◣：单击该按钮，可以翻转时间轴中关键帧的顺序。视频序列将从终止关键帧开始到起始关键帧结束。

● "将关键帧移到左边"按钮◀｜：单击该按钮，可以将关键帧向左侧移动一帧。

● "将关键帧移到右边"按钮｜▶：单击该按钮，可以将关键帧向右侧移动一帧。

● "转到下一个关键帧"按钮➡：单击该按钮，可以使下一个关键帧处于编辑状态。

● "淡入"按钮◢：单击该按钮，可以设置视频滤镜的淡入效果。

● "淡出"按钮◣：单击该按钮，可以设置视频滤镜的淡出效果。

● 密度：在该数值框中输入相应参数后，可以设置云彩的显示数目、密度。

● 大小：在该数值框中输入相应参数后，可以设置单个云彩的大小。

● 变化：在该数值框中输入相应参数后，可以控制云彩大小的变化。

● 反转：选中该复选框，可以使云彩的透明和非透明区域反转。

● 阻光度：在该数值框中输入相应参数后，可以控制云彩的透明度。

● X比例：在该数值框中输入相应参数后，可以控制水平方向的平滑程度。设置的值越低，图像显得越破碎。

● Y比例：在该数值框中输入相应参数后，可以控制垂直方向的平滑程度。设置的值越低，图像显得越破碎。

● 频率：在该数值框中输入相应参数后，可以设置破碎云彩或颗粒的数目。设置的值越高，破碎云彩的数量就越多；设置的值越低，云彩就越大、越平滑。

2. 设置"气泡"属性

对素材应用"气泡"滤镜后，单击"属性"选项面板中的"自定义滤镜"按钮，弹出"气泡"滤镜对话框，如图8-6所示。

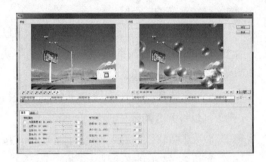

图8-6

在"气泡"对话框的"基本"选项卡中，各选项含义如下。

- 外部亮度：在该数值框中输入相应参数后，可以控制外部光线。
- 边界：在该数值框中输入相应参数后，可以设置边缘或边框的色彩。
- 主体：在该数值框中输入相应参数后，可以设置内部或主体的色彩。
- 聚光：在该数值框中输入相应参数后，可以设置聚光的强度。
- 向：在该数值框中输入相应参数后，可以设置光线照射的角度。
- 高度：在该数值框中输入相应参数后，可以调整光源相对于Z轴的高度。
- 密度：在该数值框中输入相应参数后，可以控制气泡的数量。
- 大小：在该数值框中输入相应参数后，可以设置最大气泡的尺寸。
- 变化：在该数值框中输入相应参数后，可以控制气泡大小的变化。
- 反射：在该数值框中输入相应参数后，可以调整强光在气泡表面的反射方式。

在"气泡"对话框中，单击下方的"高级"标签，切换至"高级"选项卡，如图8-7所示。

图8-7

在"气泡"对话框的"高级"选项卡中，各选项含义如下。

- 方向：选中该单选按钮，气泡随机运动。
- 发散：选中该单选按钮，气泡从中央区域向外发散运动。
- 调整大小的类型：在该数值框中输入相应参数后，可以指定发散时气泡大小的变化。
- 速度：在该数值框中输入相应参数后，可以控制气泡的加速度。
- 移动方向：在该数值框中输入相应参数后，可以指定气泡的移动角度。
- 湍流：在该数值框中输入相应参数后，可以控制气泡从移动方向上偏离的变化程度。
- 振动：在该数值框中输入相应参数后，可以控制气泡摇摆运动的强度。
- 区间：在该数值框中输入相应参数后，可以为每个气泡指定动画周期。
- 发散宽度：在该数值框中输入相应参数后，可以控制气泡发散的区域宽度。
- 发散高度：在该数值框中输入相应参数后，可以控制气泡发散的区域高度。

3. 设置"闪电"属性

对素材应用"闪电"滤镜后，单击"属性"选项面板中的"自定义滤镜"按钮，弹出"闪电"对话框，如图8-8所示。

在"闪电"对话框的"基本"选项卡中，各选项含义如下。

- 原图：拖动"原图"窗口中的十字标记，可以调整闪电的中心位置和方向。
- 光晕：在该数值框中输入相应参数后，可以设置闪电发散出的光晕大小。
- 频率：在该数值框中输入相应参数后，可以设置闪电旋转扭曲的次数，较高的值可以产

图8-8

生较多的分叉。

- 外部亮度：在该数值框中输入相应参数后，可以设置闪电对周围环境的照亮程度，数值越大，环境光越强。
- 随机闪电：选中该复选框，将随机地生成动态的闪电效果。
- 区间：在该数值框中输入相应参数后，可以"帧"为单位设置闪电的出现频率。
- 间隔：在该数值框中输入相应参数后，可以"秒"为单位设置闪电的出现频率。

在"闪电"对话框的"高级"选项卡中，各选项含义如下。

- 闪电色彩：单击右侧的色块，在弹出的"Corel色彩选择工具"对话框中可以设置闪电的颜色（默认色为白色）。
- 随机种子：可以随机改变闪电的方向。
- 幅度：在该数值框中输入相应参数后，可以调整闪电振幅，从而设置分支移动的范围。
- 亮度：向右拖动滑块可以增强闪电的亮度。
- 阻光度：在该数值框中输入相应参数后，可以设置闪电混合到图像上的方式。较低的值使闪电更透明，较高的值使其更不透明。
- 长度：在该数值框中输入相应参数后，可以设置闪电中分支的大小，选取较高的值可以增加其尺寸。

8.2 视频滤镜特效的基本操作

在会声会影X8中，为素材添加和删除视频滤镜特效的方法比较简单。在为视频素材添加视频滤

镜后，若发现为素材添加视频滤镜所产生的效果不理想，可以选择其他视频滤镜来替换添加的视频滤镜。本节主要向读者介绍滤镜特效的基本操作，主要包括添加、删除与替换滤镜。

8.2.1 添加视频滤镜特效

若用户需要制作特殊的视频效果，则可以为视频素材添加相应的视频滤镜，使视频素材产生符合用户需要的效果。下面向读者介绍添加视频滤镜特效的操作方法。

课堂案例	添加视频滤镜特效
案例位置	效果\第8章\树林.VSP
视频位置	视频\第8章\课堂案例——添加视频滤镜特效.mp4
难易指数	★★★★☆
学习目标	掌握添加视频滤镜特效的操作方法

本实例最终效果如图8-9所示。

图8-9

01 进入会声会影X8编辑器，在故事板中插入一幅素材图像（素材\第8章\树林.jpg），如图8-10所示。

图8-10

02 在预览窗口中，可以预览视频的画面效果，如图8-11所示。

图8-11

③ 在素材库的左侧，单击"滤镜"按钮，如图8-12所示。

图8-12

④ 切换至"滤镜"选项卡，单击窗口上方的"画廊"按钮，在弹出的列表框中选择"相机镜头"选项，如图8-13所示。

⑤ 打开"相机镜头"素材库，选择"光芒"滤镜效果，如图8-14所示。

⑥ 在选择的滤镜效果上，单击鼠标左键并将其拖曳至故事板中的视频素材上，此时鼠标右下角将显示一个加号，释放鼠标左键，即可添加视频滤镜效果，如图8-15所示。

图8-13

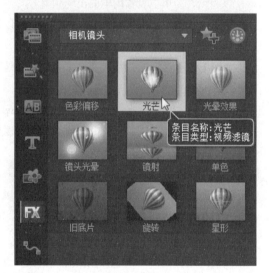

图8-14

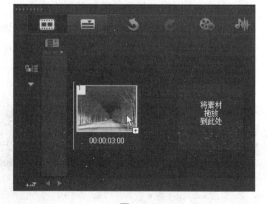

图8-15

07 在导览面板中单击"播放"按钮，预览添加的视频滤镜效果。

8.2.2 添加多个视频滤镜特效

在会声会影X8中，当一个图像素材应用多个视频滤镜时，所产生的效果是多个视频滤镜效果的叠加。下面向读者介绍添加多个视频滤镜的方法。

课堂案例	添加多个视频滤镜特效
案例位置	效果 \ 第 8 章 \ 经幡 .VSP
视频位置	视频 \ 第 8 章 \ 课堂案例——添加多个视频滤镜特效 .mp4
难易指数	★★★★★
学习目标	掌握添加多个视频滤镜特效的操作方法

本实例最终效果如图8-16所示。

图8-16

01 进入会声会影X8编辑器，在故事板中插入一幅素材图像（素材\第8章\经幡.jpg），如图8-17所示。

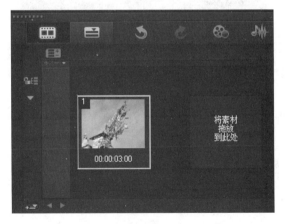

图8-17

02 在预览窗口中，可以预览视频的画面效果，如图8-18所示。

03 切换至"滤镜"选项卡，单击窗口上方的"画廊"按钮，在弹出的列表框中选择"相机镜头"选项，如图8-19所示。

04 打开"相机镜头"素材库，选择"镜头光晕"滤镜效果，如图8-20所示。

图8-18

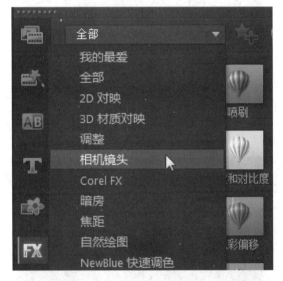

图8-19

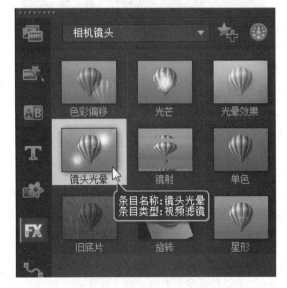

图8-20

157

05 在选择的滤镜效果上，单击鼠标左键并将其拖曳至故事板中的视频素材上，此时鼠标右下角将显示一个加号，释放鼠标左键，即可添加"镜头光晕"滤镜效果，如图8-21所示。

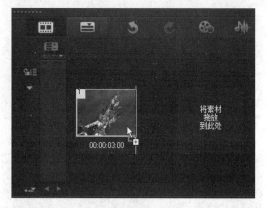

图8-21

06 打开"属性"选项面板，在"可用滤镜"列表框中显示了添加的"镜头光晕"滤镜效果，如图8-22所示。

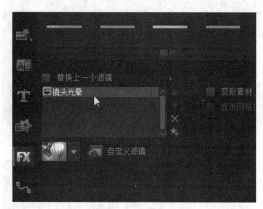

图8-22

07 单击窗口上方的"画廊"按钮，在弹出的列表框中选择"特殊"选项，如图8-23所示。

08 打开"特殊"素材库，选择"泡泡"滤镜效果，如图8-24所示。

09 将选择的滤镜效果添加至故事板中的素材上，在"属性"选项面板的"可用滤镜"列表框中显示了刚添加的"泡泡"视频滤镜，如图8-25所示。

10 在导览面板中单击"播放"按钮，预览添加的多个视频滤镜效果。

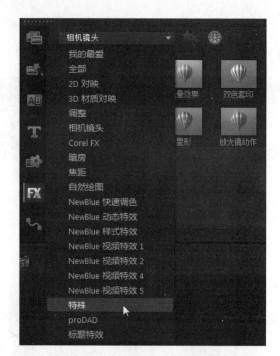

图8-23

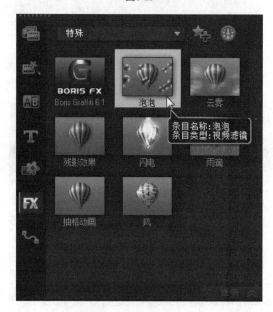

图8-24

图8-25

8.2.3 删除视频滤镜特效

当用户为一个视频素材添加了多个滤镜效果后，若发现某个滤镜并未达到自己所需要的效果，此时可以将该滤镜效果删除。下面向读者介绍删除视频滤镜效果的操作方法。

课堂案例	删除视频滤镜特效
案例位置	效果 \ 第 8 章 \ 艺术建筑 .VSP
视频位置	视频 \ 第 8 章 \ 课堂案例——删除视频滤镜特效 .mp4
难易指数	★★★☆☆
学习目标	掌握删除视频滤镜特效的操作方法

本实例最终效果如图8-26所示。

图8-26

01　进入会声会影X8编辑器，单击"文件"|"打开项目"命令，打开一个项目文件（素材\第8章\艺术建筑.VSP），单击"播放"按钮，预览视频画面效果，如图8-27所示。

图8-27

02　在故事板中，双击需要删除视频滤镜的素材文件，如图8-28所示。

03　展开"属性"选项面板，在滤镜列表框中选择"剪裁"视频滤镜，单击滤镜列表框右下方的"删除滤镜"按钮，如图8-29所示。

04　执行操作后，即可删除所选择的滤镜效果，如图8-30所示。

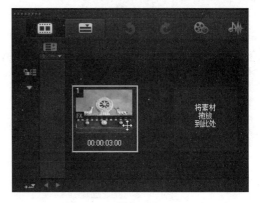

图8-28

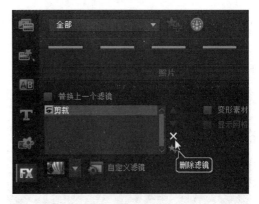

图8-29

图8-30

05　在预览窗口中，可以预览删除视频滤镜后的视频画面效果。

8.2.4 替换视频滤镜特效

用户为视频素材添加视频滤镜后，如果发现素材添加的滤镜所产生的效果并不是自己所需要的，此时可以选择其他视频滤镜来替换现有的视频滤镜。下面向读者介绍替换视频滤镜的操作方法。

课堂案例	替换视频滤镜特效
案例位置	效果\第8章\信仰.VSP
视频位置	视频\第8章\课堂案例——替换视频滤镜特效.mp4
难易指数	★★★☆☆
学习目标	掌握替换视频滤镜特效的操作方法

本实例最终效果如图8-31所示。

图8-31

01 进入会声会影X8编辑器，单击"文件"|"打开项目"命令，打开一个项目文件（素材\第8章\信仰.VSP），如图8-32所示。

图8-32

02 单击"播放"按钮，预览视频画面效果，如图8-33所示。

图8-33

03 打开"属性"选项面板，选中"替换上一个滤镜"复选框，如图8-34所示。

图8-34

04 打开"自然绘图"滤镜组，在其中选择"自动素描"滤镜效果，如图8-35所示。

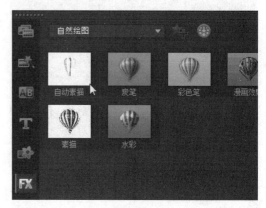

图8-35

05 将选择的滤镜效果添加至故事板中的素材上，在导览面板中单击"播放"按钮，预览替换的视频滤镜效果。

8.3 视频滤镜样式的多种选择

在会声会影X8中，为素材图像添加需要的视频滤镜后，用户还可以为视频滤镜指定滤镜预设模式或者自定义视频滤镜效果，使制作的视频画面更加专业、美观，使视频更具吸引力。本节主要向读者介绍自定义视频滤镜样式的操作方法。

8.3.1 选择视频滤镜预设样式

在会声会影X8中，每一个视频滤镜都会提供多个预设的滤镜样式。下面介绍选择滤镜预设样式的操作方法。

课堂案例	选择视频滤镜预设样式
案例位置	效果\第8章\情侣.VSP
视频位置	视频\第8章\课堂案例——选择视频滤镜预设样式.mp4
难易指数	★★★☆☆
学习目标	掌握选择视频滤镜预设样式的操作方法

本实例最终效果如图8-36所示。

图8-36

01 进入会声会影X8编辑器，单击"文件"|"打开项目"命令，打开一个项目文件（素材\第8章\情侣.VSP），如图8-37所示。

图8-37

02 在故事板中，选择需要设置滤镜样式的素材文件，如图8-38所示。

图8-38

03 在"属性"选项面板中，单击"自定义滤镜"左侧的下三角按钮，在弹出的列表框中选择第1排第3个滤镜预设样式，如图8-39所示。

04 执行上述操作后，即可为素材图像指定滤镜

预设模式，单击导览面板中的"播放"按钮，预览视频滤镜预设样式。

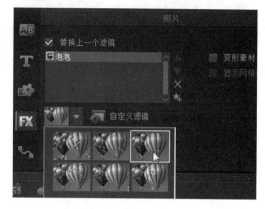

图8-39

8.3.2 自定义视频滤镜效果

在会声会影X8中，对视频滤镜效果进行自定义操作，可以制作出更加精美的画面效果。下面向读者介绍自定义视频滤镜效果的操作方法。

课堂案例	自定义视频滤镜效果
案例位置	效果\第8章\热闹街区.VSP
视频位置	视频\第8章\课堂案例——自定义视频滤镜效果.mp4
难易指数	★★★☆☆
学习目标	掌握自定义视频滤镜效果的操作方法

本实例最终效果如图8-40所示。

图8-40

01 进入会声会影X8编辑器，在故事板中插入一幅素材图像（素材\第8章\热闹街区.jpg），如图8-41所示。

02 为图像素材添加"光芒"滤镜效果，如图8-42所示。

03 展开"属性"选项面板，单击"自定义滤镜"按钮，如图8-43所示。

04 弹出"光芒"对话框，选择第1个关键帧，设置"半径"为26、"长度"为56、"宽度"为4、"阻光度"为79，如图8-44所示。

图8-41

图8-42

图8-43

图8-44

⑤ 选择第2个关键帧，设置"半径"为63、"长度"为40、"宽度"为11、"阻光度"为70，如图8-45所示。

图8-45

⑥ 设置完成后，单击"确定"按钮，即可自定义滤镜效果，单击导览面板中的"播放"按钮，预览视频滤镜预设样式。

8.4 滤镜效果案例实战精通

在会声会影X8中，为用户提供了大量的滤镜效果，用户可以根据需要应用这些滤镜效果，制作出精美的视频画面。本节主要向读者介绍运用视频滤镜制作视频特效的操作方法，希望读者熟练掌握本节内容。

8.4.1 制作"翻转"视频滤镜

在会声会影X8中，添加"翻转"滤镜后并不会影响到原来的视频影片，只是将素材的方向翻转。下面向读者介绍制作"翻转"滤镜的操作方法。

课堂案例	制作"翻转"视频滤镜
案例位置	效果\第8章\景观.VSP
视频位置	视频\第8章\课堂案例——制作"翻转"视频滤镜.mp4
难易指数	★★★☆☆
学习目标	掌握制作"翻转"视频滤镜的操作方法

本实例最终效果如图8-46所示。

图8-46

01　进入会声会影X8编辑器，在故事板中插入一幅素材图像（素材\第8章\景观.jpg），如图8-47所示。

图8-47

02　在预览窗口中，可以预览视频的画面效果，如图8-48所示。

图8-48

03　单击"滤镜"按钮，切换至"滤镜"选项卡，在"2D对映"滤镜组中选择"翻转"滤镜，如图8-49所示。

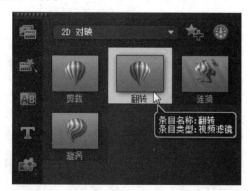

图8-49

04　单击鼠标左键，并将其拖曳至故事板中的素材上，如图8-50所示。

图8-50

💡 技巧与提示

　　在会声会影X8中，"翻转"视频滤镜没有任何预设样式供用户选择。

05　释放鼠标左键，即可添加"翻转"滤镜，单击导览面板中的"播放"按钮，即可预览"翻转"滤镜效果。

8.4.2 制作"鱼眼镜头"视频滤镜

　　在会声会影X8中，"鱼眼"滤镜主要是模仿鱼眼，当素材图像添加该效果后，会像鱼眼一样放大突出显示出来。下面向读者介绍制作"鱼眼镜头"视频滤镜的操作方法。

课堂案例	制作"鱼眼镜头"视频滤镜
案例位置	效果\第8章\虫类素材.VSP
视频位置	视频\第8章\课堂案例——制作"鱼眼镜头"视频滤镜.mp4
难易指数	★★★☆☆
学习目标	掌握制作"鱼眼镜头"视频滤镜的操作方法

　　本实例最终效果如图8-51所示。

图8-51

01 进入会声会影X8编辑器，在故事板中插入一幅素材图像（素材\第8章\虫类素材.jpg），如图8-52所示。

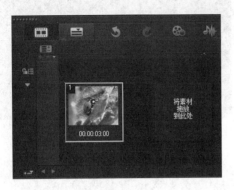

图8-52

02 在预览窗口中，可以预览视频的画面效果，如图8-53所示。

图8-53

03 单击"滤镜"按钮，切换至"滤镜"选项卡，在"3D材质对映"滤镜组中选择"鱼眼镜头"滤镜，如图8-54所示。

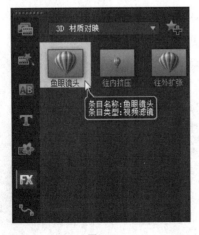

图8-54

04 单击鼠标左键，并将其拖曳至故事板中的素材上，如图8-55所示。

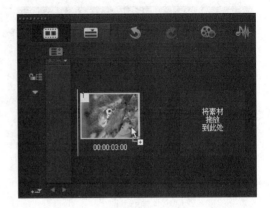

图8-55

05 释放鼠标左键，即可添加"鱼眼镜头"滤镜，单击导览面板中的"播放"按钮，即可预览"鱼眼镜头"滤镜效果。

8.4.3 制作"进阶消除杂讯"视频滤镜

在会声会影X8中，"进阶消除杂讯"视频滤镜可以去除视频中的噪点，使画面更加柔和。下面向读者介绍制作"进阶消除杂讯"滤镜的操作方法。

课堂案例	制作"进阶消除杂讯"视频滤镜
案例位置	效果 \ 第 8 章 \ 枫叶红了 .VSP
视频位置	视频 \ 第 8 章 \ 课堂案例——制作"进阶消除杂讯"视频滤镜 .mp4
难易指数	★★★☆☆
学习目标	掌握制作"进阶消除杂讯"视频滤镜的操作方法

本实例最终效果如图8-56所示。

图8-56

01 进入会声会影X8编辑器,在故事板中插入一幅素材图像(素材\第8章\枫叶红了.jpg),如图8-57所示。

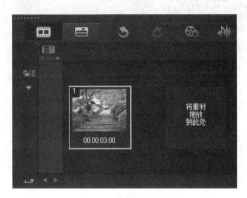

图8-57

02 在预览窗口中,可以预览视频的画面效果,如图8-58所示。

图8-58

03 单击"滤镜"按钮,切换至"滤镜"选项卡,在"调整"滤镜组中选择"进阶消除杂讯"滤镜,如图8-59所示。

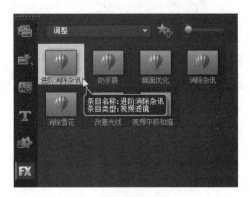

图8-59

04 单击鼠标左键,并将其拖曳至故事板中的素材上,如图8-60所示。

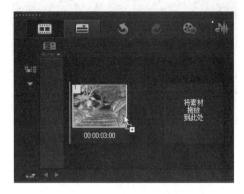

图8-60

05 释放鼠标左键,即可添加"进阶消除杂讯"滤镜,单击导览面板中的"播放"按钮,即可预览"进阶消除杂讯"滤镜效果。

8.4.4 制作"镜头光晕"视频滤镜

在会声会影X8中,应用"镜头光晕"滤镜,可以制作出类似镜头光晕的视频特效。下面向读者介绍制作"镜头光晕"滤镜的操作方法。

课堂案例	制作"镜头光晕"视频滤镜
案例位置	效果\第8章\荷叶.VSP
视频位置	视频\第8章\课堂案例——制作"镜头光晕"视频滤镜.mp4
难易指数	★★★☆☆
学习目标	掌握制作"镜头光晕"视频滤镜的操作方法

本实例最终效果如图8-61所示。

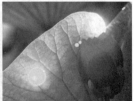

图8-61

01 进入会声会影X8编辑器,在故事板中插入一幅素材图像(素材\第8章\荷叶.jpg),如图8-62所示。

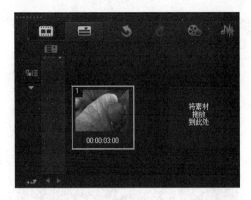

图8-62

02 在预览窗口中，可以预览视频的画面效果，如图8-63所示。

图8-63

03 单击"滤镜"按钮，切换至"滤镜"选项卡，在"相机镜头"滤镜组中选择"镜头光晕"滤镜，如图8-64所示。

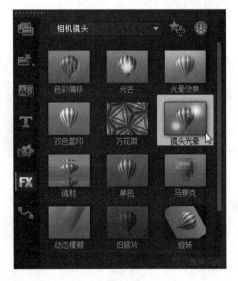

图8-64

04 单击鼠标左键，并将其拖曳至故事板中的素材上，如图8-65所示。

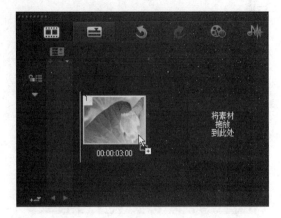

图8-65

05 释放鼠标左键，即可添加"镜头光晕"滤镜。单击导览面板中的"播放"按钮，即可预览"镜头光晕"滤镜效果。

8.4.5 制作"FX往外扩张"视频滤镜

在会声会影X8中，应用"FX往外扩张"滤镜，可以将视频以中心位置往外扩张画面。下面向读者介绍制作"FX往外扩张"滤镜的操作方法。

课堂案例	制作"FX往外扩张"视频滤镜
案例位置	效果\第8章\古堡建筑 .VSP
视频位置	视频\第8章\课堂案例——制作"FX往外扩张"视频滤镜 .mp4
难易指数	★★★☆☆
学习目标	掌握制作"FX往外扩张"视频滤镜的操作方法

本实例最终效果如图8-66所示。

图8-66

01 进入会声会影X8编辑器，在故事板中插入一幅素材图像（素材\第8章\古堡建筑.jpg），如图8-67所示。

图8-67

02 在预览窗口中，可以预览视频的画面效果，如图8-68所示。

图8-68

03 单击"滤镜"按钮，切换至"滤镜"选项卡，在Corel FX滤镜组中选择"FX往外扩张"滤镜，如图8-69所示。

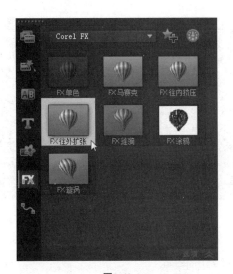

图8-69

04 单击鼠标左键，并将其拖曳至故事板中的素材上，如图8-70所示。

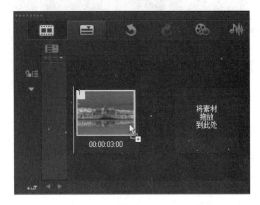

图8-70

05 释放鼠标左键，即可添加"FX往外扩张"滤镜。单击导览面板中的"播放"按钮，即可预览"FX往外扩张"滤镜效果。

8.4.6 制作"云雾"视频滤镜

在会声会影X8中，"云雾"滤镜用于在视频画面上添加流动的云雾效果，可以模仿天空中的云雾。下面向读者介绍制作"云雾"滤镜的操作方法。

课堂案例	制作"云雾"视频滤镜
案例位置	效果\第8章\幸福时刻.VSP
视频位置	视频\第8章\课堂案例——制作"云雾"视频滤镜.mp4
难易指数	★★★☆☆
学习目标	掌握制作"云雾"视频滤镜的操作方法

本实例最终效果如图8-71所示。

图8-71

01 进入会声会影X8编辑器，在故事板中插入一幅素材图像（素材\第8章\幸福时刻.jpg），如图8-72所示。

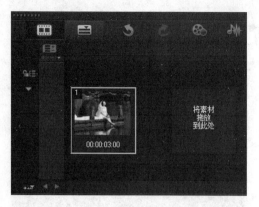

图8-72

02 在预览窗口中，可以预览视频的画面效果，如图8-73所示。

图8-73

技巧与提示

在选项面板中，软件向用户提供了12种不同的"云雾"预设滤镜效果，每种预设效果都有云雾流动的特色，用户可根据实际需要进行应用。

03 单击"滤镜"按钮，切换至"滤镜"选项卡，在"特殊"滤镜组中选择"云雾"滤镜，如图8-74所示。

图8-74

04 单击鼠标左键，并将其拖曳至故事板中的素材上，释放鼠标左键，即可添加"云雾"滤镜。在导览面板中单击"播放"按钮，预览"云雾"视频滤镜效果。

8.4.7 制作"残影效果"视频滤镜

在会声会影X8中，"残影效果"滤镜用于在视频画面上添加幻影动画的效果。下面向读者介绍应用"残影效果"滤镜的操作方法。

课堂案例	制作"残影效果"视频滤镜
案例位置	效果\第8章\汽车画面.VSP
视频位置	视频\第8章\课堂案例——制作"残影效果"视频滤镜.mp4
难易指数	★★★☆☆
学习目标	掌握制作"残影效果"视频滤镜的操作方法

本实例最终效果如图8-75所示。

图8-75

01 进入会声会影X8编辑器，在故事板中插入一幅素材图像（素材\第8章\汽车画面.jpg），如图8-76所示。

图8-76

02 在预览窗口中，可以预览视频的画面效果，如图8-77所示。

图8-77

③　单击"滤镜"按钮，切换至"滤镜"选项卡，在"特殊"滤镜组中选择"残影效果"滤镜，如图8-78所示。

图8-78

④　单击鼠标左键，并将其拖曳至故事板中的素材上，释放鼠标左键，即可添加"残影效果"滤镜。在导览面板中单击"播放"按钮，预览"残影效果"视频滤镜效果。

8.4.8　制作"自动素描"视频滤镜

"自动素描"滤镜主要展现的是绘画的过程，即素描到初步上色，最后到定色绘画完成。下面向读者介绍应用"自动素描"滤镜的方法。

课堂案例	制作"自动素描"视频滤镜
案例位置	效果\第8章\祈福.VSP
视频位置	视频\第8章\课堂案例——制作"自动素描"视频滤镜.mp4
难易指数	★★★☆☆
学习目标	掌握制作"自动素描"视频滤镜的操作方法

本实例最终效果如图8-79所示。

图8-79

①　进入会声会影X8编辑器，在故事板中插入一幅素材图像（素材\第8章\祈福.jpg），如图8-80所示。

图8-80

②　在预览窗口中，可以预览视频的画面效果，如图8-81所示。

图8-81

③　单击"滤镜"按钮，切换至"滤镜"选项卡，在"自然绘图"滤镜组中选择"自动素描"滤镜，如图8-82所示。

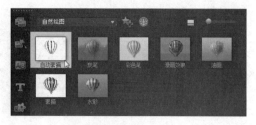

图8-82

04 单击鼠标左键，并将其拖曳至故事板中的素材上，释放鼠标左键，即可添加"自动素描"滤镜。在导览面板中单击"播放"按钮，预览"自动素描"视频滤镜效果。

8.4.9 制作"泡泡"视频滤镜

在会声会影X8中，应用"泡泡"滤镜，可以在画面中添加许多气泡。下面向读者介绍应用"泡泡"滤镜的操作方法。

课堂案例	制作"泡泡"视频滤镜
案例位置	效果\第8章\白色恋人.VSP
视频位置	视频\第8章\课堂案例——制作"泡泡"视频滤镜.mp4
难易指数	★★★☆☆
学习目标	掌握制作"泡泡"视频滤镜的操作方法

本实例最终效果如图8-83所示。

图8-83

01 进入会声会影X8编辑器，在故事板中插入一幅素材图像（素材\第8章\白色恋人.jpg），如图8-84所示。

图8-84

02 在预览窗口中，可以预览视频的画面效果，如图8-85所示。

图8-85

技巧与提示

"泡泡"滤镜适合用于有水的视频场景中。

03 单击"滤镜"按钮，切换至"滤镜"选项卡，在"特殊"滤镜组中选择"泡泡"滤镜，如图8-86所示。

图8-86

技巧与提示

在选项面板中，软件向用户提供了6种"气泡"预设滤镜效果，用户可根据实际需要进行应用。

04 单击鼠标左键，并将其拖曳至故事板中的素材上，释放鼠标左键，即可添加"泡泡"滤镜。在导览面板中单击"播放"按钮，预览"泡泡"视频滤镜效果。

8.5 本章小结

本章全面介绍了会声会影X8视频滤镜效果的添加、替换、删除、自定义等具体的操作方法，本章以实例的形式将添加与编辑滤镜特效的每一种方法、每一个选项都进行了详细的介绍。通过本章的学习，用户可以熟练掌握会声会影X8视频滤镜的各种使用方法和技巧，并能够理论结合实践地将视频滤镜效果合理地运用到所制作的视频作品中。

8.6　习题测试——制作"闪电"滤镜

鉴于本章知识的重要性，为了帮助读者更好地掌握所学知识，本节将通过上机习题，帮助读者进行简单的知识回顾和补充。

案例位置	效果\习题测试\灰暗天空.VSP
难易指数	★★★★☆
学习目标	掌握制作"闪电"滤镜的操作方法

本习题需要掌握制作"闪电"滤镜的操作方法，素材如图8-87所示，最终效果如图8-88所示。

图8-87

图8-88

第9章

视频转场特效的制作

内容摘要

镜头之间的过渡或者素材之间的转换称为转场，它是使用一些特殊的效果，在素材与素材之间产生自然、流畅和平滑的过渡。会声会影X8为用户提供了上百种转场效果，运用这些转场效果，可以让素材之间的过渡更加完美，从而制作出绚丽多彩的视频作品。

课堂学习目标

 视频转场特效的基本操作
● 管理视频转场特效
● 转场边框属性的与方向的设置

9.1 视频转场特效的基本操作

在会声会影X8中，影片剪辑就是选取要用的视频片段并重新排列组合，而转场就是连接两段视频的方式，所以转场效果的应用在视频编辑领域中占有非常重要的地位。本节主要向读者介绍添加视频转场效果的操作方法，希望读者熟练掌握本节内容。

9.1.1 自动添加视频转场特效

自动添加转场效果是指将照片或视频素材导入到会声会影项目中时，软件已经在各段素材中添加了转场效果。当用户需要将大量的静态图像制作成视频相册时，使用自动添加转场效果最为方便。下面向读者介绍自动添加转场效果的操作方法。

课堂案例	自动添加视频转场特效
案例位置	效果＼第9章＼天生一对.VSP
视频位置	视频＼第9章＼课堂案例——自动添加视频转场特效.mp4
难易指数	★★★☆☆
学习目标	掌握自动添加视频转场特效的操作方法

本实例最终效果如图9-1所示。

图9-1

01 进入会声会影编辑器，单击"设置"|"参数选择"命令，如图9-2所示。

02 弹出"参数选择"对话框，单击"编辑"标签，如图9-3所示。

03 切换至"编辑"选项卡，选中"自动添加转场效果"复选框，单击"自定义"按钮，如图9-4所示。

04 弹出"自定随机特效"对话框，在中间的下拉列表框中选择"剥落—对开门"复选框，如图9-5所示。

图9-2

图9-3

图9-4

图9-5

05 自定转场设置完成后，依次单击"确定"按钮，返回会声会影编辑器。在故事板中的空白位置上，单击鼠标右键，在弹出的快捷菜单中选择"插入照片"选项，如图9-6所示。

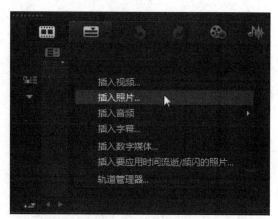

图9-6

06 弹出"浏览照片"对话框，在其中选择需要添加的媒体素材（素材\第9章\天生一对1.jpg、天生一对2.jpg），如图9-7所示。

07 单击"打开"按钮，即可导入媒体素材到故事板中，此时素材之间已经添加了默认的转场效果，如图9-8所示。

08 切换到时间轴面板中，在视频轨中可以查看默认的转场缩略图，如图9-9所示。

09 在导览面板中单击"播放"按钮，预览自动添加的转场效果。

图9-7

图9-8

图9-9

使用默认的转场效果主要用于帮助初学者快速且方便地添加转场效果，若要灵活地控制转场效果，则需取消选中"自动添加转场效果"复选框。

9.1.2 手动添加视频转场特效

手动添加转场效果是指从"转场"素材库中通过手动拖曳的方式，将转场效果拖曳至视频轨中的两段素材之间，然后释放鼠标左键，即可实现影片播放过程中的柔和过渡效果。下面向读者介绍手动添加视频转场效果的操作方法。

课堂案例	手动添加视频转场特效
案例位置	效果\第9章\求婚.VSP
视频位置	视频\第9章\课堂案例——手动添加视频转场特效.mp4
难易指数	★★★★☆
学习目标	掌握手动添加视频转场特效的操作方法

本实例最终效果如图9-10所示。

图9-10

01 进入会声会影X8编辑器，在故事板中插入两幅素材图像（素材\第9章\求婚1.jpg、求婚2.jpg），如图9-11所示。

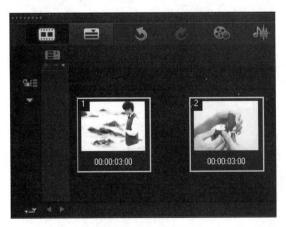

图9-11

02 在素材库的左侧，单击"转场"按钮，如图9-12所示。

03 切换至"转场"素材库，单击素材库上方的"画廊"按钮，在弹出的下拉列表中选择3D选项，如图9-13所示。

图9-12

图9-13

04 打开3D转场组，在其中选择"对开门"转场效果，如图9-14所示。

图9-14

　　进入"转场"素材库后，默认状态下显示"我的最爱"转场组，用户可以将其他类别中常用的转场效果添加至"我的最爱"转场组中，方便以后调用到其他视频素材之间，提高视频编辑效率。

（05）单击鼠标左键，并将其拖曳至故事板中两幅素材图像之间的方格中，如图9-15所示。

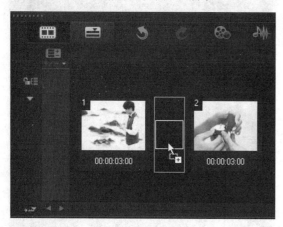

图9-15

（06）释放鼠标左键，即可添加"对开门"转场效果，如图9-16所示。

（07）在导览面板中单击"播放"按钮，预览手动添加的转场效果。

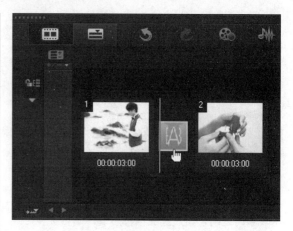

图9-16

9.1.3 对视频应用随机转场特效

　　在会声会影X8中，将随机效果应用于整个项目时，程序将随机挑选转场效果，并应用到当前项目的素材之间。下面向读者介绍应用随机转场效果的操作方法。

课堂案例	对视频应用随机转场特效
案例位置	效果 \ 第 9 章 \ 幸福一生 .VSP
视频位置	视频 \ 第 9 章 \ 课堂案例——对视频应用随机转场特效 .mp4
难易指数	★★★☆☆
学习目标	掌握对视频应用随机转场特效的操作方法

　　本实例最终效果如图9-17所示。

图9-17

（01）进入会声会影X8编辑器，在故事板中插入两幅素材图像（素材\第9章\幸福一生1.jpg、幸福一生2.jpg），如图9-18所示。

（02）在素材库的左侧，单击"转场"按钮，如图9-19所示。

（03）切换至"转场"素材库，单击"对视频轨应用随机效果"按钮，如图9-20所示。

（04）执行操作后，即可在素材图像之间添加随机转场效果，如图9-21所示。

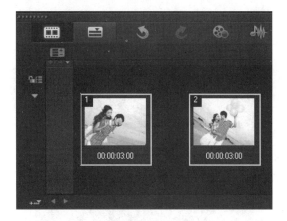

图9-18

图9-19

图9-20

图9-21

⑤ 切换至时间轴面板中，在视频轨中可以查看添加的随机转场效果名称，如图9-22所示。

图9-22

技巧与提示

用户每一次单击"对视频轨应用随机效果"按钮时，在素材之间添加的转场效果都会不一样，因为这是软件随机挑选的转场效果。

⑥ 在导览面板中单击"播放"按钮，预览随机添加的转场效果。

9.1.4 对视频应用当前转场特效

单击"对视频轨应用当前效果"按钮，程序将把当前选中的转场效果应用到当前项目的所有素材之间。下面向读者介绍应用当前转场效果的操作方法。

课堂案例	对视频应用当前转场特效
案例位置	效果\第9章\真爱.VSP
视频位置	视频\第9章\课堂案例——对视频应用当前转场特效.mp4
难易指数	★★★☆☆
学习目标	掌握对视频应用当前转场特效的操作方法

本实例最终效果如图9-23所示。

图9-23

01　进入会声会影X8编辑器，在故事板中插入两幅素材图像（素材\第9章\真爱1.jpg、真爱2.jpg），如图9-24所示。

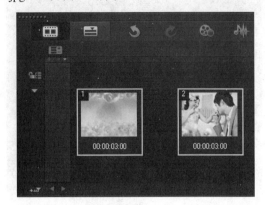

图9-24

02　切换至"转场"素材库，单击素材库上方的"画廊"按钮，在弹出的下拉列表中选择"筛选"选项，如图9-25所示。

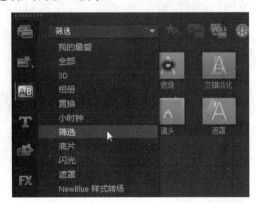

图9-25

03　打开"筛选"转场组，在其中选择"交错淡化"转场效果，如图9-26所示。

04　单击素材库上方的"对视频轨应用当前效果"按钮 ，如图9-27所示。

05　即可在素材图像之间应用当前选择的转场效果，在视频轨中可以查看添加的转场效果，如图9-28所示。

06　在导览面板中单击"播放"按钮，预览添加的转场效果。

图9-26

图9-27

图9-28

技巧与提示

在会声会影X8中，用户在"转场"素材库中选择相应的转场效果后，还可以直接拖曳当前选择的转场效果到故事板中的两段素材之间，直接应用。

9.2 管理视频转场特效

在会声会影X8中，用户不仅可以根据自己的意愿快速替换或删除转场效果，还可以将常用的转场效果添加至"我的最爱"转场组中，在需要使用的时候，可以快速从"我的最爱"转场组中找到所需的转场，并将其运用到视频编辑中。本节主要向读者介绍管理转场效果的操作方法。

9.2.1 在我的最爱中添加转场特效

在会声会影X8中，如果用户需要经常使用某个转场效果，可以将其添加到"我的最爱"选项卡中，以便日后使用。下面介绍其收藏的方法。

课堂案例	在我的最爱中添加转场特效
案例位置	无
视频位置	视频\第9章\课堂案例——在我的最爱中添加转场特效.mp4
难易指数	★★★☆☆
学习目标	掌握在我的最爱中添加转场特效的操作方法

⓵ 进入会声会影编辑器，单击"转场"按钮，切换至"转场"素材库。单击窗口上方的"画廊"按钮，在弹出的列表框中选择"底片"选项，如图9-29所示。

图9-29

⓶ 打开"底片"素材库，在其中选择"对开门"转场效果，如图9-30所示。

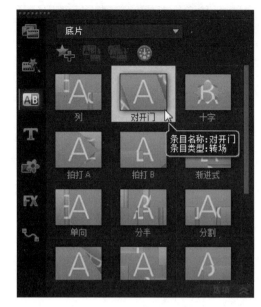

图9-30

⓷ 单击窗口上方的"添加到我的最爱"按钮，如图9-31所示。

图9-31

技巧与提示

在会声会影X8编辑器中，默认的"我的最爱"选项卡中包含"神奇波纹""神奇窗帘"以及"神奇大理石"等多种插件转场效果。

04 执行操作后，打开"我的最爱"素材库，可以查看添加的"对开门"转场，如图9-32所示。

图9-32

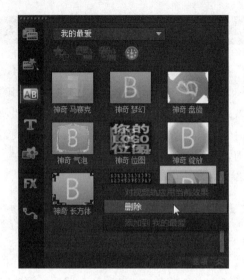

图9-33

> **技巧与提示**
> 在会声会影X8中，选择需要添加到"我的最爱"中的转场效果后，单击鼠标右键，在弹出的快捷菜单中选择"添加到我的最爱"选项，也可将转场效果添加至"我的最爱"选项卡中。

9.2.2 从我的最爱中删除转场特效

在会声会影X8中，将转场效果添加至"我的最爱"选项卡后，如果不再需要该转场效果，可以将其从"我的最爱"中删除。从"我的最爱"选项卡中删除转场效果的操作非常简单，用户首先切换至"转场"素材库，进入"我的最爱"选项卡，在其中选择需要删除的转场效果，单击鼠标右键，在弹出的快捷菜单中选择"删除"选项，如图9-33所示。

执行操作后，弹出提示信息框，提示是否删除此略图，如图9-34所示。单击"是"按钮，即可从"我的最爱"中删除该视频转场效果。

图9-34

> **技巧与提示**
> 在会声会影X8中，除了可以运用以上方法删除转场效果外，用户还可以在"我的最爱"转场素材库中选择相应转场效果，然后按Delete键，也可以快速从"我的最爱"中删除选择的转场效果。

9.2.3 替换视频转场特效

在会声会影X8中，在图像素材之间添加相应的转场效果后，如果用户对该转场效果不满意，此时可以对其进行替换。下面介绍替换转场效果的操作方法。

课堂案例	替换视频转场特效
案例位置	效果\第9章\青春少女.VSP
视频位置	视频\第9章\课堂案例——替换视频转场特效.mp4
难易指数	★★★★☆
学习目标	掌握替换视频转场特效的操作方法

本实例最终效果如图9-35所示。

图9-35

01 进入会声会影编辑器，单击"文件"|"打开项目"命令，打开一个项目文件（素材\第9章\青春少女.VSP），如图9-36所示。

图9-36

02 在导览面板中单击"播放"按钮，预览现有的转场效果，如图9-37所示。

图9-37

03 切换至"转场"素材库，单击窗口上方的"画廊"按钮，在弹出的列表框中选择"筛选"选项，如图9-38所示。

04 打开"筛选"转场组，在其中选择"爆裂"转场效果，如图9-39所示。

技巧与提示

在"转场"素材库中选择相应的转场效果后，单击鼠标右键，在弹出的快捷菜单中选择"对视频轨应用当前效果"选项，弹出提示信息框，提示用户是否要替换已添加的转场效果，单击"是"按钮，也可以快速替换视频轨中的转场效果。

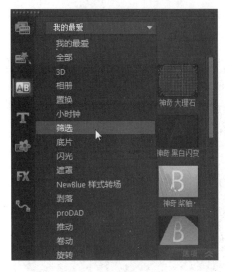

图9-38

图9-39

05 在选择的转场效果上，单击鼠标左键并拖曳至视频轨中的两幅图像素材之间已有的转场效果上方，如图9-40所示。

图9-40

06 释放鼠标左键，即可替换之前添加的转场效果，如图9-41所示。

07 在导览面板中单击"播放"按钮，预览替换之后的转场效果。

图9-41

9.2.4 移动视频转场特效

在会声会影X8中，若用户需要调整转场效果的位置，则可先选择需要移动的转场效果，然后再将其拖曳至合适位置。下面介绍移动转场效果的操作方法。

课堂案例	移动视频转场特效
案例位置	效果\第 9 章\旅游照片 .VSP
视频位置	视频\第 9 章\课堂案例——移动视频转场特效 .mp4
难易指数	★★★☆☆
学习目标	掌握移动视频转场特效的操作方法

本实例最终效果如图9-42所示。

图9-42

01 进入会声会影编辑器，单击"文件"|"打开项目"命令，打开一个项目文件（素材\第9章\旅游照片.VSP），如图9-43所示。

图9-43

02 在导览面板中单击"播放"按钮，预览视频转场效果，如图9-44所示。

图9-44

03 在故事板中选择第1张图像与第2张图像之间的转场效果，单击鼠标左键并拖曳至第2张图像与第3张图像之间，如图9-45所示。

图9-45

04 释放鼠标左键，即可移动转场效果，如图9-46所示。

图9-46

05 在导览面板中单击"播放"按钮，预览移动转场效果后的视频画面。

9.2.5 删除视频转场特效

在会声会影X8中，为素材添加转场效果后，若用户对添加的转场效果不满意，用户可以将其删除。删除转场效果的方法很简单，用户在故事板或视频轨中，选择需要删除的转场效果，单击鼠标右键，在弹出的快捷菜单中选择"删除"选项，如图9-47所示。执行操作后，即可删除选择的转场效果，如图9-48所示。

图9-47

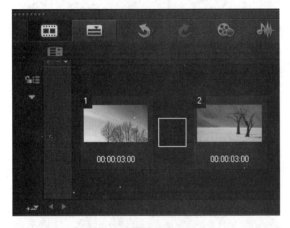

图9-48

9.3 转场边框属性与方向的设置

在会声会影X8中，在图像素材之间添加转场效果后，可以通过选项面板设置转场的属性，如设置转场边框效果、改变转场边框色彩以及调整转场的时间长度等。本节主要向读者介绍设置转场边框属性与方向的操作方法。

9.3.1 转场边框的设置

在会声会影X8中，可以为转场效果设置相应的边框样式，从而为转场效果锦上添花，加强效果的审美度。下面向读者介绍设置转场边框的方法。

课堂案例	转场边框的设置
案例位置	效果\第9章\动物世界.VSP
视频位置	视频\第9章\课堂案例——转场边框的设置.mp4
难易指数	★★★☆☆
学习目标	掌握转场边框的设置的操作方法

本实例最终效果如图9-49所示。

图9-49

01 进入会声会影X8编辑器，在故事板中插入两幅素材图像（素材\第9章\动物1.jpg、动物2.jpg），如图9-50所示。

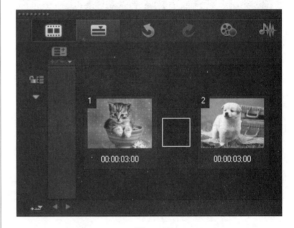

图9-50

02 在两幅素材图像之间添加"虹膜–筛选"转场效果，如图9-51所示。

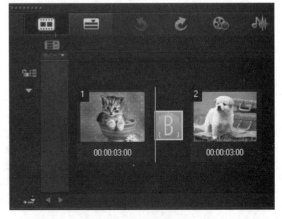

图9-51

03 在导览面板中单击"播放"按钮，预览视频转场效果，如图9-52所示。

图9-52

04 在"转场"选项面板的"边框"数值框中，输入2，设置边框大小，如图9-53所示。

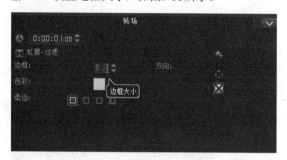

图9-53

05 在导览面板中单击"播放"按钮，预览设置边框后的转场效果。

技巧与提示

在会声会影X8中，转场边框宽度的取值范围为0～10。

9.3.2 边框颜色的设置

在会声会影X8中，"转场"选项面板中的"色彩"选项区主要是用于设置转场效果的边框颜色。该选项提供了多种颜色样式，用户可根据需要进行相应的选择。下面向读者介绍改变转场边框色彩的操作方法。

课堂案例	边框颜色的设置
案例位置	效果\第9章\树林.VSP
视频位置	视频\第9章\课堂案例——边框颜色的设置.mp4
难易指数	★★★☆☆
学习目标	掌握边框颜色的设置的操作方法

本实例最终效果如图9-54所示。

图9-54

01 进入会声会影编辑器，单击"文件"|"打开项目"命令，打开一个项目文件（素材\第9章\树林.VSP），如图9-55所示。

图9-55

02 在导览面板中单击"播放"按钮，预览视频转场效果，如图9-56所示。

图9-56

03 在视频轨中选择需要设置的转场效果，在"转场"选项面板中，单击"色彩"选项右侧的色块，在弹出的颜色面板中选择"Corel色彩选取器"选项，如图9-57所示。

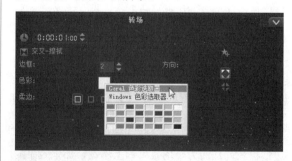

图9-57

04 执行操作后，弹出"Corel色彩选择工具"对话框，如图9-58所示。

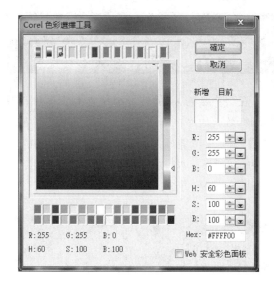

图9-58

⑤ 在对话框上方单击绿色色块，在中间的颜色方格中选择青色，如图9-59所示。

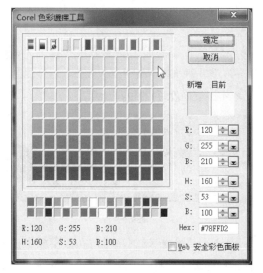

图9-59

⑥ 设置完成后，单击"确定"按钮，即可设置转场边框的颜色。在导览面板中单击"播放"按钮，预览设置转场边框颜色后的视频画面。

9.3.3 调整转场的方向

在会声会影X8中，选择不同的转场效果，其"方向"选项区中的转场"方向"选项会不一样。下面向读者介绍调整转场方向的操作方法。

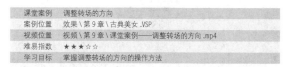

课堂案例	调整转场的方向
案例位置	效果\第9章\古典美女.VSP
视频位置	视频\第9章\课堂案例——调整转场的方向.mp4
难易指数	★★★☆☆
学习目标	掌握调整转场的方向的操作方法

本实例最终效果如图9-60所示。

图9-60

① 进入会声会影编辑器，单击"文件"|"打开项目"命令，打开一个项目文件（素材\第9章\古典美女.VSP），如图9-61所示。

图9-61

② 在导览面板中单击"播放"按钮，预览视频转场效果，如图9-62所示。

图9-62

③ 在视频轨中选择需要设置方向的转场效果，在"转场"选项面板的"方向"选项区中，单击"打开–水平分割"按钮，如图9-63所示。

④ 执行操作后，即可改变转场效果的运动方向，在导览面板中单击"播放"按钮，预览更改方向后的转场效果，如图9-64所示。

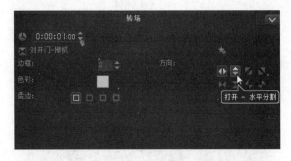

图9-63

图9-64

05 在"转场"选项面板中，单击"打开-对角分割"按钮▨，将以对角分割的方式改变转场效果的运动方向，如图9-65所示。

图9-65

06 在"转场"选项面板中，单击"打开-对角分割"按钮▨，如图9-66所示。将以对角相反的方向分割画面，改变转场效果的运动方向。

图9-66

9.4 转场效果案例实战精通

在会声会影X8的转场组中，有很多种视频转场特效，如"神奇光芒""飞行方块""旋转门""狂风""菱形""翻页"以及"百叶窗"等视频转场效果。本节主要向读者详细介绍应用视频转场效果的操作方法。

9.4.1 制作"神奇光芒"转场特效

在会声会影X8中，"神奇光芒"转场效果是以素材A的光芒照射穿透的方式显示素材B的画面运动效果。下面向读者介绍制作"神奇光芒"转场的方法。

课堂案例	制作"神奇光芒"转场特效
案例位置	效果\第9章\纪念馆.VSP
视频位置	视频\第9章\课堂案例——制作"神奇光芒"转场特效.mp4
难易指数	★★★☆☆
学习目标	掌握制作"神奇光芒"转场特效的操作方法

本实例最终效果如图9-67所示。

图9-67

01 进入会声会影X8编辑器，在故事板中插入两幅素材图像（素材\第9章\纪念馆1.jpg、纪念馆2.jpg），如图9-68所示。

图9-68

02 单击"转场"按钮，切换至"转场"素材库，在"我的最爱"转场组中选择"神奇光芒"转场效果，如图9-69所示。

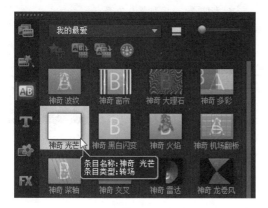

图9-69

03 单击鼠标左键并拖曳至故事板中的两幅图像素材之间，添加"神奇光芒"转场效果，如图9-70所示。

图9-70

04 在导览面板中单击"播放"按钮，预览"神奇光芒"转场效果。

9.4.2 制作"飞行方块"转场特效

在会声会影X8中，"飞行方块"转场效果是将素材A以飞行方块的形式显示在素材B画面中。下面向读者介绍制作"飞行方块"转场的方法。

课堂案例	制作"飞行方块"转场特效
案例位置	效果\第9章\汽车.VSP
视频位置	视频\第9章\课堂案例——制作"飞行方块"转场特效.mp4
难度指数	★★★☆☆
学习目标	掌握制作"飞行方块"转场特效的操作方法

本实例最终效果如图9-71所示。

图9-71

01 进入会声会影X8编辑器，在故事板中插入两幅素材图像（素材\第9章\汽车1.jpg、汽车2.jpg），如图9-72所示。

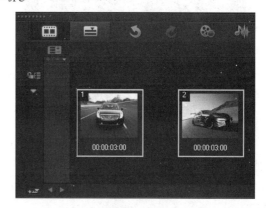

图9-72

02 单击"转场"按钮，切换至"转场"素材库，单击窗口上方的"画廊"按钮，在弹出的列表框中选择3D选项，如图9-73所示。

图9-73

03 打开3D转场组,在其中选择"飞行方块"转场效果,如图9-74所示。

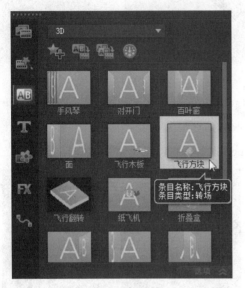

图9-74

04 单击鼠标左键并拖曳至故事板中的两幅图像素材之间,添加"飞行方块"转场效果,如图9-75所示。

图9-75

05 在导览面板中单击"播放"按钮,预览"飞行方块"转场效果。

9.4.3 制作"旋转门"转场特效

在会声会影X8中,运用"旋转门"转场是将素材A以旋转门运动的形式显示在素材B的画面中。下面向读者介绍制作"旋转门"转场的方法。

课堂案例	制作"旋转门"转场特效
案例位置	效果 \ 第9章 \ 美女 .VSP
视频位置	视频 \ 第9章 \ 课堂案例——制作"旋转门"转场特效 .mp4
难易指数	★★★☆☆
学习目标	掌握制作"旋转门"转场特效的操作方法

本实例最终效果如图9-76所示。

图9-76

01 进入会声会影X8编辑器,在故事板中插入两幅素材图像(素材\第9章\美女1.jpg、美女2.jpg),如图9-77所示。

图9-77

02 单击"转场"按钮,切换至"转场"素材库,在3D转场组中选择"旋转门"转场效果,如图9-78所示。

图9-78

03 单击鼠标左键并拖曳至故事板中的两幅图像素材之间，添加"旋转门"转场效果，如图9-79所示。

图9-79

04 在导览面板中单击"播放"按钮，预览"旋转门"转场效果。

9.4.4 制作"狂风"转场特效

在会声会影X8中，"狂风"转场效果时指素材B以海浪前进的形式覆盖素材A的运动效果。

课堂案例	制作"狂风"转场特效
案例位置	效果\第9章\映日荷花.VSP
视频位置	视频\第9章\课堂案例——制作"狂风"转场特效.mp4
难易指数	★★★☆☆
学习目标	掌握制作"狂风"转场特效的操作方法

本实例最终效果如图9-80所示。

图9-80

01 进入会声会影X8编辑器，在故事板中插入两幅素材图像（素材\第9章\风车.jpg、映日荷花.jpg），如图9-81所示。

02 单击"转场"按钮，切换至"转场"素材库，在"置换"转场组中选择"狂风"转场效果，如图9-82所示。

03 单击鼠标左键并拖曳至故事板中的两幅图像素材之间，添加"狂风"转场效果，如图9-83所示。

图9-81

图9-82

图9-83

04 在导览面板中单击"播放"按钮，预览"狂风"转场效果。

9.4.5 制作"中央"转场特效

在会声会影X8中，"中央"转场效果是将素材A分别以时钟的12点和6点为中心，分别向两边旋转至3点和9点合并消失，从而显示素材B。

课堂案例	制作"中央"转场特效
案例位置	效果\第9章\海边小孩.VSP
视频位置	视频\第9章\课堂案例——制作"中央"转场特效.mp4
难易指数	★★★☆☆
学习目标	掌握制作"中央"转场特效的操作方法

本实例最终效果如图9-84所示。

图9-84

(01) 进入会声会影X8编辑器，在故事板中插入两幅素材图像（素材\第9章\海边小孩1.jpg、海边小孩2.jpg），如图9-85所示。

图9-85

(02) 单击"转场"按钮，切换至"转场"素材库，在"小时钟"转场组中选择"中央"转场效果，如图9-86所示。

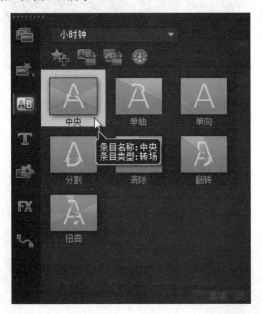

图9-86

(03) 单击鼠标左键并拖曳至故事板中的两幅图像素材之间，添加"中央"转场效果，如图9-87所示。

图9-87

(04) 在导览面板中单击"播放"按钮，预览"中央"转场效果。

> **技巧与提示**
>
> "中央"转场效果是"小时钟"转场效果中除了"分割"转场效果以外，没有方向选项的转场效果。

9.4.6 制作"菱形"转场特效

在会声会影X8中，"菱形"转场效果是指素材A以菱形的形状进行筛选，从而显示素材B。下面向读者介绍应用"菱形"转场效果的操作方法。

课堂案例	制作"菱形"转场特效
案例位置	效果\第9章\乐器.VSP
视频位置	视频\第9章\课堂案例——制作"菱形"转场特效.mp4
难易指数	★★★☆☆
学习目标	掌握制作"菱形"转场特效的操作方法

本实例最终效果如图9-88所示。

图9-88

(01) 进入会声会影X8编辑器，在故事板中插入两幅素材图像（素材\第9章\乐器1.jpg、乐器2.jpg），如图9-89所示。

(02) 单击"转场"按钮，切换至"转场"素材库，在"筛选"转场组中选择"菱形"转场效果，如图9-90所示。

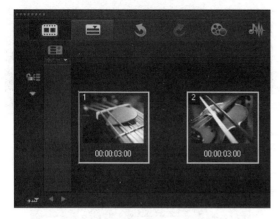

图9-89

图9-90

03 单击鼠标左键并拖曳至故事板中的两幅图像素材之间，添加"菱形"转场效果，如图9-91所示。

04 在导览面板中单击"播放"按钮，预览"菱形"转场效果。

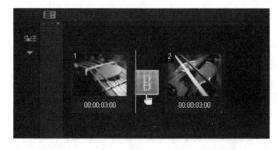

图9-91

9.4.7 制作"翻页"转场特效

在会声会影X8中，"翻页"转场效果是指素材A以底片翻页的形状显示素材B。下面向读者介绍应用"翻页"转场效果的操作方法。

课堂案例	制作"翻页"转场特效
案例位置	效果\第9章\餐点.VSP
视频位置	视频\第9章\课堂案例——制作"翻页"转场特效.mp4
难易指数	★★★☆☆
学习目标	掌握制作"翻页"转场特效的操作方法

本实例最终效果如图9-92所示。

图9-92

01 进入会声会影X8编辑器，在故事板中插入两幅素材图像（素材\第9章\餐点1.jpg、餐点2.jpg），如图9-93所示。

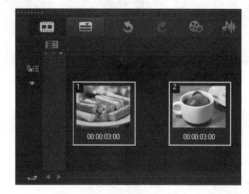

图9-93

02 单击"转场"按钮，切换至"转场"素材库，在"底片"转场组中选择"翻页"转场效果，如图9-94所示。

03 单击鼠标左键并拖曳至故事板中的两幅图像素材之间，添加"翻页"转场效果，如图9-95所示。

04 在导览面板中单击"播放"按钮，预览"翻页"转场效果。

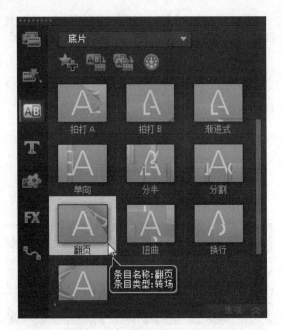

图9-94

图9-95

9.4.8 制作"十字"转场特效

在会声会影X8中，"十字"转场效果是指素材A以十字剥落的形状显示素材B。下面向读者介绍应用"十字"转场效果的操作方法。

课堂案例	制作"十字"转场特效
案例位置	效果\第9章\天街.VSP
视频位置	视频\第9章\课堂案例——制作"十字"转场特效.mp4
难易指数	★★★☆☆
学习目标	掌握制作"十字"转场特效的操作方法

本实例最终效果如图9-96所示。

01 进入会声会影X8编辑器，在故事板中插入两幅素材图像（素材\第9章\天街1.jpg、天街2.jpg），如图9-97所示。

02 单击"转场"按钮，切换至"转场"素材库，在"剥落"转场组中选择"十字"转场效果，如图9-98所示。

图9-96

图9-97

图9-98

03 单击鼠标左键并拖曳至故事板中的两幅图像素材之间，添加"十字"转场效果，如图9-99所示。

图9-99

04 在导览面板中单击"播放"按钮，预览"十字"转场效果。

9.4.9 制作"百叶窗"转场特效

在会声会影X8中，"百叶窗"转场效果是指素材A以百叶窗运动的方式进行过渡，从而显示素材B。下面向读者介绍应用"百叶窗"转场效果的操作方法。

课堂案例	制作"百叶窗"转场特效
案例位置	效果\第9章\樱桃.VSP
视频位置	视频\第9章\课堂案例——制作"百叶窗"转场特效.mp4
难易指数	★★★☆☆
学习目标	掌握制作"百叶窗"转场特效的操作方法

本实例最终效果如图9-100所示。

图9-100

01 进入会声会影X8编辑器，在故事板中插入两幅素材图像（素材\第9章\樱桃1.jpg、樱桃2.jpg），如图9-101所示。

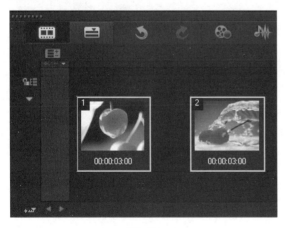

图9-101

02 单击"转场"按钮，切换至"转场"素材库，在"擦拭"转场组中选择"百叶窗"转场效果，如图9-102所示。

图9-102

03 单击鼠标左键并拖曳至故事板中的两幅图像素材之间，添加"百叶窗"转场效果，如图9-103所示。

图9-103

04 在导览面板中单击"播放"按钮，预览"百叶窗"转场效果。

9.5 本章小结

本章使用大量篇幅，全面介绍了会声会影X8转场效果的添加、移动、替换以及删除转场效果的具体操作方法和技巧，同时对常用的转场效果运用实例的形式向读者做了详尽的说明和效果展示。通过本章的学习，读者应该全面、熟练地掌握会声会影X8转场效果的添加、设置以及应用方法，并对转场效果所产生的画面作用有所了解。

9.6 习题测试——制作"星形"视频转场

鉴于本章知识的重要性，为了帮助读者更好地掌握所学知识，本节将通过上机习题，帮助读者进行简单的知识回顾和补充。

案例位置	效果 \ 习题测试 \ 海边美景 .VSP
难易指数	★ ★ ★ ☆ ☆
学习目标	掌握制作"星形"视频转场的操作方法

本习题需要掌握制作"星形"视频转场的操作方法，最终效果如图9-104、9-105所示。

图9-105

图9-104

第10章

视频覆叠特效的制作

内容摘要

在电视或电影中，我们经常会看到在播放一段视频的同时，往往还嵌套播放另一段视频，这就是常说的画中画，即覆叠效果。画中画视频技术的应用，使有限的画面空间中，增加了更为丰富的画面内容。通过会声会影X8中的覆叠功能，可以很轻松地制作出静态以及动态的画中画效果，从而使视频作品更具观赏性。

课堂学习目标

● 覆叠素材的基本操作
● 覆叠素材的设置与调整
● 应用静态覆叠遮罩效果

10.1 覆叠素材的基本操作

使用覆叠功能，可以将视频素材添加到覆叠轨中，然后对视频素材的大小、位置以及透明度等属性进行调整，从而产生视频叠加效果。本节主要介绍添加与删除覆叠素材文件的方法。

10.1.1 添加覆叠素材文件

在会声会影X8中，用户可以根据需要在视频轨中添加相应的覆叠素材，从而制作出更具观赏性的视频作品。下面介绍添加覆叠素材文件的操作方法。

课堂案例	添加覆叠素材文件
案例位置	效果\第10章\粉嫩美女.VSP
视频位置	视频\第10章\课堂案例——添加覆叠素材文件.mp4
难易指数	★★★☆☆
学习目标	掌握添加覆叠素材文件的操作方法

本实例最终效果如图10-1所示。

图10-1

01 进入会声会影X8编辑器，在视频轨中插入一幅素材图像（素材\第10章\粉嫩美女.jpg），如图10-2示。

02 在覆叠轨中的适当位置，单击鼠标右键，在弹出的快捷菜单中选择"插入照片"选项，如图10-3所示。

03 弹出"浏览照片"对话框，在其中选择相应的照片素材（素材\第10章\蓝色边框.png），如图10-4所示。

图10-2

图10-3

图10-4

04 单击"打开"按钮，即可在覆叠轨中添加相应的覆叠素材，如图10-5所示。

图10-5

05　在预览窗口中，拖曳素材四周的控制柄，调整覆叠素材的位置和大小，如图10-6所示。

图10-6

06　执行上述操作后，即可完成覆叠素材的添加，单击导览面板中的"播放"按钮，预览覆叠效果。

10.1.2　删除覆叠素材文件

在会声会影X8中，如果用户不需要覆叠轨中的素材，可以将其删除。下面向读者介绍删除覆叠素材的操作方法。

课堂案例	删除覆叠素材文件
案例位置	效果\第10章\大号.VSP
视频位置	视频\第10章\课堂案例——删除覆叠素材文件.mp4
难易指数	★★★☆☆
学习目标	掌握删除覆叠素材文件的操作方法

本实例最终效果如图10-7所示。

图10-7

01　进入会声会影编辑器，单击"文件"|"打开项目"命令，打开一个项目文件（素材\第10章\大号.VSP），如图10-8所示。

图10-8

02　在预览窗口中，预览打开的项目效果，如图10-9所示。

图10-9

03 在时间轴面板的覆叠轨中，选择需要删除的覆叠素材，如图10-10所示。

图10-10

04 单击鼠标右键，在弹出的快捷菜单中选择"删除"选项，如图10-11所示。

图10-11

05 执行上述操作后，即可删除覆叠轨中的素材，如图10-12所示。

图10-12

06 在预览窗口中，可以预览删除覆叠素材后的效果。

10.2 覆叠素材的设置与调整

在会声会影X8中，当用户为视频添加覆叠素材后，还可以对覆叠素材进行相应的编辑操作，包括设置覆叠遮罩的色彩、设置遮罩的色彩相似度、修剪覆叠素材的高度以及修剪覆叠素材的宽度等属性，使制作的覆叠素材更加美观。本节主要向读者介绍设置与调整覆叠素材的操作方法。

10.2.1 进入动画效果的设置

在"进入"选项区中包括"从左上方进入""从上方进入""从右上方进入"等8个不同的进入方向和一个"静止"选项，用户可以设置覆叠素材的进入动画效果。

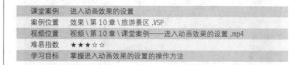

课堂案例	进入动画效果的设置
案例位置	效果\第10章\旅游景区.VSP
视频位置	视频\第10章\课堂案例——进入动画效果的设置.mp4
难易指数	★★★☆☆
学习目标	掌握进入动画效果的设置的操作方法

本实例最终效果如图10-13所示。

图10-13

01 进入会声会影编辑器，单击"文件"|"打开项目"命令，打开一个项目文件（素材\第10章\旅游景区.VSP），如图10-14所示。

图10-14

⓿② 选择需要设置进入动画的覆叠素材，如图10-15所示。

图10-15

⓿③ 在"属性"面板的"进入"选项区中，单击"从左边进入"按钮■，如图10-16所示。

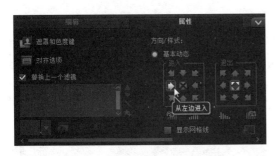

图10-16

⓿④ 即可设置覆叠素材的进入动画效果，在导览面板中单击"播放"按钮，即可预览设置的进入动画。

10.2.2　退出动画效果的设置

在"退出"选项区中包括"从左上方退出""从上方退出""从右上方退出"等8个不同的退出方向和一个"静止"选项，用户可以设置覆叠素材的退出动画效果。

课堂案例	退出动画效果的设置
案例位置	效果\第10章\沿海风光.VSP
视频位置	视频\第10章\课堂案例——退出动画效果的设置.mp4
难易指数	★★★☆☆
学习目标	掌握退出动画效果的设置的操作方法

本实例最终效果如图10-17所示。

图10-17

⓿① 进入会声会影编辑器，单击"文件"|"打开项目"命令，打开一个项目文件（素材\第10章\沿海风光.VSP），如图10-18所示。

图10-18

⓿② 选择需要设置退出动画的覆叠素材，如图10-19所示。

⓿③ 在"属性"面板的"退出"选项区中，单击"从右上方退出"按钮■，如图10-20所示。

图10-19

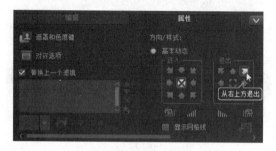

图10-20

04 即可设置覆叠素材的退出动画效果，在导览面板中单击"播放"按钮，即可预览设置的退出动画。

10.2.3 淡入淡出效果的设置

在会声会影X8中，用户可以制作画中画视频的淡入淡出效果，使视频画面播放起来更加协调、流畅。下面向读者介绍制作视频淡入淡出特效的操作方法。

课堂案例	淡入淡出效果的设置
案例位置	效果\第10章\书的魅力.VSP
视频位置	视频\第10章\课堂案例——淡入淡出效果的设置.mp4
难易指数	★★★☆☆
学习目标	掌握淡入淡出效果的设置的操作方法

本实例最终效果如图10-21所示。

图10-21

01 进入会声会影编辑器，单击"文件"|"打开项目"命令，打开一个项目文件（素材\第10章\书的魅力.VSP），如图10-22所示。

图10-22

02 选择需要设置淡入与淡出动画的覆叠素材，如图10-23所示。

图10-23

03 在"属性"选项面板中，分别单击"淡入动画效果"按钮和"淡出动画效果"按钮，如图10-24所示。

图10-24

04 即可设置覆叠素材的淡入淡出动画效果，在导览面板中单击"播放"按钮，即可预览设置的淡入淡出动画效果。

10.2.4 覆叠透明度的设置

在"透明度"数值框中，输入相应的数值，即可设置覆叠素材的透明度效果。下面向读者介绍设置覆叠素材透明度的操作方法。

课堂案例	覆叠透明度的设置
案例位置	效果\第10章\蜻蜓.VSP
视频位置	视频\第10章\课堂案例——覆叠透明度的设置.mp4
难易指数	★★★☆☆
学习目标	掌握覆叠透明度的设置的操作方法

本实例最终效果如图10-25所示。

图10-25

01 进入会声会影编辑器，单击"文件"|"打开项目"命令，打开一个项目文件（素材\第10章\蜻蜓.VSP），如图10-26所示。

图10-26

02 在预览窗口中，预览打开的项目效果，如图10-27所示。

图10-27

03 在覆叠轨中，选择需要设置透明度的覆叠素材，如图10-28所示。

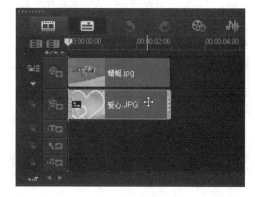

图10-28

04 打开"属性"选项面板，单击"遮罩和色度键"按钮，如图10-29所示。

图10-29

201

05 执行操作后，打开"遮罩和色度键"选项面板，在"透明度"数值框中输入70，如图10-30所示。执行操作后，即可设置覆叠素材的透明度效果。

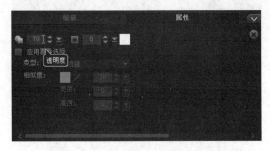

图10-30

06 在预览窗口中可以预览视频效果。

10.2.5 覆叠边框的设置

为了更好地突出覆叠素材，可以为所添加的覆叠素材设置边框。下面介绍在会声会影X8中，设置覆叠素材边框的操作方法。

课堂案例	覆叠边框的设置
案例位置	效果\第10章\海边风光.VSP
视频位置	视频\第10章\课堂案例——覆叠边框的设置.mp4
难易指数	★★★★☆
学习目标	掌握覆叠边框的设置的操作方法

本实例最终效果如图10-31所示。

图10-31

01 进入会声会影X8编辑器，单击"文件"|"打开项目"命令，打开一个项目文件（素材\第10章\海边风光.VSP），如图10-32所示。

02 在预览窗口中，预览打开的项目效果，如图10-33所示。

图10-32

图10-33

03 在覆叠轨中，选择需要设置边框效果的覆叠素材，如图10-34所示。

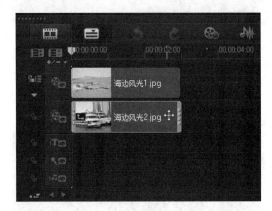

图10-34

04 打开"属性"选项面板，单击"遮罩和色度键"按钮，如图10-35所示。

05 打开"遮罩和色度键"选项面板，在"边框"数值框中输入4，如图10-36所示。执行操作后，即可设置覆叠素材的边框效果。

图10-35

图10-36

06 在预览窗口中可以预览视频效果。

技巧与提示

用户在会声会影X8中设置覆叠素材边框效果时，在选项面板中的"边框"数值框中，用户只能输入0~10之间的整数。

10.2.6 边框颜色的设置

为了使覆叠素材的边框效果更加丰富多彩，用户可以手动设置覆叠素材边框的颜色，使制作的视频画面更符合用户的要求。下面向读者介绍设置覆叠边框颜色的操作方法。

课堂案例	边框颜色的设置
案例位置	效果 \ 第10章 \ 蓝天.VSP
视频位置	视频 \ 第10章 \ 课堂案例——边框颜色的设置.mp4
难易指数	★★★☆☆
学习目标	掌握边框颜色的设置的操作方法

本实例最终效果如图10-37所示。

图10-37

01 进入会声会影编辑器，单击"文件"|"打开项目"命令，打开一个项目文件（素材\第10章\蓝天.VSP），如图10-38所示。

图10-38

02 在预览窗口中，预览打开的项目效果，如图10-39所示。

图10-39

03 在覆叠轨中，选择需要设置边框颜色的覆叠素材，如图10-40所示。

图10-40

04 打开"属性"选项面板，单击"遮罩和色度键"按钮，如图10-41所示。

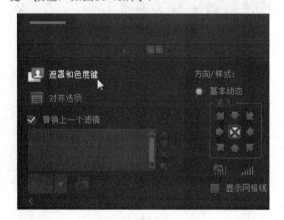

图10-41

05 打开"遮罩和色度键"选项面板，单击"边框色彩"色块，在弹出的颜色面板中选择黄色，如图10-42所示。

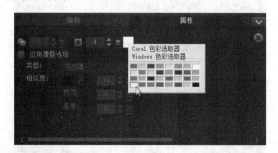

图10-42

06 执行操作后，即可更改覆叠素材的边框颜色，在预览窗口中可以预览视频效果。

10.2.7 调整覆叠的高度

在会声会影X8中，如果覆叠素材过高，此时用户可以修剪覆叠素材的高度，使其符合用户的需求。下面向读者介绍修剪素材高度的操作方法。

课堂案例	调整覆叠的高度
案例位置	效果\第10章\树木.VSP
视频位置	视频\第10章\课堂案例——调整覆叠的高度.mp4
难易指数	★★★☆☆
学习目标	掌握调整覆叠的高度的操作方法

本实例最终效果如图10-43所示。

图10-43

01 进入会声会影编辑器，单击"文件"|"打开项目"命令，打开一个项目文件（素材\第10章\树木.VSP），如图10-44所示。

图10-44

02 在预览窗口中，预览打开的项目效果，如图10-45所示。

03 在覆叠轨中，选择需要修剪高度的覆叠素材，如图10-46所示。

图10-45

图10-46

04　打开"属性"选项面板，单击"遮罩和色度键"按钮，打开相应选项面板，在"高度"右侧的数值框中输入30，如图10-47所示。

图10-47

05　执行操作后，即可修剪覆叠素材的高度，在预览窗口中可以预览修剪后的视频效果。

10.2.8　调整覆叠的宽度

在会声会影X8中，如果用户对覆叠素材的宽度不满意，此时可以对覆叠素材的宽度进行修剪操作。下面向读者介绍修剪覆叠素材宽度的方法。

课堂案例	调整覆叠的宽度
案例位置	效果 \ 第 10 章 \ 父爱 .VSP
视频位置	视频 \ 第 10 章 \ 课堂案例——调整覆叠的宽度 .mp4
难易指数	★★★☆☆
学习目标	掌握调整覆叠的宽度的操作方法

本实例最终效果如图10-48所示。

图10-48

01　进入会声会影编辑器，单击"文件"|"打开项目"命令，打开一个项目文件（素材\第10章\父爱.VSP），如图10-49所示。

图10-49

02　在预览窗口中，预览打开的项目效果，如图10-50所示。

03　在覆叠轨中，选择需要修剪宽度的覆叠素材，如图10-51所示。

图10-50

图10-51

04 打开"属性"选项面板,单击"遮罩和色度键"按钮,打开相应选项面板,在"宽度"右侧的数值框中输入50,如图10-52所示。

图10-52

05 即可修剪覆叠素材的宽度,在预览窗口中可以预览修剪后的视频效果。

10.3 应用静态覆叠遮罩效果

在会声会影X8中,用户还可以根据需要在覆叠轨中设置覆叠对象的遮罩效果,使制作的视频作品更美观。本节主要向读者详细介绍设置覆叠素材遮罩效果的方法,主要包括制作椭圆遮罩效果、矩形遮罩效果、日历遮罩效果以及胶卷遮罩效果等。

10.3.1 应用椭圆遮罩效果

在会声会影X8中,椭圆遮罩效果是指覆叠轨中的素材以椭圆的性质遮罩在视频轨中素材的上方。下面介绍应用椭圆遮罩效果的操作方法。

课堂案例	应用椭圆遮罩效果
案例位置	效果\第10章\小狗.VSP
视频位置	视频\第10章\课堂案例——应用椭圆遮罩效果.mp4
难易指数	★★★☆☆
学习目标	掌握应用椭圆遮罩效果的操作方法

本实例最终效果如图10-53所示。

图10-53

01 进入会声会影编辑器,单击"文件"|"打开项目"命令,打开一个项目文件(素材\第10章\小狗.VSP),如图10-54所示。

02 在预览窗口中,预览打开的项目效果,如图10-55所示。

03 在覆叠轨中,选择需要设置椭圆遮罩特效的覆叠素材,如图10-56所示。

图10-54

图10-55

图10-56

图10-57

图10-58

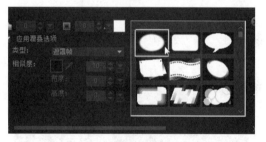

图10-59

图10-60

04　打开"属性"选项面板，单击"遮罩和色度键"按钮，打开相应选项面板，选中"应用覆叠选项"复选框，如图10-57所示。

05　单击"类型"下拉按钮，在弹出的列表框中选择"遮罩帧"选项，如图10-58所示。

06　打开覆叠遮罩列表，在其中选择椭圆遮罩效果，如图10-59所示。

07　此时，即可设置覆叠素材为椭圆遮罩样式，如图10-60所示。

08　在导览面板中单击"播放"按钮，预览视频中的椭圆遮罩效果。

10.3.2 应用矩形遮罩效果

在会声会影X8中，矩形遮罩效果是指覆叠轨中的素材以矩形的形状遮罩在视频轨中素材的上方。下面介绍应用圆角矩形遮罩效果的操作方法。

课堂案例	应用矩形遮罩效果
案例位置	效果\第10章\纯真童年.VSP
视频位置	视频\第10章\课堂案例——应用矩形遮罩效果.mp4
难易指数	★★★☆☆
学习目标	掌握应用矩形遮罩效果的操作方法

本实例最终效果如图10-61所示。

图10-61

01　进入会声会影编辑器，单击"文件"|"打开项目"命令，打开一个项目文件（素材\第10章\纯真童年.VSP），如图10-62所示。

图10-62

02　在预览窗口中，预览打开的项目效果，如图10-63所示。

03　选择覆叠素材，打开"属性"选项面板，单击"遮罩和色度键"按钮，打开相应选项面板，选中"应用覆叠选项"复选框，单击"类型"下拉按钮，在弹出的列表框中选择"遮罩帧"选项，打开

图10-63

覆叠遮罩列表，在其中选择矩形遮罩效果，如图10-64所示。即可设置覆叠素材为矩形遮罩样式，如图10-65所示。

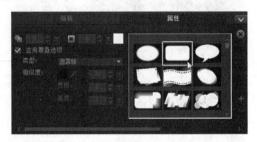

图10-64

图10-65

04　在导览面板中单击"播放"按钮，预览视频中的矩形遮罩效果。

10.3.3 应用花瓣遮罩效果

在会声会影X8中，花瓣遮罩效果是指覆叠轨中的素材以花瓣的形状遮罩在视频轨中素材的上方。下面介绍应用花瓣遮罩效果的操作方法。

课堂案例	应用花瓣遮罩效果
案例位置	效果＼第10章＼恋人.VSP
视频位置	视频＼第10章＼课堂案例——应用花瓣遮罩效果.mp4
难易指数	★★★☆☆
学习目标	掌握应用花瓣遮罩效果的操作方法

本实例最终效果如图10-66所示。

图10-66

01 进入会声会影编辑器，单击"文件"|"打开项目"命令，打开一个项目文件（素材＼第10章＼恋人.VSP），如图10-67所示。

图10-67

02 在预览窗口中，预览打开的项目效果，如图10-68所示。

图10-68

03 选择覆叠素材，打开"属性"选项面板，单击"遮罩和色度键"按钮，打开相应选项面板，选中"应用覆叠选项"复选框，单击"类型"下拉按钮，在弹出的列表框中选择"遮罩帧"选项。打开覆叠遮罩列表，在其中选择花瓣遮罩效果，如图10-69所示。即可设置覆叠素材为花瓣遮罩样式，如图10-70所示。

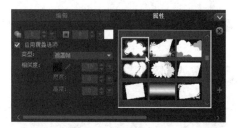

图10-69

图10-70

04 在导览面板中单击"播放"按钮，预览视频中的花瓣遮罩效果。

10.3.4 应用心形遮罩效果

在会声会影X8中，心形遮罩效果是指覆叠轨中的素材以心形的形状遮罩在视频轨中素材的上方。下面介绍应用心形遮罩效果的操作方法。

课堂案例	应用心形遮罩效果
案例位置	效果＼第10章＼情侣.VSP
视频位置	视频＼第10章＼课堂案例——应用心形遮罩效果.mp4
难易指数	★★★☆☆
学习目标	掌握应用心形遮罩效果的操作方法

本实例最终效果如图10-71所示。

01 进入会声会影编辑器，单击"文件"|"打开项目"命令，打开一个项目文件（素材＼第10章＼情侣.VSP），如图10-72所示。

图10-71

图10-72

02　在预览窗口中，预览打开的项目效果，如图10-73所示。

图10-73

03　选择覆叠素材，打开"属性"选项面板，单击"遮罩和色度键"按钮，打开相应选项面板，选中"应用覆叠选项"复选框，单击"类型"下拉按钮，在弹出的列表框中选择"遮罩帧"选项，打开覆叠遮罩列表，在其中选择心形遮罩效果，如图10-74所示。即可设置覆叠素材为心形遮罩样式，如图10-75所示。

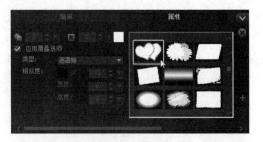

图10-74

图10-75

04　在导览面板中单击"播放"按钮，预览视频中的心形遮罩效果。

10.3.5　应用涂抹遮罩效果

在会声会影X8中，涂抹遮罩效果是指覆叠轨中的素材以画笔涂抹的方式覆叠在视频轨中素材上方。下面介绍设置涂抹遮罩效果的操作方法。

课堂案例	应用涂抹遮罩效果
案例位置	效果\第10章\美女.VSP
视频位置	视频\第10章\课堂案例——应用涂抹遮罩效果.mp4
难易指数	★★★☆☆
学习目标	掌握应用涂抹遮罩效果的操作方法

本实例最终效果如图10-76所示。

图10-76

01 进入会声会影编辑器，单击"文件"|"打开项目"命令，打开一个项目文件（素材\第10章\美女.VSP），如图10-77所示。

图10-77

02 在预览窗口中，预览打开的项目效果，如图10-78所示。

图10-78

03 选择覆叠素材，打开"属性"选项面板，单击"遮罩和色度键"按钮，打开相应选项面板，选中"应用覆叠选项"复选框，单击"类型"下拉按钮，在弹出的列表框中选择"遮罩帧"选项。打开覆叠遮罩列表，在其中选择涂抹遮罩效果，如图10-79所示。即可设置覆叠素材为涂抹遮罩样式，如图10-80所示。

图10-79

图10-80

04 在导览面板中单击"播放"按钮，预览视频中的涂抹遮罩效果。

10.3.6 应用水波遮罩效果

在会声会影X8中，水波遮罩效果是指覆叠轨中的素材以水波的形式覆叠在视频轨中素材上方。下面介绍应用水波遮罩效果的操作方法。

课堂案例	应用水波遮罩效
案例位置	效果\第10章\古典女人.VSP
视频位置	视频\第10章\课堂案例——应用水波遮罩效果.mp4
难易指数	★★★☆☆
学习目标	掌握应用水波遮罩效果的操作方法

本实例最终效果如图10-81所示。

图10-81

01 进入会声会影编辑器，单击"文件"|"打开项目"命令，打开一个项目文件（素材\第10章\古典女人.VSP），如图10-82所示。

02 在预览窗口中，预览打开的项目效果，如图10-83所示。

211

图10-82

03　选择覆叠素材，打开"属性"选项面板，单击"遮罩和色度键"按钮，打开相应选项面板，选中"应用覆叠选项"复选框，单击"类型"下拉按钮，在弹出的列表框中选择"遮罩帧"选项，打开覆叠遮罩列表，在其中选择水波遮罩效果，如图10-84所示。即可设置覆叠素材为水波遮罩样式，如图10-85所示。

图10-83

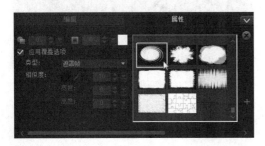

图10-84

04　在导览面板中单击"播放"按钮，预览视频中的水波遮罩效果。

图10-85

技巧与提示

在会声会影X8中，用户还可以加载外部的遮罩样式，只需在覆叠遮罩列表的右侧，单击"添加遮罩项"按钮![]，弹出"浏览照片"对话框，在其中选择相应的遮罩素材即可。

10.4　覆叠效果案例实战精通

在会声会影X8中，覆叠有多种编辑方式，如制作若隐若现效果、精美相册特效、覆叠转场特效、带边框画中画效果、装饰图案效果、覆叠遮罩特效以及覆叠滤镜特效等。本节主要向读者介绍通过覆叠功能制作视频合成特效的操作方法。

10.4.1　制作照片淡入淡出

在会声会影X8中，对覆叠轨中的图像素材应用淡入和淡出动画效果，可以使素材产生若隐若现的效果。下面向读者介绍制作若隐若现叠加画面效果的操作方法。

课堂案例	制作照片淡入淡出
案例位置	效果\第10章\喜迎中秋 .VSP
视频位置	视频\第10章\课堂案例——制作照片淡入淡出 .mp4
难易指数	★★★★☆
学习目标	掌握制作照片淡入淡出的操作方法

本实例最终效果如图10-86所示。

01　进入会声会影X8编辑器，在视频轨中插入一幅素材图像（素材\第10章\喜迎中秋.jpg），如图10-87所示。

图10-86

图10-87

02 在预览窗口中,可以预览素材图像画面效果,如图10-88所示。

图10-88

03 在覆叠轨中插入一幅素材图像(素材\第10章\喜迎中秋.png),如图10-89所示。

图10-89

04 在预览窗口中,可以预览覆叠素材画面效果,如图10-90所示。

图10-90

05 在预览窗口中的覆叠素材上,单击鼠标右键,在弹出的快捷菜单中选择"调整到屏幕大小"选项,如图10-91所示。

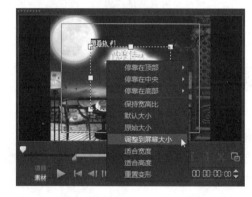

图10-91

06 执行操作后,即可调整覆叠素材的大小,如图10-92所示。

图10-92

07 选择覆叠素材，在"属性"选项面板中单击"淡入动画效果"按钮和"淡出动画效果"按钮，如图10-93所示。

图10-93

08 即可制作出覆叠素材若隐若现效果，在导览面板中单击"播放"按钮，即可预览制作的若隐若现动画效果。

技巧与提示

用户通过拖曳覆叠素材四周的黄色控制柄，也可以等比例对覆叠素材进行缩放操作。

10.4.2 制作照片相框特效

在会声会影X8中，为照片添加相框是一种简单而实用的装饰方式，可以使视频画面更具有吸引力和观赏性。下面向读者介绍制作精美相册特效的操作方法。

课堂案例	制作照片相框特效
案例位置	效果\第10章\女孩遐想.VSP
视频位置	视频\第10章\课堂案例——制作照片相框特效.mp4
难易指数	★★★★☆
学习目标	掌握制作照片相框特效的操作方法

本实例最终效果如图10-94所示。

图10-94

01 进入会声会影X8编辑器，在视频轨中插入一幅素材图像（素材\第10章\女孩遐想.jpg），如图10-95所示。

图10-95

02 在预览窗口中，可以预览素材图像画面效果，如图10-96所示。

图10-96

03 在覆叠轨中插入一幅素材图像（素材\第10章\女孩遐想.png），如图10-97所示。

图10-97

04 在预览窗口中，可以预览覆叠素材画面效果，如图10-98所示。

图10-98

05 在预览窗口中的覆叠素材上，单击鼠标右键，在弹出的快捷菜单中选择"调整到屏幕大小"选项，如图10-99所示。

图10-99

06 执行操作后，即可调整覆叠素材的大小，如图10-100所示。

图10-100

07 在导览面板中单击"播放"按钮，预览制作的精美相框特效。

技巧与提示

在会声会影X8中，用户制作精美相框特效时，建议用户使用的覆叠素材为png格式的透明素材，这样覆叠素材与视频轨中的图像才能很好地合成一张画面。

10.4.3 制作画中画转场效果

在会声会影X8中，用户不仅可以为视频轨中的素材添加转场效果，还可以为覆叠轨中的素材添加转场效果。下面向读者介绍制作画中画转场效果的操作方法。

课堂案例	制作画中画转场效果
案例位置	效果\第10章\景点.VSP
视频位置	视频\第10章\课堂案例——制作画中画转场效果.mp4
难易指数	★★★★☆
学习目标	掌握制作画中画转场效果的操作方法

本实例最终效果如图10-101所示。

图10-101

01 进入会声会影X8编辑器，在视频轨中插入一幅素材图像（素材\第10章\背景1.jpg），如图10-102所示。

图10-102

02 打开"照片"选项面板，在其中设置"照片区间"为0:00:05:00，如图10-103所示，更改素材区间长度。

图10-103

技巧与提示

用户还可以手动拖曳视频轨中素材右侧的黄色标记，来更改素材的区间长度。

03 在时间轴面板的视频轨中，可以查看更改区间长度后的素材图像，如图10-104所示。

图10-104

04 在覆叠轨中插入两幅素材图像（素材\第10章\景点1.jpg、景点2.jpg），如图10-105所示。

图10-105

05 在预览窗口中，可以预览覆叠素材画面效果，如图10-106所示。

06 打开"转场"素材库，单击窗口上方的"画廊"按钮，在弹出的列表框中选择"剥落"选项。

图10-106

进入"剥落"转场组，在其中选择"十字"转场效果，如图10-107所示。

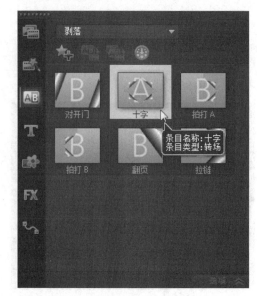

图10-107

07 将选择的转场效果拖曳至时间轴面板的覆叠轨中两幅素材图像之间，如图10-108所示。

图10-108

08 释放鼠标左键，即可在覆叠轨中为覆叠素材添加转场效果，如图10-109所示。

09 在导览面板中单击"播放"按钮，预览制作的覆叠转场特效。

图10-109

10.4.4 制作画中画边框特效

运用会声会影X8的覆叠功能，可以在画面中制作出多重画面的效果。用户还可以根据需要为画中画添加边框、透明度和动画等效果。下面向读者介绍制作带边框的画中画效果。

课堂案例	制作画中画边框特效
案例位置	效果\第10章\莲花.VSP
视频位置	视频\第10章\课堂案例——制作画中画边框特效.mp4
难易指数	★★★★★
学习目标	掌握制作画中画边框特效的操作方法

本实例最终效果如图10-110所示。

图10-110

01 进入会声会影X8编辑器，在视频轨中插入一幅素材图像（素材\第10章\天空背景.jpg），如图10-111所示。

图10-111

02 在预览窗口中，可以预览素材图像画面效果，如图10-112所示。

图10-112

03 在覆叠轨中插入一幅素材图像（素材\第10章\莲花1.jpg），如图10-113所示。

图10-113

04 在预览窗口中，可以预览覆叠素材画面效果，如图10-114所示。

图10-114

05 打开"属性"选项面板，在"进入"选项组中单击"从左边进入"按钮，如图10-115所示。

06 在预览窗口中，调整覆叠素材的大小，并拖曳素材至合适位置，如图10-116所示。

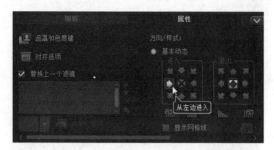

图10-115

图10-116

07 在导览面板中，调整覆叠素材暂停区间的长度，如图10-117所示。

图10-117

08 在菜单栏中，单击"设置"|"轨道管理器"命令，如图10-118所示。

09 弹出"轨道管理器"对话框，单击"覆叠轨"右侧的下拉按钮，在弹出的下拉列表中选择3选项，如图10-119所示。

10 单击"确定"按钮，即可在时间轴面板中新增3条覆叠轨道，如图10-120所示。

图10-118

图10-119

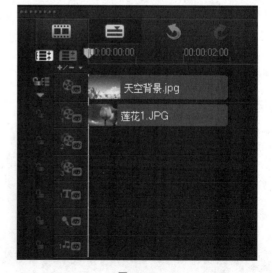

图10-120

⑪ 选择覆叠轨1中的素材后，单击鼠标右键，在弹出的快捷菜单中选择"复制"选项，如图10-121所示。

图10-121

⑫ 将复制的素材粘贴到覆叠轨2中的开始位置，如图10-122所示。

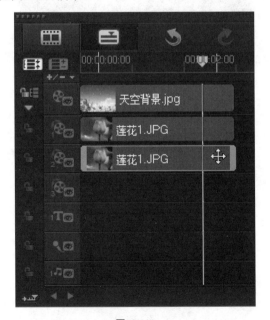

图10-122

⑬ 用与上述相同的方法，将覆叠轨1中的素材粘贴到覆叠轨3中，如图10-123所示。

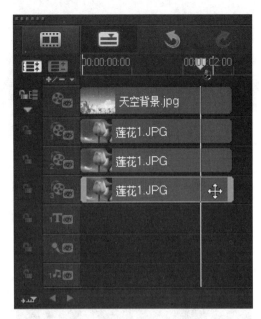

图10-123

⑭ 选择覆叠轨2中的素材，单击鼠标右键，在弹出的快捷菜单中选择"替换素材"|"照片"选项，如图10-124所示。

图10-124

⑮ 弹出相应对话框，在该对话框中选择需要替换的素材图像（素材\第10章\莲花2.jpg），如图10-125所示。

⑯ 单击"打开"按钮，即可替换覆叠轨2中的原素材，如图10-126所示。

图10-125

图10-127

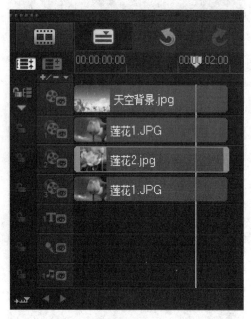

图10-126

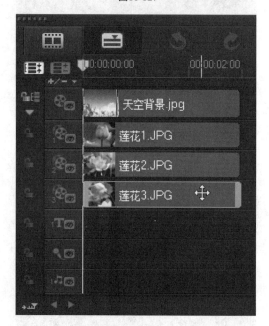

图10-128

图10-129

⑰ 在预览窗口中，将覆叠轨2中素材拖曳至合适位置，并调整素材的大小与暂停区间的长度，如图10-127所示。

⑱ 用与上述相同的方法，替换覆叠轨3中的素材图像为（素材\第10章\莲花3.jpg），如图10-128所示。

⑲ 在预览窗口中，将覆叠轨3中素材拖曳至合适位置，并调整素材的大小与暂停区间的长度，如图10-129所示。

⑳ 选择覆叠轨1中的素材，展开"属性"选项面板，单击"遮罩和色度键"按钮，在展开的选项面板中设置"边框"为3，如图10-130所示。

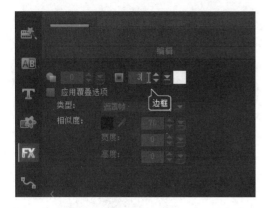

图10-130

㉑ 在预览窗口中，可以预览设置边框后的覆叠效果，如图10-131所示。

图10-131

㉒ 用与上述相同的方法，在选项面板中设置覆叠轨2中的素材"边框"为3，在预览窗口中可以预览设置边框后的覆叠效果，如图10-132所示。

图10-132

㉓ 用与上述相同的方法，在选项面板中设置覆叠轨3中的素材"边框"为3，在预览窗口中可以预览设置边框后的覆叠效果，如图10-133所示。

图10-133

㉔ 在导览面板中单击"播放"按钮，预览制作的覆叠画中画特效。

10.4.5 制作照片装饰特效

在会声会影X8中，如果用户想使画面变得丰富多彩，则可在画面中添加符合视频的装饰图案。下面向读者介绍制作照片装饰特效的操作方法。

课堂案例	制作照片装饰特效
案例位置	效果＼第10章＼漂亮女人 .VSP
视频位置	视频＼第10章＼课堂案例——制作照片装饰特效 .mp4
难易指数	★★★★☆
学习目标	掌握制作照片装饰特效的操作方法

本实例最终效果如图10-134所示。

图10-134

01 进入会声会影X8编辑器，在视频轨中插入一幅素材图像（素材\第10章\漂亮女人.jpg），如图10-135所示。

图10-135

02 在预览窗口中，可以预览素材图像画面效果，如图10-136所示。

图10-136

03 在覆叠轨中插入一幅素材图像（素材\第10章\装饰边框.png），如图10-137所示。

图10-137

04 在预览窗口中，可以预览覆叠素材画面效果，如图10-138所示。

图10-138

05 在预览窗口中的覆叠素材上，单击鼠标右键，在弹出的快捷菜单中选择"调整到屏幕大小"选项，如图10-139所示。

图10-139

06 执行操作后，即可调整覆叠素材的大小，如图10-140所示。

图10-140

07 在导览面板中单击"播放"按钮，预览制作的装饰图案特效。

10.4.6 制作画中画滤镜效果

在会声会影X8中，用户不仅可以为视频轨中的图像素材添加滤镜效果，还可以为覆叠轨中的图像素材应用多种滤镜特效。下面向读者介绍制作画中画滤镜效果的操作方法。

课堂案例	制作画中画滤镜效果
案例位置	效果\第10章\华丽都市.VSP
视频位置	视频\第10章\课堂案例——制作画中画滤镜效果.mp4
难易指数	★★★★☆
学习目标	掌握制作画中画滤镜效果的操作方法

本实例最终效果如图10-141所示。

图10-141

01 进入会声会影X8编辑器，在视频轨中插入一幅素材图像（素材\第10章\华丽都市1.jpg），如图10-142所示。

图10-142

02 在预览窗口中，可以预览素材图像画面效果，如图10-143所示。

03 在覆叠轨中插入一幅素材图像（素材\第10章\华丽都市2.jpg），如图10-144所示。

图10-143

图10-144

04 在预览窗口中，可以预览覆叠素材画面效果，如图10-145所示。

图10-145

05 在预览窗口中，拖曳覆叠素材四周的黄色控制柄，调整覆叠素材的大小和位置，如图10-146所示。

06 打开"滤镜"素材库，单击窗口上方的"画廊"按钮，在弹出的列表框中选择"特殊"选项，如图10-147所示。

图10-146

图10-147

07 打开"特殊"滤镜组，在其中选择"雨滴"滤镜效果，如图10-148所示。

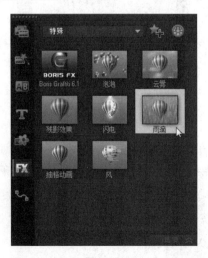

图10-148

08 将选择的滤镜效果拖曳至覆叠轨中的素材上，如图10-149所示。释放鼠标左键，即可添加"雨滴"滤镜。

图10-149

09 在导览面板中单击"播放"按钮，预览制作的画中画滤镜特效。

10.4.7 制作视频遮罩特效

在会声会影X8中，视频遮罩功能是软件的新增功能，可以以视频动态的方式对画面遮罩效果进行播放。下面向读者介绍制作视频遮罩特效的操作方法。

课堂案例	制作视频遮罩特效
案例位置	效果 \ 第 10 章 \ 电视广告 .VSP
视频位置	视频 \ 第 10 章 \ 课堂案例——制作视频遮罩特效 .mp4
难易指数	★★★☆
学习目标	掌握制作视频遮罩特效的操作方法

本实例最终效果如图10-150所示。

图10-150

01 进入会声会影X8编辑器，在视频轨中插入一幅素材图像（素材\第10章\电视广告1.jpg），如图10-151所示。

图10-151

02　在预览窗口中，可以预览素材图像画面效果，如图10-152所示。

图10-152

03　在覆叠轨中插入一幅素材图像（素材\第10章\电视广告2.jpg），如图10-153所示。

图10-153

04　在预览窗口中，可以预览覆叠素材画面效果，如图10-154所示。

图10-154

05　在预览窗口中，移动覆叠素材至合适的位置，如图10-155所示。

图10-155

06　拖曳覆叠素材四周的黄色控制柄，调整覆叠素材的大小，如图10-156所示。

图10-156

07 选择覆叠素材，打开"属性"选项面板，单击"遮罩和色度键"按钮，打开相应选项面板，选中"应用覆叠选项"复选框，单击"类型"下拉按钮，在弹出的列表框中选择"视频遮罩"选项，如图10-157所示。

图10-157

08 打开视频遮罩列表，在右侧选择视频遮罩效果，如图10-158所示，即可在视频画面中应用视频遮罩特效。

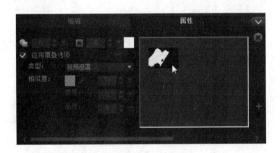

图10-158

09 在导览面板中单击"播放"按钮，预览制作的视频遮罩特效。

10.4.8 制作灰色调节特效

在会声会影X8中，用户可以在画面中添加灰色调节遮罩特效，使覆叠画面更好地融合。

课堂案例	制作灰色调节特效
案例位置	效果＼第10章＼麦克风.VSP
视频位置	视频＼第10章＼课堂案例——制作灰色调节特效.mp4
难易指数	★★★☆☆
学习目标	掌握制作灰色调节特效的操作方法

本实例最终效果如图10-159所示。

图10-159

01 进入会声会影X8编辑器，在视频轨中插入一幅素材图像（素材＼第10章＼课本背景.jpg），如图10-160所示。

图10-160

02 在预览窗口中，可以预览素材图像画面效果，如图10-161所示。

图10-161

03 在覆叠轨中插入一幅素材图像（素材\第10章\麦克风.jpg），如图10-162所示。

图10-162

04 在预览窗口中，可以预览覆叠素材画面效果，如图10-163所示。

图10-163

05 在预览窗口中的覆叠素材上，单击鼠标右键，在弹出的快捷菜单中选择"调整到屏幕大小"选项，如图10-164所示。

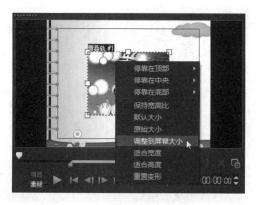

图10-164

06 执行操作后，即可将覆叠素材调整至全屏大小，如图10-165所示。

图10-165

07 选择覆叠素材，打开"属性"选项面板，单击"遮罩和色度键"按钮，打开相应选项面板，选中"应用覆叠选项"复选框，单击"类型"下拉按钮，在弹出的列表框中选择"灰色调节"选项，如图10-166所示。

图10-166

08 执行操作后，即可在视频画面中添加灰色调节遮罩特效，在导览面板中单击"播放"按钮，预览制作的灰色调节遮罩特效。

10.4.9 制作相乘遮罩特效

在会声会影X8中，相乘遮罩可以制作出画面颜色相近的融合效果。下面向读者介绍制作相乘遮罩特效的操作方法。

课堂案例	制作相乘遮罩特效
案例位置	效果\第10章\金色童年.VSP
视频位置	视频\第10章\课堂案例——制作相乘遮罩特效.mp4
难易指数	★★★★☆
学习目标	掌握制作相乘遮罩特效的操作方法

本实例最终效果如图10-167所示。

图10-167

01 进入会声会影X8编辑器,在视频轨中插入一幅素材图像(素材\第10章\那片海.jpg),如图10-168所示。

图10-168

02 在预览窗口中,可以预览素材图像画面效果,如图10-169所示。

图10-169

03 在覆叠轨中插入一幅素材图像(素材\第10章\金色童年.jpg),如图10-170所示。

图10-170

04 在预览窗口中,可以预览覆叠素材画面效果,如图10-171所示。

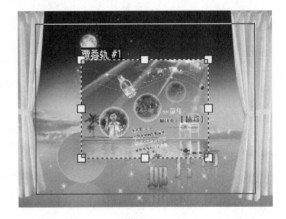

图10-171

05 在预览窗口中的覆叠素材上,单击鼠标右键,在弹出的快捷菜单中选择"调整到屏幕大小"选项,如图10-172所示。

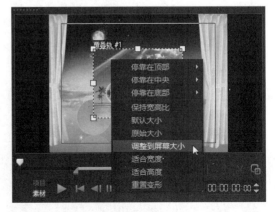

图10-172

06 执行操作后,即可将覆叠素材调整至全屏大小,如图10-173所示。

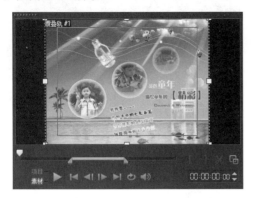

图10-173

07 选择覆叠素材,打开"属性"选项面板,单击"遮罩和色度键"按钮,打开相应选项面板,选中"应用覆叠选项"复选框,单击"类型"下拉按钮,在弹出的列表框中选择"相乘遮罩"选项,如图10-174所示。

图10-174

08 执行操作后,即可在视频画面中添加相乘遮罩特效,在导览面板中单击"播放"按钮,预览制作的相乘遮罩特效。

10.4.10 制作相加遮罩特效

在会声会影X8中,如果用户需要将多层的画面颜色进行叠加,此时可以使用相加遮罩对画面进行处理。下面向读者介绍应用相加遮罩的方法。

课堂案例	制作相加遮罩特效
案例位置	效果\第10章\麦克风.VSP
视频位置	视频\第10章\课堂案例——制作相加遮罩特效.mp4
难易指数	★★★★☆
学习目标	掌握制作相加遮罩特效的操作方法

本实例最终效果如图10-175所示。

图10-175

01 进入会声会影X8编辑器,在视频轨中插入一幅素材图像(素材\第10章\折扣广告1.jpg),如图10-176所示。

图10-176

02 在预览窗口中,可以预览素材图像画面效果,如图10-177所示。

图10-177

03 在覆叠轨中插入一幅素材图像(素材\第10章\折扣广告2.jpg),如图10-178所示。

图10-178

04 在预览窗口中,可以预览覆叠素材画面效果,如图10-179所示。

图10-179

05 在预览窗口中的覆叠素材上,单击鼠标右键,在弹出的快捷菜单中选择"调整到屏幕大小"选项,如图10-180所示。

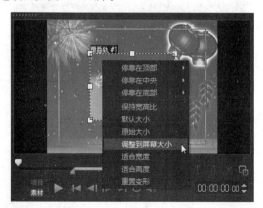

图10-180

06 执行操作后,即可将覆叠素材调整至全屏大小,如图10-181所示。

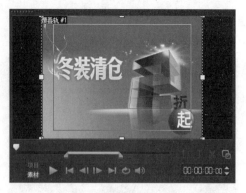

图10-181

07 选择覆叠素材,打开"属性"选项面板,单击"遮罩和色度键"按钮,打开相应选项面板,选中"应用覆叠选项"复选框,单击"类型"下拉按钮,在弹出的列表框中选择"相加遮罩"选项,如图10-182所示。

图10-182

08 执行操作后,即可在视频画面中添加相加遮罩特效,在导览面板中单击"播放"按钮,预览制作的相加遮罩特效。

10.5 本章小结

"覆叠"就是画面的叠加,在屏幕上同时显示多个画面效果,通过会声会影中的覆叠功能,可以很轻松地制作出静态以及动态的画中画效果,从而使视频作品更具有观赏性。本章以实例的形式全面介绍了会声会影X8中的覆叠功能,这对于读者在实际的视频编辑工作中,制作丰富的视频叠加效果起到了很大的作用。

通过本章的学习,在进行视频编辑时,可以大胆地使用会声会影X8提供的各种模式,使制作的影片更加多样和生动。

10.6 习题测试——制作覆叠遮罩效果

鉴于本章知识的重要性，为了帮助读者更好地掌握所学知识，本节将通过上机习题，帮助读者进行简单的知识回顾和补充。

案例位置	效果\习题测试\大草原.VSP
难易指数	★★★★☆
学习目标	掌握制作覆叠遮罩效果的操作方法

本习题需要掌握制作覆叠遮罩效果的操作方法，素材如图10-183所示，最终效果如图10-184所示。

图10-184

图10-183

第11章

标题字幕特效的制作

内容摘要

　　字幕是现代影片中的重要组成部分，其用途是向用户传递一些视频画面所无法表达或难以表现的内容，以便观众能够更好地理解影片的含义。本章主要向读者介绍制作影片字幕特效的各种操作方法，希望读者学完以后，可以轻松制作出各种精美的字幕。

课堂学习目标

● 掌握标题字幕基本操作
● 编辑标题字幕基本属性
● 制作静态标题特效

11.1 掌握标题字幕基本操作

　　字幕是影视作品的重要组成部分，在影片中加入一些说明性文字，能够有效地帮助观众理解影片的内容；同时，字幕也是视频作品中一项重要的视觉元素。本节主要向读者介绍标题字幕的基本操作方法，希望读者可以熟练掌握本节内容。

11.1.1 创建单个标题字幕

　　标题字幕设计与书写是视频编辑的艺术手段之一，好的标题字幕可以起到美化视频的作用。下面将向读者介绍创建单个标题字幕的方法。

课堂案例	创建单个标题字幕
案例位置	效果\第11章\浓情端午 .VSP
视频位置	视频\第11章\课堂案例——创建单个标题字幕 .mp4
难易指数	★★★★☆
学习目标	掌握创建单个标题字幕的操作方法

　　本实例最终效果如图11-1所示。

图11-1

⑴　进入会声会影X8编辑器，在视频轨中插入一幅素材图像（素材\第11章\浓情端午.jpg），如图11-2所示。

⑵　在预览窗口中，可以预览素材图像画面效果，如图11-3所示。

⑶　在素材库的左侧，单击"标题"按钮，如图11-4所示。

图11-2

图11-3

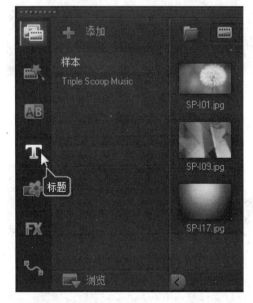

图11-4

⑷　切换至"标题"素材库，此时预览窗口中显示"双击这里可以添加标题"字样，如图11-5所示。

图11-5

05 在显示的字样上，双击鼠标左键，出现一个文本输入框，其中有光标不停地闪烁，如图11-6所示。

图11-6

06 在"编辑"选项面板中，选中"单个标题"单选按钮，如图11-7所示。

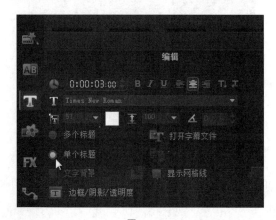

图11-7

07 在预览窗口中再次双击鼠标左键，输入文本"浓情端午"，在"编辑"选项面板中设置"字体"为"方正舒体""字体大小"为63"色彩"为红色，并添加相应的边框属性，如图11-8所示。

图11-8

08 输入完成后，在标题轨中显示新建的字幕文件，如图11-9所示。

图11-9

09 在导览面板中单击"播放"按钮，预览标题字幕效果。

技巧与提示

进入"标题"素材库，输入文字时，在预览窗口中有一个矩形框标出的区域，它表示标题的安全区域，即程序允许输入标题的范围，在该范围内输入的文字才能在电视上播放时正确显示，超出该范围的标题字幕将无法播放显示出来。

11.1.2 创建多个标题字幕

在会声会影X8中，多个标题不仅可以应用动画和背景效果，还可以在同一帧中建立多个标题字幕效果。下面介绍创建多个标题的操作方法。

课堂案例	创建多个标题字幕
案例位置	效果\第11章\电影汇演.VSP
视频位置	视频\第11章\课堂案例——创建多个标题字幕.mp4
难易指数	★★★☆☆
学习目标	掌握创建多个标题字幕的操作方法

本实例最终效果如图11-10所示。

图11-10

①　进入会声会影X8编辑器，在视频轨中插入一幅素材图像（素材\第11章\电影汇演.jpg），如图11-11所示。

②　在预览窗口中，可以预览素材图像画面效果，如图11-12所示。

③　切换至"标题"素材库，在"编辑"选项面板中，选中"多个标题"单选按钮，如图11-13所示。

图11-11

图11-12

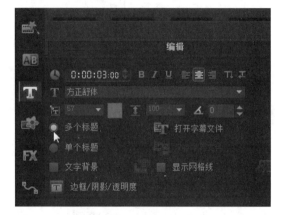

图11-13

④　在预览窗口中的适当位置，输入文本"万高电影城"，如图11-14所示。

图11-14

⑤　在"编辑"选项面板中设置文本的相应属性，如图11-15所示。

⑥　在预览窗口中预览创建的字幕效果，如图11-16所示。

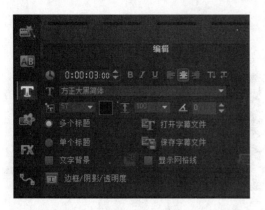

图11-15

图11-16

07 用与上述相同的方法，再次在预览窗口中输入相应文本内容，并设置相应的文本属性。

技巧与提示

当用户在标题轨中创建好标题字幕文件之后，系统会为创建的标题字幕设置一个默认的播放时间长度，用户可以通过对标题字幕的调节，改变默认的播放时长来完善视频效果。

在预览窗口中，当用户创建好多个标题文字后，用户可以根据需要调整标题字幕的位置，使制作的视频更加符合用户的需求，用户只需要在要移动的标题文字上，单击鼠标左键并拖曳，即可移动标题字幕的位置。

11.1.3 应用模版创建标题

会声会影X8的"标题"素材库中提供了丰富的预设标题，用户可以直接将其添加到标题轨上，再根据需要修改标题的内容，使预设的标题能够与影片融为一体。下面向读者介绍添加模版标题字幕的操作方法。

课堂案例	应用模版创建标题
案例位置	效果\第11章\扬帆起航.VSP
视频位置	视频\第11章\课堂案例——应用模版创建标题.mp4
难易指数	★★★★☆
学习目标	掌握应用模版创建标题的操作方法

本实例最终效果如图11-17所示。

图11-17

01 进入会声会影X8编辑器，在视频轨中插入一幅素材图像（素材\第11章\扬帆起航.jpg），如图11-18所示。

图11-18

02 在预览窗口中，可以预览素材图像画面效果，如图11-19所示。

图11-19

03 单击"标题"按钮，切换至"标题"选项卡，在右侧的列表框中显示了多种标题预设样式，选择相应的标题样式，如图11-20所示。

图11-20

04 在预设标题字幕的上方，单击鼠标左键并拖曳至标题轨中的适当位置，释放鼠标左键，即可添加标题字幕，如图11-21所示。

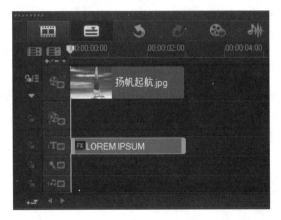

图11-21

05 双击添加的标题字幕，将其进行选择，如图11-22所示。

图11-22

06 在预览窗口中更改文本的内容，并调整标题文本为垂直方向，如图11-23所示。

图11-23

07 在导览面板中单击"播放"按钮，预览标题字幕效果。

> **技巧与提示**
> 在会声会影X8中，向读者提供了54种标题字幕的模版，每一种模版都有其相应的字体以及动画属性，用户可以将适合的标题字幕添加到视频中，以提高编辑视频的效率。

11.1.4 多个标题转换成单个标题

会声会影X8的单个标题功能主要用于制作片尾的长段字幕，一般情况下，建议用户使用多个标题功能。下面介绍将多个标题转换为单个标题的操作方法。

课堂案例	多个标题转换成单个标题
案例位置	效果 \ 第 11 章 \ 幸福 .VSP
视频位置	视频 \ 第 11 章 \ 课堂案例——多个标题转换成单个标题 .mp4
难易指数	★★★★☆
学习目标	掌握多个标题转换成单个标题的操作方法

本实例最终效果如图11-24所示。

01 进入会声会影编辑器，单击"文件"|"打开项目"命令，打开一个项目文件（素材\第11章\幸福.VSP），如图11-25所示。

02 在标题轨中双击需要转换的标题字幕，如图11-26所示。

237

图11-24

图11-25

图11-26

03 在"编辑"选项面板中选中"单个标题"单选按钮,如图11-27所示。

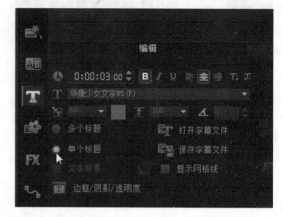

图11-27

04 弹出提示信息框,提示用户是否继续操作,如图11-28所示。

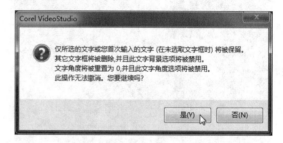

图11-28

05 单击"是"按钮,即可将多个标题转换为单个标题,如图11-29所示。

图11-29

06 在标题前多次按Enter键,在"编辑"选项面板中单击"居中"按钮,如图11-30所示。

07 即可设置单个标题的格式,完成字幕的转换操作,预览标题字幕效果。

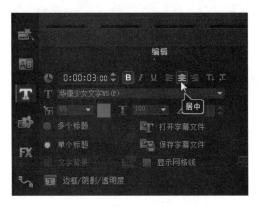

图11-30

在会声会影X8中，无论标题文字有多长，单个标题都是一个标题，不能对单个标题应用背景效果，标题位置不能移动。

11.1.5 单个标题转换成多个标题

下面向读者介绍将单个标题转换为多个标题的操作方法。

课堂案例	单个标题转换成多个标题
案例位置	效果\第11章\父亲节快乐.VSP
视频位置	视频\第11章\课堂案例——单个标题转换成多个标题.mp4
难易指数	★★★☆☆
学习目标	掌握单个标题转换成多个标题的操作方法

本实例最终效果如图11-31所示。

图11-31

01 进入会声会影编辑器，单击"文件"|"打开项目"命令，打开一个项目文件（素材\第11章\父亲节快乐.VSP），如图11-32所示。

图11-32

02 在标题轨中双击需要转换的标题字幕，如图11-33所示。

图11-33

03 在"编辑"选项面板中选中"多个标题"单选按钮，如图11-34所示。

图11-34

04 弹出提示信息框，提示用户是否继续操作，如图11-35所示。

05 单击"是"按钮，即可将单个标题转换为多个标题。

图11-35

11.2 编辑标题字幕基本属性

会声会影X8中的字幕编辑功能与Word等文字处理软件相似，提供了较为完善的字幕编辑和设置功能，用户可以对文本或其他字幕对象进行编辑和美化操作。本节主要向读者介绍编辑标题属性的各种操作方法。

11.2.1 调整标题字幕区间

在会声会影X8中，为了使标题字幕与视频同步播放，用户可根据需要调整标题字幕的区间长度。下面向读者介绍设置标题区间的操作方法。

课堂案例	调整标题字幕区间
案例位置	效果\第11章\七色花店.VSP
视频位置	视频\第11章\课堂案例——调整标题字幕区间.mp4
难易指数	★★★☆☆
学习目标	掌握调整标题字幕区间的操作方法

本实例最终效果如图11-36所示。

图11-36

01 进入会声会影编辑器，单击"文件"|"打开项目"命令，打开一个项目文件（素材\第11章\七色花店.VSP），如图11-37所示。

图11-37

02 在标题轨中双击需要设置区间的标题字幕，如图11-38所示。

图11-38

03 在"编辑"选项面板中，设置标题字幕的"区间"为0:00:05:00，如图11-39所示。

图11-39

04 执行操作后，按Enter键确认，即可设置标题字幕的区间长度，单击"播放"按钮，预览字幕效果。

11.2.2 调整标题字体类型

在会声会影X8中，用户可根据需要对标题轨中的标题字体类型进行更改操作，使其在视频中显示效果更佳。下面向读者介绍设置标题字体类型的操作方法。

课堂案例	调整标题字体类型
案例位置	效果\第11章\大象.VSP
视频位置	视频\第11章\课堂案例——调整标题字体类型.mp4
难易指数	★★★☆☆
学习目标	掌握调整标题字体类型的操作方法

本实例最终效果如图11-40所示。

图11-40

① 进入会声会影编辑器，单击"文件"|"打开项目"命令，打开一个项目文件（素材\第11章\大象.VSP），如图11-41所示。

图11-41

② 在标题轨中双击需要设置字体的标题字幕，如图11-42所示。

图11-42

③ 在"编辑"选项面板中，单击"字体"右侧的下三角按钮，在弹出的下拉列表框中选择"方正超粗黑简体"选项，如图11-43所示。

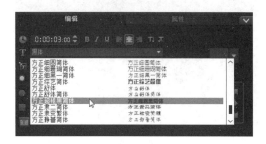

图11-43

④ 执行操作后，即可更改标题字体，单击"播放"按钮，预览字幕效果。

11.2.3 更改标题字体大小

在会声会影X8中，如果用户对标题轨中的字体大小不满意，此时可以对字体大小进行更改操作。下面向读者介绍设置标题字体大小的方法。

课堂案例	更改标题字体大小
案例位置	效果\第11章\骆驼行走.VSP
视频位置	视频\第11章\课堂案例——更改标题字体大小.mp4
难易指数	★★★☆☆
学习目标	掌握更改标题字体大小的操作方法

本实例最终效果如图11-44所示。

图11-44

① 进入会声会影编辑器，单击"文件"|"打开项目"命令，打开一个项目文件（素材\第11章\骆驼行走.VSP），如图11-45所示。

② 在标题轨中，双击需要设置字体大小的标题字幕，如图11-46所示。

图11-45

图11-46

（03）此时，预览窗口中的标题字幕为选中状态，如图11-47所示。

图11-47

（04）在"编辑"选项面板的"字体大小"数值框中，输入60，按Enter键确认，如图11-48所示。

（05）执行操作后，即可更改标题字体大小，单击"播放"按钮，预览字幕效果。

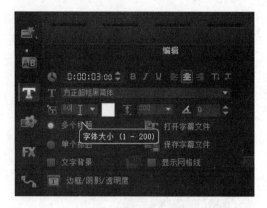

图11-48

11.2.4 更改标题字体颜色

在会声会影X8中，用户可根据素材与标题字幕的匹配程度，更改标题字体的颜色效果。除了可以运用色彩选项中的颜色外，用户还可以运用Coerl色彩选取器和Windows色彩选取器中的颜色。下面向读者介绍设置标题字体颜色的方法。

课堂案例	更改标题字体颜色
案例位置	效果\第11章\别墅风情.VSP
视频位置	视频\第11章\课堂案例——更改标题字体颜色.mp4
难易指数	★★★☆☆
学习目标	掌握更改标题字体颜色的操作方法

本实例最终效果如图11-49所示。

图11-49

（01）进入会声会影编辑器，单击"文件"|"打开项目"命令，打开一个项目文件（素材\第11章\别墅风情.VSP），如图11-50所示。

（02）在标题轨中，双击需要设置字体颜色的标题字幕，如图11-51所示。

（03）此时，预览窗口中的标题字幕为选中状态，如图11-52所示。

图11-50

图11-51

图11-52

04 在"编辑"选项面板中单击"色彩"色块，在弹出的颜色面板中选择黄色，如图11-53所示。

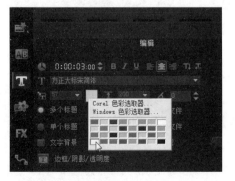

图11-53

05 执行操作后，即可更改标题字体颜色，单击"播放"按钮，预览字幕效果。

11.2.5 调整字幕行间距

在会声会影X8中，用户可根据需要对标题字幕的行间距进行相应设置，行间距的取值范围为60～999之间的整数。下面向读者介绍设置字幕行间距的操作方法。

课堂案例	调整字幕行间距
案例位置	效果＼第 11 章＼落幕文字.VSP
视频位置	视频＼第 11 章＼课堂案例——调整字幕行间距.mp4
难易指数	★★★☆☆
学习目标	掌握调整字幕行间距的操作方法

本实例最终效果如图11-54所示。

图11-54

01 进入会声会影编辑器，单击"文件"|"打开项目"命令，打开一个项目文件（素材＼第11章＼落幕文字.VSP），如图11-55所示。

图11-55

02 在标题轨中，双击需要设置行间距的标题字幕，如图11-56所示。

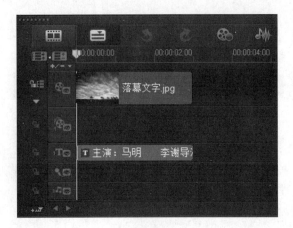

图11-56

03 单击"编辑"选项面板中的"行间距"按钮，在弹出的下拉列表框中选择160选项，如图11-57所示。

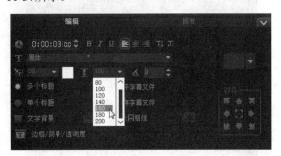

图11-57

04 执行操作后，即可设置标题字体的行间距。

11.2.6 调整文本显示方向

在会声会影X8中，用户可以根据需要更改标题字幕的显示方向。下面介绍更改文本显示方向的操作方法。

课堂案例	调整文本显示方向
案例位置	效果\第11章\中秋快乐.VSP
视频位置	视频\第11章\课堂案例——调整文本显示方向.mp4
难易指数	★★★☆☆
学习目标	掌握调整文本显示方向的操作方法

本实例最终效果如图11-58所示。

01 进入会声会影编辑器，单击"文件"|"打开项目"命令，打开一个项目文件（素材\第11章\中秋快乐.VSP），如图11-59所示。

02 在标题轨中双击需要设置文本显示方向的标题字幕，如图11-60所示。

图11-58

图11-59

图11-60

03 此时，预览窗口中的标题字幕为选中状态，如图11-61所示。

04 在"编辑"选项面板中，单击"将方向更改为垂直"按钮图形，如图11-62所示。

05 执行上述操作后，即可更改文本的显示方向，在预览窗口中调整字幕的位置，单击"播放"按钮，预览标题字幕效果。

图11-61

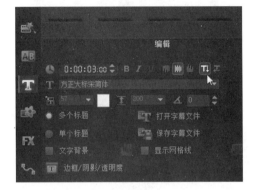

图11-62

11.2.7 调整文本背景色

在会声会影X8中，用户可以根据需要设置标题字幕的背景颜色，使字幕更加显眼。下面向读者介绍设置文本背景色的操作方法。

课堂案例	调整文本背景色
案例位置	效果＼第11章＼母亲节快乐.VSP
视频位置	视频＼第11章＼课堂案例——调整文本背景色.mp4
难易指数	★★★★★
学习目标	掌握调整文本背景色的操作方法

本实例最终效果如图11-63所示。

图11-63

01 进入会声会影编辑器，单击"文件"|"打开项目"命令，打开一个项目文件（素材\第11章\母亲节快乐.VSP），如图11-64所示。

图11-64

02 在标题轨中，双击需要设置文本背景色的标题字幕，如图11-65所示。

图11-65

03 此时，预览窗口中的标题字幕为选中状态，如图11-66所示。

图11-66

04 在"编辑"选项面板中，选中"文字背景"复选框，如图11-67所示。

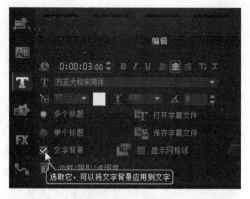

图11-67

05 单击"自定义文字背景的属性"按钮，如图11-68所示。

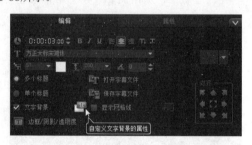

图11-68

06 弹出"文字背景"对话框，单击"随文字自动调整"下方的下拉按钮，在弹出的列表框中选择"椭圆"选项，如图11-69所示。

图11-69

07 在"放大"右侧的数值框中输入10，如图11-70所示。

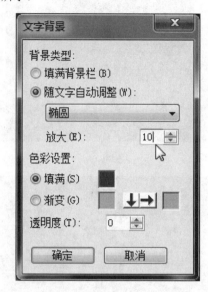

图11-70

08 在"色彩设置"选项区中，选中"渐变"单选按钮，如图11-71所示。

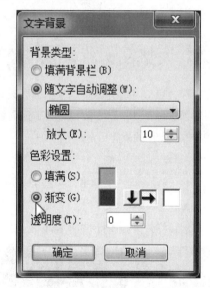

图11-71

09 在右侧设置第1个色块的颜色为粉红色，在下方设置"透明度"为30，如图11-72所示。

10 设置完成后，单击"确定"按钮，即可设置文本背景色。单击"播放"按钮，预览标题字幕效果。

图11-72

图11-73

11.3 制作静态标题特效

在会声会影X8中，除了改变文字的字体、大小和颜色等属性外，还可以为文字添加一些装饰因素，从而使其更加出彩。本节主要向读者介绍制作视频中特殊字幕效果的操作方法，包括制作镂空字幕、描边字幕、突起字幕以及透明字幕特效等。

11.3.1 制作标题镂空特效

镂空字体是指字体呈空心状态，只显示字体的外部边界。在会声会影X8中，运用"透明文字"复选框可以制作出镂空字体。

图11-74

课堂案例	制作标题镂空特效
案例位置	效果\第11章\钻石永恒.VSP
视频位置	视频\第11章\课堂案例——制作标题镂空特效.mp4
难易指数	★★★★☆
学习目标	掌握制作标题镂空特效的操作方法

本实例最终效果如图11-73所示。

① 进入会声会影编辑器，单击"文件"|"打开项目"命令，打开一个项目文件（素材\第11章\钻石永恒.VSP），如图11-74所示。

② 在预览窗口中，预览打开的项目效果，如图11-75所示。

图11-75

247

03 在标题轨中，双击需要制作镂空特效的标题字幕，此时预览窗口中的标题字幕为选中状态，如图11-76所示。

图11-76

04 在"编辑"选项面板中单击"边框/阴影/透明度"按钮，如图11-77所示。

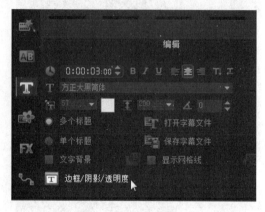

图11-77

05 执行操作后，弹出"边框/阴影/透明度"对话框，选中"透明文字"复选框，如图11-78所示。

图11-78

06 在下方选中"外部边界"复选框，设置"边框宽度"为4，如图11-79所示。

图11-79

技巧与提示

打开"边框/阴影/透明度"对话框，进入"边框"选项卡，在其中的"边框宽度"数值框中，只能输入0至99之间的整数。

07 执行上述操作后，单击"确定"按钮，即可设置镂空字体，在预览窗口中可以预览镂空字幕效果。

11.3.2 制作标题描边特效

在会声会影X8中，为了使标题字幕样式丰富多彩，用户可以为标题字幕设置描边效果。下面向读者介绍制作描边字幕的操作方法。

课堂案例	制作标题描边特效
案例位置	效果\第11章\顽强生命力.VSP
视频位置	视频\第11章\课堂案例——制作标题描边特效.mp4
难易指数	★★★☆☆
学习目标	掌握制作标题描边特效的操作方法

本实例最终效果如图11-80所示。

图11-80

01 进入会声会影编辑器，单击"文件"|"打开项目"命令，打开一个项目文件（素材\第11章\顽强生命力.VSP），如图11-81所示。

图11-81

02 在预览窗口中，预览打开的项目效果，如图11-82所示。

图11-82

03 在标题轨中双击需要制作描边特效的标题字幕，此时预览窗口中的标题字幕为选中状态，如图11-83所示。

04 在"编辑"选项面板中单击"边框/阴影/透明度"按钮，如图11-84所示。

05 弹出"边框/阴影/透明度"对话框，在其中选

中"外部边界"复选框，然后设置"边框宽度"为4.0，如图11-85所示。

图11-83

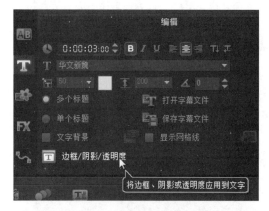

图11-84

图11-85

06 在右侧设置"线条色彩"为黑色，如图11-86所示。

07 执行上述操作后，单击"确定"按钮，即可设置描边字体，在预览窗口中可以预览描边字幕效果。

图11-86

11.3.3 制作标题突起特效

在会声会影X8中，为标题字幕设置突起特效，可以使标题字幕在视频中更加突出、明显。下面向读者介绍制作突起字幕的操作方法。

课堂案例	制作标题突起特效
案例位置	效果\第11章\顽强生命力2.VSP
视频位置	视频\第11章\课堂案例——制作标题突起特效.mp4
难易指数	★★★★☆
学习目标	掌握制作标题突起特效的操作方法

本实例最终效果如图11-87所示。

图11-87

① 进入会声会影编辑器，单击"文件"|"打开项目"命令，打开一个项目文件（素材\第11章\顽强生命力.VSP），如图11-88所示。

② 在预览窗口中，预览打开的项目效果，如图11-89所示。

图11-88

图11-89

③ 在标题轨中，双击需要制作突起特效的标题字幕，在"编辑"选项面板中单击"边框/阴影/透明度"按钮，弹出"边框/阴影/透明度"对话框，切换至"阴影"选项卡，如图11-90所示。

图11-90

④ 在选项卡中单击"突起阴影"按钮，设置X为8.0、Y为8.0如图11-91所示。

⑤ 单击下方的颜色色块，在弹出的颜色面板中选择黑色，如图11-92所示，为字幕添加黑色阴影。

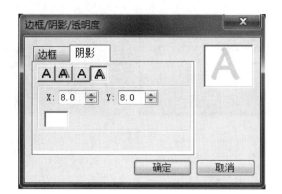

图11-91

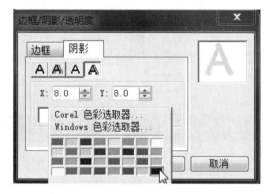

图11-92

⑥ 执行上述操作后，单击"确定"按钮，即可制作突起字幕效果，在预览窗口中可以预览突起字幕效果，如图11-93所示。

图11-93

11.3.4 制作标题光晕特效

在会声会影X8中，用户可以为标题字幕添加光晕特效，使其更加醒目。下面向读者介绍制作光晕字幕的操作方法。

课堂案例	制作标题光晕特效
案例位置	效果 \ 第 11 章 \ 可爱女孩 .VSP
视频位置	视频 \ 第 11 章 \ 课堂案例——制作标题光晕特效 .mp4
难易指数	★★★★☆
学习目标	掌握制作标题光晕特效的操作方法

本实例最终效果如图11-94所示。

图11-94

①① 进入会声会影编辑器，单击"文件"|"打开项目"命令，打开一个项目文件（素材\第11章\可爱女孩.VSP），如图11-95所示。

图11-95

②② 在预览窗口中，预览打开的项目效果，如图11-96所示。

图11-96

03 在标题轨中，双击需要制作光晕特效的标题字幕，此时预览窗口中的标题字幕为选中状态，如图11-97所示。

图11-97

04 在"编辑"选项面板中，单击"边框/阴影/透明度"按钮，弹出"边框/阴影/透明度"对话框，单击"阴影"标签，切换至"阴影"选项卡，如图11-98所示。

图11-98

05 在"阴影"选项卡中，单击"光晕阴影"按钮，在预览窗口中可以预览字幕效果，如图11-99所示。

图11-99

06 在其中设置"强度"为10.0、"光晕阴影色彩"为黄色、"光晕阴影柔化边缘"为60，对话框与字幕效果如图11-100所示。

图11-100

07 执行上述操作后，单击"确定"按钮，即可制作出光晕字幕，在预览窗口中可以预览光晕字幕效果。

技巧与提示

打开"边框/阴影/透明度"对话框，进入"阴影"选项卡，在"光晕阴影柔化边缘"数值框中，只能输入0至100之间的整数。

11.3.5 制作标题下垂特效

在会声会影X8中，为了让标题字幕更加美观，用户可以为标题字幕添加下垂阴影效果。下面向读者介绍制作下垂字幕的操作方法。

课堂案例	制作标题下垂特效
案例位置	效果\第11章\圣诞快乐.VSP
视频位置	视频\第11章\课堂案例——制作标题下垂特效.mp4
难易指数	★★★☆☆
学习目标	掌握制作标题下垂特效的操作方法

本实例最终效果如图11-101所示。

图11-101

01 进入会声会影编辑器，单击"文件"|"打开项目"命令，打开一个项目文件（素材\第11章\圣诞快乐.VSP），如图11-102所示。

02 在预览窗口中，预览打开的项目效果，如图11-103所示。

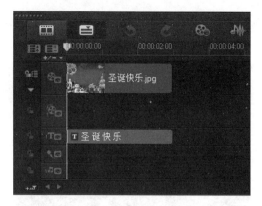

图11-102

图11-103

03 在标题轨中，双击需要制作下垂特效的标题字幕，此时预览窗口中的标题字幕为选中状态，如图11-104所示。

图11-104

04 在"编辑"选项面板中单击"边框/阴影/透明度"按钮，弹出"边框/阴影/透明度"对话框，切换至"阴影"选项卡，单击"下垂阴影"按钮，在其中设置X为5.0、Y为5.0、"下垂阴影色彩"为黑色，如图11-105所示。

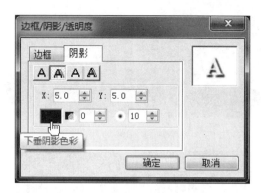

图11-105

05 执行上述操作后，单击"确定"按钮，即可制作下垂字幕，在预览窗口中可以预览下垂字幕效果。

11.4 字幕动画特效精彩应用

在影片中创建标题后，会声会影X8还可以为标题添加动画效果。用户可套用83种生动活泼、动感十足的标题动画。本节主要向读者介绍字幕动画特效的制作方法，主要包括淡化动画、弹出动画、翻转动画、飞行动画、缩放动画以及下降动画等。

11.4.1 应用淡化动画特效

在会声会影X8中，淡入淡出的字幕效果在当前的各种影视节目中是最常见的字幕效果。下面介绍制作淡化动画的操作方法。

课堂案例	应用淡化动画特效
案例位置	效果\第11章\含羞待放.VSP
视频位置	视频\第11章\课堂案例——应用淡化动画特效.mp4
难易指数	★★★☆☆
学习目标	掌握应用淡化动画特效的操作方法

本实例最终效果如图11-106所示。

01 进入会声会影编辑器，单击"文件"|"打开项目"命令，打开一个项目文件（素材\第11章\含羞待放.VSP），如图11-107所示。

02 在标题轨中，双击需要制作淡化特效的标题字幕，此时预览窗口中的标题字幕为选中状态，如图11-108所示。

图11-106

图11-107

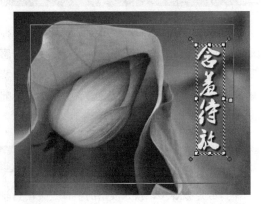

图11-108

（03）在"属性"选项面板中，选中"动画"单选按钮和"应用"复选框，如图11-109所示。

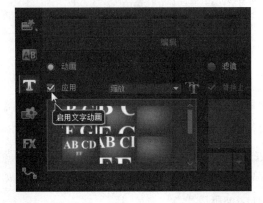

图11-109

（04）在下方的预设动画类型中选择相应的淡化样式，如图11-110所示。

图11-110

（05）在导览面板中单击"播放"按钮，预览字幕淡化动画特效。

11.4.2 应用弹出动画特效

在会声会影X8中，弹出效果是指可以使文字产生由画面上的某个分界线弹出显示的动画效果。下面介绍制作弹出动画的操作方法。

课堂案例	应用弹出动画特效
案例位置	效果\第 11 章\旅游随拍 .VSP
视频位置	视频\第 11 章\课堂案例——应用弹出动画特效 .mp4
难易指数	★★★☆☆
学习目标	掌握应用弹出动画特效的操作方法

本实例最终效果如图11-111所示。

图11-111

（01）进入会声会影编辑器，单击"文件"|"打开项目"命令，打开一个项目文件（素材\第11章\旅游随拍.VSP），如图11-112所示。

（02）在标题轨中，双击需要制作弹出特效的标题字幕，此时预览窗口中的标题字幕为选中状态，如图11-113所示。

（03）在"属性"选项面板中，选中"动画"单选

按钮和"应用"复选框，单击"类型"右侧的下拉
按钮，在弹出的列表框中选择"弹出"选项，如图
11-114所示。

图11-112

图11-113

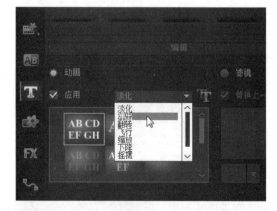

图11-114

④ 在下方的预设动画类型中选择相应的弹出样
式，如图11-115所示。

⑤ 在导览面板中单击"播放"按钮，预览字幕
弹出动画特效。

图11-115

11.4.3　应用翻转动画特效

在会声会影X8中，翻转动画可以使文字产生翻
转回旋的动画效果。下面向读者介绍制作翻转动画
的操作方法。

课堂案例	应用翻转动画特效
案例位置	效果\第11章\美丽新娘.VSP
视频位置	视频\第11章\课堂案例——应用翻转动画特效.mp4
难易指数	★★★☆☆
学习目标	掌握应用翻转动画特效的操作方法

本实例最终效果如图11-116所示。

图11-116

① 进入会声会影编辑器，单击"文件"|"打开
项目"命令，打开一个项目文件（素材\第11章\美
丽新娘.VSP），如图11-117所示。

图11-117

02 在标题轨中，双击需要制作翻转特效的标题字幕，此时预览窗口中的标题字幕为选中状态，如图11-118所示。

图11-118

03 在"属性"选项面板中，选中"动画"单选按钮和"应用"复选框，单击"类型"右侧的下拉按钮，在弹出的列表框中选择"翻转"选项，如图11-119所示。

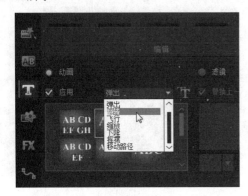

图11-119

04 在下方的预设动画类型中，选择相应的翻转动画样式，如图11-120所示。

图11-120

05 在导览面板中单击"播放"按钮，预览字幕翻转动画特效。

技巧与提示

当用户为字幕添加翻转动画特效后，在"属性"选项面板中单击"自定动画属性"按钮，在弹出的"翻转动画"对话框中，用户也可以设置字幕的翻转动画属性。

11.4.4 应用飞行动画特效

在会声会影X8中，飞行动画可以使视频效果中的标题字幕或者单词沿着一定的路径飞行。下面向读者介绍制作飞行动画的操作方法。

课堂案例	应用飞行动画特效
案例位置	效果\第11章\美丽凤凰.VSP
视频位置	视频\第11章\课堂案例——应用飞行动画特效.mp4
难易指数	★★★☆☆
学习目标	掌握应用飞行动画特效的操作方法

本实例最终效果如图11-121所示。

图11-121

01 进入会声会影编辑器，单击"文件"|"打开项目"命令，打开一个项目文件（素材\第11章\美丽凤凰.VSP），如图11-122所示。

图11-122

02 在标题轨中双击需要制作飞行特效的标题字幕，此时预览窗口中的标题字幕为选中状态，如图11-123所示。

图11-123

03 在"属性"选项面板中，选中"动画"单选按钮和"应用"复选框，单击"类型"右侧的下拉按钮，在弹出的列表框中选择"飞行"选项，如图11-124所示。

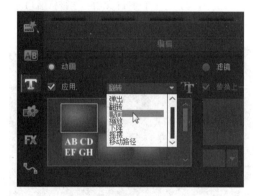

图11-124

04 在下方的预设动画类型中，选择相应的飞行动画样式，如图11-125所示。

图11-125

05 在导览面板中单击"播放"按钮，预览字幕飞行动画特效。

11.4.5 应用缩放动画特效

在会声会影X8中，缩放动画可以使文字在运动的过程中产生放大或缩小的变化。下面向读者介绍制作缩放动画的操作方法。

课堂案例	应用缩放动画特效
案例位置	效果\第11章\成功的起点.VSP
视频位置	视频\第11章\课堂案例——应用缩放动画特效.mp4
难易指数	★★★☆☆
学习目标	掌握应用缩放动画特效的操作方法

本实例最终效果如图11-126所示。

图11-126

01 进入会声会影编辑器，单击"文件"|"打开项目"命令，打开一个项目文件（素材\第11章\成功的起点.VSP），如图11-127所示。

图11-127

02 在标题轨中，双击需要制作缩放特效的标题字幕，此时预览窗口中的标题字幕为选中状态，如图11-128所示。

03 在"属性"选项面板中，选中"动画"单选按钮和"应用"复选框，单击"类型"右侧的下拉按钮，在弹出的列表框中选择"缩放"选项，如图11-129所示。

图11-128

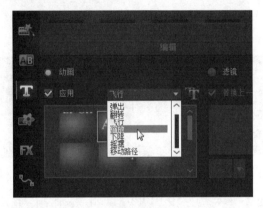

图11-129

04 在下方的预设动画类型中，选择相应的缩放动画样式，如图11-130所示。

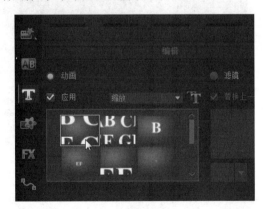

图11-130

技巧与提示

在会声会影X8中，向读者提供了8种不同的缩放动画样式，用户可根据需要进行选择。

05 在导览面板中单击"播放"按钮，预览字幕缩放动画特效。

11.4.6 应用下降动画特效

在会声会影X8中，下降动画可以使文字在运动过程中由大到小逐渐变化。下面向读者介绍制作下降动画的操作方法。

课堂案例	应用下降动画特效
案例位置	效果\第11章\乡村风景.VSP
视频位置	视频\第11章\课堂案例——应用下降动画特效.mp4
难易指数	★★★☆☆
学习目标	掌握应用下降动画特效的操作方法

本实例最终效果如图11-131所示。

图11-131

01 进入会声会影编辑器，单击"文件"|"打开项目"命令，打开一个项目文件（素材\第11章\乡村风景.VSP），如图11-132所示。

图11-132

02 在标题轨中，双击需要制作下降特效的标题字幕，此时预览窗口中的标题字幕为选中状态，如图11-133所示。

03 在"属性"选项面板中，选中"动画"单选按钮和"应用"复选框，单击"类型"右侧的下拉按钮，在弹出的列表框中选择"下降"选项，如图11-134所示。

04 在下方的预设动画类型中，选择相应的下降动画样式，如图11-135所示。

图11-133

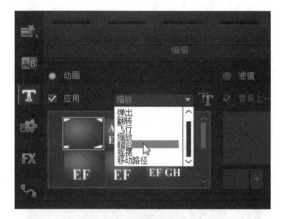

图11-134

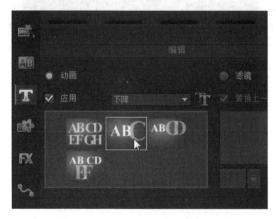

图11-135

⑤ 在导览面板中单击"播放"按钮，预览字幕下降动画特效。

技巧与提示

在会声会影X8中，为用户提供了4种不同的下降动画样式，可根据需要进行选择。

11.4.7 应用摇摆动画特效

在会声会影X8中，摇摆动画可以使视频效果中的标题字幕产生左右摇摆运动的效果。下面向读者介绍制作摇摆动画的操作方法。

课堂案例	应用摇摆动画特效
案例位置	效果 \ 第11章 \ 父爱如山 .VSP
视频位置	视频 \ 第11章 \ 课堂案例——应用摇摆动画特效 .mp4
难易指数	★★★☆☆
学习目标	掌握应用摇摆动画特效的操作方法

本实例最终效果如图11-136所示。

图11-136

① 进入会声会影编辑器，单击"文件"|"打开项目"命令，打开一个项目文件（素材\第11章\父爱如山.VSP），如图11-137所示。

图11-137

技巧与提示

当用户为字幕添加摇摆动画特效后，在"属性"选项面板中单击"自定动画属性"按钮，在弹出的"摇摆动画"对话框中，用户可以设置摇摆字幕动画的进入和离开方式，以及摇摆角度等属性。

② 在标题轨中双击需要制作摇摆特效的标题字幕，此时预览窗口中的标题字幕为选中状态，如图11-138所示。

图11-138

03 在"属性"选项面板中，选中"动画"单选按钮和"应用"复选框，单击"类型"右侧的下拉按钮，在弹出的列表框中选择"摇摆"选项，如图11-139所示。

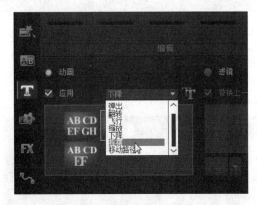

图11-139

04 在下方的预设动画类型中，选择相应的摇摆动画样式，如图11-140所示。

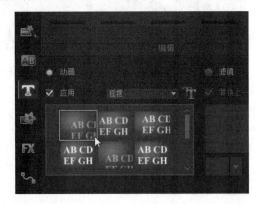

图11-140

05 在导览面板中单击"播放"按钮，预览字幕摇摆动画特效。

11.4.8 应用移动路径特效

在会声会影X8中，移动路径动画可以使视频效果中的标题字幕产生沿指路径运动的效果。下面向读者介绍制作移动路径动画的操作方法。

课堂案例	应用移动路径特效
案例位置	效果\第11章\景观欣赏.VSP
视频位置	视频\第11章\课堂案例——应用移动路径特效.mp4
难易指数	★★★☆☆
学习目标	掌握应用移动路径特效的操作方法

本实例最终效果如图11-141所示。

图11-141

01 进入会声会影编辑器，单击"文件"|"打开项目"命令，打开一个项目文件（素材\第11章\景观欣赏.VSP），如图11-142所示。

图11-142

02 在标题轨中，双击需要制作移动路径特效的标题字幕，此时预览窗口中的标题字幕为选中状态，如图11-143所示。

03 在"属性"选项面板中，选中"动画"单选按钮和"应用"复选框，单击"类型"右侧的下拉按钮，在弹出的列表框中选择"移动路径"选项，如图11-144所示。

04 在下方的预设动画类型中，选择相应的移动路径动画样式，如图11-145所示。

图11-143

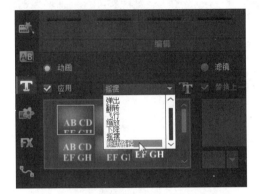

图11-144

图11-145

⑤ 在导览面板中单击"播放"按钮，预览字幕移动路径动画特效。

11.5 本章小结

在各类设计中，标题字幕是不可缺少的设计元素，它可以直接传达设计者的表达意图，好的标题字幕布局和设计效果会起到画龙点睛的作用。因此，对标题字幕的设计与编排是不容忽视的。制作

标题字幕的本身并不复杂，但是要制作出好的标题字幕还需要用户多加练习，这样对熟练掌握标题字幕有很大帮助。

本章通过大量的实例制作，全面、详尽地讲解了会声会影X8中标题字幕的创建、编辑以及动画设置的操作与技巧，以便用户更深入地掌握标题字幕功能。

11.6 习题测试——应用字幕动画特效

鉴于本章知识的重要性，为了帮助读者更好地掌握所学知识，本节将通过上机习题，帮助读者进行简单的知识回顾和补充。

案例位置	效果 \ 习题测试 \ 天使之翼 .VSP
难易指数	★★★★☆
学习目标	掌握应用字幕动画特效的操作方法

本习题需要掌握应用字幕动画特效的操作方法，最终效果如图11-146、图11-147所示。

图11-146

图11-147

第12章

视频音乐特效的制作

内容摘要

　　音频特效，简单地说就是声音特效。影视作品是一门声画艺术，音频在影片中也是一个不可或缺的元素，如果一部影片缺少了声音，再优美的画面也将黯然失色，而优美动听的背景音乐和深情款款的配音，不仅可以为影片起到锦上添花的作用，更可使影片颇具感染力，从而使影片更上一个台阶。

课堂学习目标

- 添加各种音乐素材
- 调节与剪辑音乐素材
- 音频效果案例实战精通

12.1 添加各种音乐素材

在会声会影X8中，提供了简单的方法向影片中加入背景音乐和语音。用户可以首先将自己的音频文件添加到素材库，以便以后能够快速调用。除此之外，用户还可以在会声会影X8中为视频录制旁白声音。本节主要向读者介绍添加与录制音频素材的操作方法。

12.1.1 从素材库中添加音乐

添加素材库中的音频是最常用的添加音频素材的方法，会声会影X8提供了多种不同类型的音频素材，用户可以根据需要从素材库中选择所需的音频素材。下面向读者介绍添加素材库中声音素材的操作方法。

课堂案例	从素材库中添加音乐
案例位置	效果\第12章\古典艺术.VSP
视频位置	视频\第12章\课堂案例——从素材库中添加音乐.mp4
难易指数	★★★☆☆
学习目标	掌握从素材库中添加音乐的操作方法

01 进入会声会影X8编辑器，在视频轨中插入一幅素材图像（素材\第12章\古典艺术.jpg），如图12-1所示。

图12-1

02 在预览窗口中，可以预览插入的素材图像效果，如图12-2所示。

03 在"媒体"素材库中，单击"显示音频文件"按钮，如图12-3所示。

04 执行操作后，即可显示素材库中音频素材，选择需要的音频素材，如图12-4所示。

图12-2

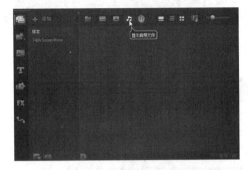

图12-3

图12-4

05 在音频素材上，单击鼠标左键并拖曳至语音轨中的开始位置，如图12-5所示。

图12-5

06 释放鼠标左键，即可添加音频素材，如图12-6所示，单击"播放"按钮，可试听音频效果。

图12-6

12.1.2 从硬盘中添加音乐

在会声会影X8中，可以将硬盘中的音频文件直接添加至当前的语音轨或音乐轨中。下面向读者介绍从硬盘文件夹中添加音频的操作方法。

课堂案例	从硬盘中添加音乐
案例位置	效果 \ 第 12 章 \ 秋天的童话 .VSP
视频位置	视频 \ 第 12 章 \ 课堂案例——从硬盘中添加音乐 .mp4
难易指数	★★★☆☆
学习目标	掌握从硬盘中添加音乐的操作方法

01 进入会声会影X8编辑器，在视频轨中插入一幅素材图像（素材\第12章\秋天的童话.jpg），如图12-7所示。

图12-7

02 在预览窗口中，可以预览插入的素材图像效果，如图12-8所示。

03 在时间轴的空白位置处，单击鼠标右键，在弹出的快捷菜单中选择"插入音频"|"到语音轨"选项，如图12-9所示。

图12-8

图12-9

技巧与提示

在会声会影X8中的时间轴空白位置上，单击鼠标右键，在弹出的快捷菜单中选择"插入音频"|"到音乐轨"选项，也可以将硬盘中的音频文件添加至时间轴面板的音乐轨中。

04 弹出相应对话框，选择音频文件（素材\第12章\秋天的童话.mp3），如图12-10所示。

图12-10

05 单击"打开"按钮，即可从硬盘文件夹中将音频文件添加至语音轨中，如图12-11所示。

图12-11

12.1.3 从面板中添加自动音乐

自动音乐是会声会影X8自带的一个音频素材库，同一个音乐有许多变化的风格供用户选择，从而使素材更加丰富。下面向读者介绍添加自动音乐的操作方法。

课堂案例	从面板中添加自动音乐
案例位置	无
视频位置	视频\第12章\课堂案例——从面板中添加自动音乐.mp4
难易指数	★★★☆☆
学习目标	掌握从面板中添加自动音乐的操作方法

01 进入会声会影X8编辑器，单击"自动音乐"按钮，展开"自动音乐"选项面板，在"类别"选项中，选择一种风格，如图12-12所示。

图12-12

02 在"歌曲"选项中选择一种音乐，在弹出的"版本"列表框中选择一种格式，如图12-13所示。

图12-13

03 单击"自动音乐"选项面板中的"播放选取的歌曲"按钮，如图12-14所示。

图12-14

04 播放至合适位置后，单击"停止"按钮，如图12-15所示。

图12-15

05 取消选中"自动音乐"选项面板中的"自动修剪"复选框，然后单击"添加到时间轴"按钮，如图12-16所示。

06 执行上述操作后，即可在时间轴面板的音乐轨中添加自动音乐，如图12-17所示。

图12-16

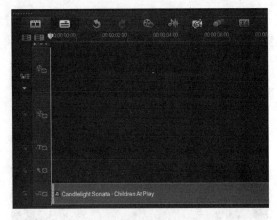

图12-17

12.1.4 从CD中添加音乐

在会声会影X8中，用户可以将CD光盘中的音频文件直接添加至当前影片中，而不需要添加至"音频"素材库中。

课堂案例	从 CD 中添加音乐
案例位置	无
视频位置	视频\第 12 章\课堂案例——从 CD 中添加音乐 .mp4
难易指数	★★★★☆
学习目标	掌握从 CD 中添加音乐的操作方法

01 将CD光盘放入光驱中，进入会声会影编辑器，在时间轴面板上单击"录制/捕获选项"按钮 ，如图12-18所示。

图12-18

02 弹出"录制/捕获选项"对话框，单击"从音频CD导入"按钮，如图12-19所示。

图12-19

03 执行操作后，弹出"转存CD音频"对话框，如图12-20所示。

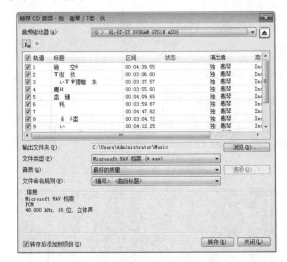

图12-20

04 在列表框中选择需要的音频文件，并在对应的"轨道"列中选中相应的复选框，单击"浏览"按钮，如图12-21所示。

05 执行操作后，弹出"浏览文件夹"对话框，在其中选择需要存放CD音乐的文件夹位置，如图12-22所示。

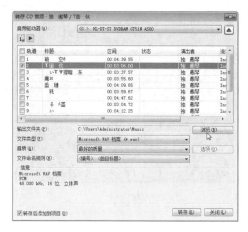

图12-21

图12-22

 技巧与提示

很多CD光盘上的音乐，其制作都非常精良，音质也相当不错，作为家庭影片的背景音乐，是一种非常好的音频素材。

06 设置完成后，单击"确定"按钮，返回对话框，其中显示了刚设置的文件夹位置，单击"转存"按钮，如图12-23所示。

07 即可开始转存文件，并在"状态"列中显示当前状态，如图12-24所示。

08 转存完成后，在"状态"列中显示了"完成"状态，表示音乐文件已经转存完成，如图12-25所示。

09 在"转存CD音频"对话框中，单击"关闭"按钮，关闭对话框，返回会声会影编辑器，在音乐轨中显示了刚才添加的CD音乐，如图12-26所示。

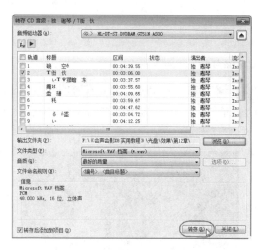

图12-23

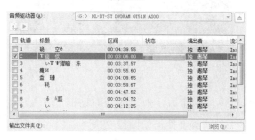

图12-24

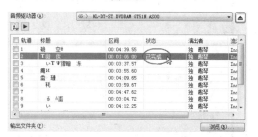

图12-25

图12-26

12.1.5　从U盘中添加音乐

在会声会影X8中，用户不仅可以添加CD光盘中的音乐，还可以将移动U盘或移动硬盘中的背景音乐添加到影片中。下面向读者介绍添加U盘音乐的操作方法。

课堂案例	从U盘中添加音乐
案例位置	无
视频位置	视频\第12章\课堂案例——从U盘中添加音乐.mp4
难易指数	★★☆☆☆
学习目标	掌握从U盘中添加音乐的操作方法

01 进入会声会影X8编辑器，在时间轴的空白位置处，单击鼠标右键，在弹出的快捷菜单中选择"插入音频"|"到音乐轨"选项，如图12-27所示。

图12-27

02 执行操作后，弹出相应对话框，在其中选择U盘中的音频文件，如图12-28所示。

图12-28

03 单击"打开"按钮，即可从移动U盘中将音频文件添加至时间轴面板的音乐轨中，如图12-29所示。

技巧与提示

用户可以通过"计算机"窗口，打开U盘文件夹，在其中选择需要的音乐文件后，将音乐文件直接拖曳至会声会影X8编辑器的语音轨或音乐轨中，也可以快速应用音乐文件。

图12-29

12.1.6 手动录制语音旁白

在会声会影X8中，用户不仅可以从硬盘或CD光盘中获取音频，还可以使用会声会影软件录制声音旁白。

课堂案例	手动录制语音旁白
案例位置	无
视频位置	视频\第12章\课堂案例——手动录制语音旁白.mp4
难易指数	★★★☆☆
学习目标	掌握手动录制语音旁白的操作方法

01 将麦克风插入用户的计算机中，进入会声会影编辑器，在时间轴面板上单击"录制/捕获选项"按钮，如图12-30所示。

图12-30

02 弹出"录制/捕获选项"对话框，单击"画外音"按钮，如图12-31所示。

03 弹出"调整音量"对话框，单击"开始"按钮，如图12-32所示。

04 执行操作后，开始录音。录制完成后，按Esc键停止录制，录制的音频即可添加至语音轨中，如图12-33所示。

图12-31

图12-32

12.2 调节与剪辑音乐素材

在会声会影X8中，将声音或背景音乐添加到音

乐轨或语音轨中后，用户可以根据需要对音频素材的音量进行调节，还可以对音频文件进行修整操作，使制作的背景音乐更加符合用户的需求。本节主要向读者介绍调节与剪辑音频素材的操作方法。

12.2.1 通过数值框调节音量

在会声会影X8中，调节整段素材音量，可分别选择时间轴中的各个轨，然后在选项面板中对相应的音量控制选项进行调节。下面介绍调节整段音频的音量的操作方法。

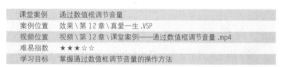

课堂案例	通过数值框调节音量
案例位置	效果\第12章\真爱一生.VSP
视频位置	视频\第12章\课堂案例——通过数值框调节音量.mp4
难易指数	★★★☆☆
学习目标	掌握通过数值框调节音量的操作方法

01 进入会声会影编辑器，单击"文件"|"打开项目"命令，打开一个项目文件（素材\第12章\真爱一生.VSP），如图12-34所示。

图12-34

02 在预览窗口中预览打开的项目效果，如图12-35所示。

图12-35

03 在时间轴面板中，选择语音轨中的音频文件，如图12-36所示。

图12-36

04 展开"音乐和语音"选项面板，在"素材音量"右侧的数值框中，输入220，如图12-37所示，即可调整素材音量。单击"播放"按钮，试听音频效果。

图12-37

12.2.2 通过关键帧调节音量

在会声会影X8中，用户不仅可以通过选项面板调整音频的音量，还可以通过调节线调整音量。下面介绍通过关键帧调节音量的操作方法。

课堂案例	通过关键帧调节音量
案例位置	效果\第12章\海边美景.VSP
视频位置	视频\第12章\课堂案例——通过关键帧调节音量.mp4
难易指数	★★★★☆
学习目标	掌握通过关键帧调节音量的操作方法

01 进入会声会影编辑器，单击"文件"|"打开项目"命令，打开一个项目文件（素材\第12章\海边美景.VSP），如图12-38所示。

图12-38

02 在预览窗口中预览打开的项目效果，如图12-39所示。

图12-39

03 在时间轴面板的语音轨中，选择音频文件，单击"混音器"按钮，如图12-40所示。

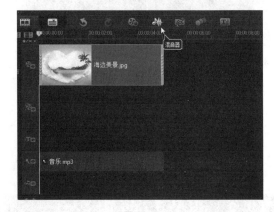

图12-40

04 切换至混音器视图，将鼠标指针移至音频文件中间的红色音量调节线上，此时鼠标指针呈向上箭头形状，如图12-41所示。

图12-41

⑤　单击鼠标左键并向上拖曳，至合适位置后释放鼠标左键，即可在音频中添加关键帧点，放大音频的音量，如图12-42所示。

图12-42

⑥　将鼠标移至另一个位置，单击鼠标左键并向下拖曳，添加第二个关键帧点，调小音频的音量。如图12-43所示。

图12-43

⑦　用与上述同样的方法，添加另外两个关键帧点，如图12-44所示，即可完成使用音量调节线调节音量的操作。

图12-44

技巧与提示

在会声会影X8中，音量调节线是轨道中央的水平线条，仅在混音器视图中可以看到。在这条线上可以添加关键帧，关键帧点的高低决定着此处音频的音量大小。关键帧向上拖曳时，表示将音频的音量放大；关键帧向下拖曳时，表示将音频的音量调小。

12.2.3　通过混音器调节音量

在会声会影X8中，混音器可以动态调整音量调节线，它允许在播放影片项目的同时，实时调整某个轨道素材任意一点的音量。如果用户的乐感很好，借助混音器可以像专业混音师一样混合影片的声响效果。下面向读者介绍使用混音器调节素材音量的操作方法。

课堂案例	通过混音器调节音量
案例位置	效果\第12章\漫舞春天.VSP
视频位置	视频\第12章\课堂案例——通过混音器调节音量.mp4
难易指数	★★★★☆
学习目标	掌握通过混音器调节音量的操作方法

①　进入会声会影编辑器，单击"文件"|"打开项目"命令，打开一个项目文件（素材\第12章\漫舞春天.VSP），如图12-45所示。

②　在预览窗口中可以预览打开的项目效果，如图12-46所示。

③　单击时间轴面板上方的"混音器"按钮，切换至混音器视图，在"环绕混音"选项面板中，单击"语音轨"按钮，如图12-47所示。

图12-45

图12-46

图12-47

04 执行上述操作后，即可选择要调节的音频轨道，在"环绕混音"选项面板中单击"播放"按钮，如图12-48所示。

图12-48

05 开始试听选择的轨道中的音频效果，并且在混音器中可以看到音量起伏的变化，如图12-49所示。

图12-49

06 单击"环绕混音"选项面板的"音量"按钮，并向下拖曳鼠标，如图12-50所示。

图12-50

技巧与提示

　　混音器是一种"动态"调整音量调节线的工具，它允许在播放影片项目的同时，实时调整音乐轨道素材任意一点的音量。

07 执行上述操作后，即可播放并实时调节音量，在语音轨中可查看音频调节效果，如图12-51所示。

图12-51

12.2.4　通过区间剪辑音乐

在会声会影X8中，使用区间修整音频可以精确控制声音或音乐的播放时间。下面向读者介绍使用区间修整音频的操作方法。

课堂案例	通过区间剪辑音乐
案例位置	效果＼第12章＼纹理.VSP
视频位置	视频＼第12章＼课堂案例——通过区间剪辑音乐.mp4
难易指数	★★★☆☆
学习目标	掌握通过区间剪辑音乐的操作方法

01 进入会声会影编辑器，单击"文件"|"打开项目"命令，打开一个项目文件（素材＼第12章＼纹理.VSP），如图12-52所示。

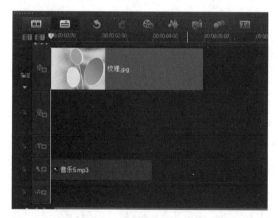

图12-52

02 在预览窗口可以预览打开的项目效果，如图12-53所示。

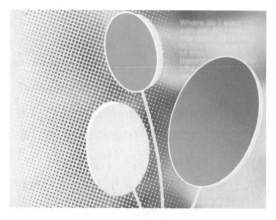

图12-53

03 选择语音轨中的音频素材，在"音乐和语音"选项面板中设置"区间"为0:00:06:00，如图12-54所示。

图12-54

04 执行上述操作后，即可使用区间修整音频，在时间轴面板中可以查看修整后的效果，如图12-55所示。

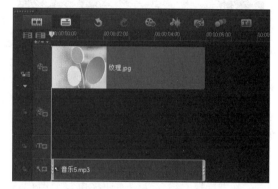

图12-55

12.2.5　通过标记剪辑音乐

在会声会影X8中，拖曳音频素材右侧的黄色标记来修整音频素材是最为快捷和直观的修整方式，但它的缺点是不容易精确地控制修剪的位置。下面向读者介绍使用标记修整音频的操作方法。

课堂案例	通过标记剪辑音乐
案例位置	效果＼第12章＼绿色.VSP
视频位置	视频＼第12章＼课堂案例——通过标记剪辑音乐.mp4
难易指数	★★★☆☆
学习目标	掌握通过标记剪辑音乐的操作方法

01 进入会声会影编辑器，单击"文件"|"打开项目"命令，打开一个项目文件（素材＼第12章＼绿色.VSP），如图12-56所示。

02 在语音轨中，选择需要进行修整的音频素材，将鼠标移至素材右侧的黄色标记上，如图12-57所示。

图12-56

图12-57

（03）单击鼠标左键，并向右侧拖曳，如图12-58所示。

图12-58

（04）至合适位置后，释放鼠标左键，即可使用黄色标记修整音频，效果如图12-59所示。

（05）单击"播放"按钮，试听修整后的音频文件，并查看视频画面效果，如图12-60所示。

图12-59

图12-60

12.2.6 通过修整栏剪辑音乐

在会声会影X8中，用户还可以通过修整栏修整音频素材，下面向读者介绍使用修整栏修整音频素材的操作方法。

课堂案例	通过修整栏剪辑音乐
案例位置	效果＼第12章＼花朵.VSP
视频位置	视频＼第12章＼课堂案例——通过修整栏剪辑音乐.mp4
难易指数	★★★☆☆
学习目标	掌握通过修整栏剪辑音乐的操作方法

（01）进入会声会影编辑器，单击"文件"|"打开项目"命令，打开一个项目文件（素材＼第12章＼花朵.VSP），如图12-61所示。

（02）在导览面板中，将鼠标移至结束修整标记上，此时鼠标指针呈黑色双向箭头形状，如图12-62所示。

（03）在结束修整标记上，单击鼠标左键并向左侧拖曳，直至时间标记显示为00:00:05:00为止，如图12-63所示，修整音频结束位置的区间长度。

图12-61

图12-62

图12-63

图12-64

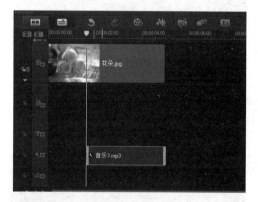

图12-65

图12-66

04 将鼠标移至开始修整标记上,单击鼠标左键并向右拖曳,直至时间标记显示为00:00:01:08为止,如图12-64所示,修整音频开始区间长度。

05 在时间轴面板中,可以查看修整后的音频区间,如图12-65所示。

06 单击"播放"按钮,试听修整后的音频文件,并查看视频画面效果,如图12-66所示。

12.2.7 调节整段音乐的速度

在会声会影X8中,用户可以设置音乐的速度和时间流逝,使它能够与影片更好地配合。下面向读者介绍调整音频播放速度的操作方法。

课堂案例	调节整段音乐的速度
案例位置	效果\第12章\美丽景象.VSP
视频位置	视频\第12章\课堂案例——调节整段音乐的速度.mp4
难易指数	★★★☆☆
学习目标	掌握调节整段音乐的速度的操作方法

01 进入会声会影编辑器，单击"文件"|"打开项目"命令，打开一个项目文件（素材\第12章\美丽景象.VSP），如图12-67所示。

图12-67

02 在语音轨中选择音频文件，在"音乐和语音"选项面板中单击"速度/时间流逝"按钮，如图12-68所示。

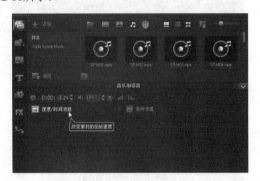

图12-68

03 弹出"速度/时间流逝"对话框，在其中设置各参数值，如图12-69所示。

图12-69

04 单击"确定"按钮，即可调整音频的播放速度，如图12-70所示。

图12-70

05 单击"播放"按钮，试听修整后的音频文件，并查看视频画面效果，如图12-71所示。

图12-71

12.3 音频效果案例实战精通

在会声会影X8中，用户可以将音频滤镜添加到声音或音乐轨的音频素材上，如减少嘶声滤镜、放大滤镜、混响滤镜、延迟滤镜以及变声滤镜等，应用这些音频滤镜，可以使用户制作的背景音乐的音效更加完美、动听。本节主要向读者介绍应用音频滤镜的操作方法。

12.3.1 应用淡入淡出音频滤镜

在会声会影X8中，使用淡入淡出的音频效果，可以避免音乐的突然出现和突然消失，使音乐能够有一种自然的过渡效果。下面向读者介绍添加淡入与淡出音频滤镜的操作方法。

课堂案例	应用淡入淡出音频滤镜
案例位置	无
视频位置	视频＼第12章＼课堂案例——应用淡入淡出音频滤镜.mp4
难易指数	★★★☆☆
学习目标	掌握应用淡入淡出音频滤镜的操作方法

01 打开媒体素材库，显示音频文件，在其中选择SP-M06音频素材，如图12-72所示。

图12-72

02 在选择的音频素材上，单击鼠标左键并拖曳至时间轴面板的语音轨道中，添加音频素材，如图12-73所示。

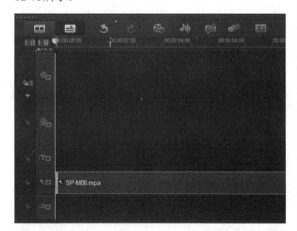

图12-73

03 打开"音乐和语音"选项面板，在其中单击"淡入"按钮和"淡出"按钮，如图12-74所示。

04 为音频添加淡入/淡出特效后，在时间轴面板上方，单击"混音器"按钮，如图12-75所示。

05 打开混音器视图，在其中可以查看淡入淡出的两个关键帧，如图12-76所示。

图12-74

图12-75

图12-76

技巧与提示

音乐的淡入/淡出效果是指一段音乐在开始时，音量由小渐大直到以正常的音量播放，而在即将结束时，则由正常的音量逐渐变小直至消失。这是一种常用的音频编辑效果，使用这种编辑效果，避免了音乐的突然出现和突然消失，使音乐能够有一种自然的过渡效果。

12.3.2 应用减少杂讯音频滤镜

在会声会影X8中，减少杂讯滤镜是指减少音频文件中的嘶嘶声，使音频听起来更加清晰。下面向读者介绍添加减少杂讯滤镜的操作方法。

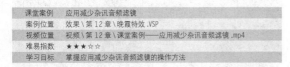

课堂案例	应用减少杂讯音频滤镜
案例位置	效果＼第 12 章＼晚霞特效 .VSP
视频位置	视频＼第 12 章＼课堂案例——应用减少杂讯音频滤镜 .mp4
难易指数	★★★☆☆
学习目标	掌握应用减少杂讯音频滤镜的操作方法

01 进入会声会影编辑器，单击"文件"|"打开项目"命令，打开一个项目文件（素材\第12章\晚霞特效.VSP），如图12-77所示。

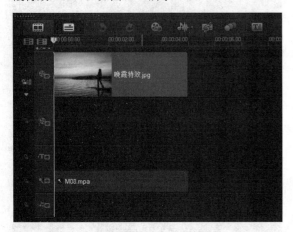

图12-77

02 在语音轨中，双击需要添加音频滤镜的素材，如图12-78所示。

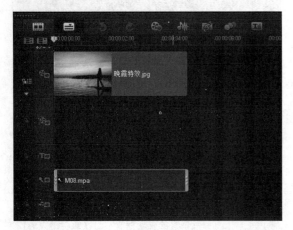

图12-78

03 打开"音乐和语音"选项面板，单击"音频滤镜"按钮，弹出"音频滤镜"对话框，在"可用滤镜"列表框中选择"减少杂讯"选项，如图12-79所示。

图12-79

04 单击"添加"按钮，选择的滤镜即可显示在"已用滤镜"列表框中，如图12-80所示。

图12-80

05 单击"确定"和"播放"按钮，试听音频滤镜特效，查看视频画面效果，如图12-81所示。

图12-81

12.3.3 应用放大音频滤镜

在会声会影X8中，使用放大音频滤镜可以对音频文件的声音进行放大处理，该滤镜样式适合放在各种音频音量较小的素材中。

课堂案例	应用放大音频滤镜
案例位置	效果\第12章\山水美景.VSP
视频位置	视频\第12章\课堂案例——应用放大音频滤镜.mp4
难易指数	★★★☆☆
学习目标	掌握应用放大音频滤镜的操作方法

01 进入会声会影编辑器，单击"文件"|"打开项目"命令，打开一个项目文件（素材\第12章\山水美景.VSP），如图12-82所示。

图12-82

02 在语音轨中，双击需要添加音频滤镜的素材，如图12-83所示。

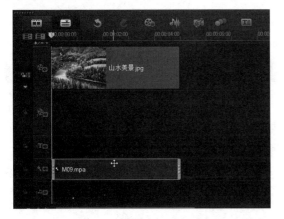

图12-83

03 打开"音乐和语音"选项面板，单击"音频滤镜"按钮，弹出"音频滤镜"对话框，在"可用滤镜"列表框中选择"放大"选项，如图12-84所示。

04 单击"添加"按钮，选择的滤镜即可显示在"已用滤镜"列表框中，如图12-85所示。

05 单击"确定"和"播放"按钮，试听音频滤镜特效，查看视频画面效果，如图12-86所示。

图12-84

图12-85

图12-86

12.3.4 应用清除器音频滤镜

在会声会影X8中，使用清除器音频滤镜可以对音频文件中点击的声音进行清除处理。下面向读者介绍添加清除器滤镜的操作方法。

课堂案例	应用清除器音频滤镜
案例位置	效果\第12章\咖啡.VSP
视频位置	视频\第12章\课堂案例——应用清除器音频滤镜.mp4
难易指数	★★★☆☆
学习目标	掌握应用清除器音频滤镜的操作方法

01 进入会声会影编辑器，单击"文件"|"打开项目"命令，打开一个项目文件（素材\第12章\咖啡.VSP），如图12-87所示。

02 在语音轨中，双击需要添加音频滤镜的素材，如图12-88所示。

图12-87

图12-88

03 打开"音乐和语音"选项面板，单击"音频滤镜"按钮，弹出"音频滤镜"对话框，在"可用滤镜"列表框中选择"NewBlue清除器"选项，如图12-89所示。

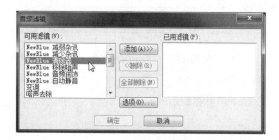

图12-89

04 单击"添加"按钮，选择的滤镜即可显示在"已用滤镜"列表框中，如图12-90所示。

05 单击"确定"和"播放"按钮，试听音频滤镜特效，查看视频画面效果，如图12-91所示。

图12-90

图12-91

12.3.5 应用长回音音频滤镜

在会声会影X8中，使用长回音音频滤镜样式可以为音频文件添加回音效果，该滤镜样式适合放在比较梦幻的视频素材当中。

课堂案例	应用长回音音频滤镜
案例位置	效果\第12章\镯子.VSP
视频位置	视频\第12章\课堂案例——应用长回音音频滤镜.mp4
难易指数	★★★☆☆
学习目标	掌握应用长回音音频滤镜的操作方法

01 进入会声会影编辑器，单击"文件"|"打开项目"命令，打开一个项目文件（素材\第12章\镯子.VSP），如图12-92所示。

02 在语音轨中，双击需要添加音频滤镜的素材，如图12-93所示。

03 打开"音乐和语音"选项面板，单击"音频滤镜"按钮，弹出"音频滤镜"对话框，在"可用滤镜"列表框中选择"长回音"选项，如图12-94所示。

图12-92

图12-93

图12-94

04 单击"添加"按钮，选择的滤镜即可显示在"已用滤镜"列表框中，如图12-95所示。

图12-95

05 单击"确定"和"播放"按钮，试听音频滤镜特效，查看视频画面效果，如图12-96所示。

图12-96

12.3.6 应用变调音频滤镜

在会声会影X8中，使用变调音频滤镜可以对现有的音频文件声音进行处理，使其变成另外一种声音特效，即声音变调处理。

课堂案例	应用变调音频滤镜
案例位置	效果\第12章\树叶.VSP
视频位置	视频\第12章\课堂案例——应用变调音频滤镜.mp4
难易指数	★★★☆☆
学习目标	掌握应用变调音频滤镜的操作方法

01 进入会声会影编辑器，单击"文件"|"打开项目"命令，打开一个项目文件（素材\第12章\树叶.VSP），如图12-97所示。

图12-97

02 在语音轨中，双击需要添加音频滤镜的素材，如图12-98所示。

03 打开"音乐和语音"选项面板，单击"音频滤镜"按钮，弹出"音频滤镜"对话框，在"可用滤镜"列表框中选择"变调"选项，如图12-99所示。

图12-98

图12-99

④ 单击"添加"按钮，选择的滤镜即可显示在"已用滤镜"列表框中，如图12-100所示。

图12-100

⑤ 单击"确定"和"播放"按钮，试听音频滤镜特效，查看视频画面效果，如图12-101所示。

图12-101

12.3.7 应用删除噪音音频滤镜

在会声会影X8中，使用删除噪音音频滤镜可以对音频文件中的噪声进行处理，该滤镜适合用在有噪音的音频文件中。

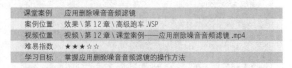

课堂案例	应用删除噪音音频滤镜
案例位置	效果\第12章\高级跑车.VSP
视频位置	视频\第12章\课堂案例——应用删除噪音音频滤镜.mp4
难易指数	★★★☆☆
学习目标	掌握应用删除噪音音频滤镜的操作方法

① 进入会声会影编辑器，单击"文件"|"打开项目"命令，打开一个项目文件（素材\第12章\高级跑车.VSP），如图12-102所示。

图12-102

② 在语音轨中，双击需要添加音频滤镜的素材，如图12-103所示。

图12-103

③ 打开"音乐和语音"选项面板，单击"音频滤镜"按钮，弹出"音频滤镜"对话框，在"可用滤镜"列表框中选择"删除噪音"选项，如图12-104所示。

图12-104

④ 单击"添加"按钮，选择的滤镜即可显示在"已用滤镜"列表框中，如图12-105所示。

图12-105

⑤ 单击"确定"和"播放"按钮，试听音频滤镜特效，查看视频画面效果，如图12-106所示。

图12-106

12.3.8 应用混响音频滤镜

在会声会影X8中，使用混响音频滤镜可以为音频文件添加混响效果，该滤镜样式适合放在比较热闹的视频场景中作为背景音效。

课堂案例	应用混响音频滤镜
案例位置	效果\第12章\夏日.VSP
视频位置	视频\第12章\课堂案例——应用混响音频滤镜.mp4
难易指数	★★★☆☆
学习目标	掌握应用混响音频滤镜的操作方法

① 进入会声会影编辑器，单击"文件"|"打开项目"命令，打开一个项目文件（素材\第12章\夏日.VSP），如图12-107所示。

图12-107

② 在语音轨中，双击需要添加音频滤镜的素材，如图12-108所示。

图12-108

③ 打开"音乐和语音"选项面板，单击"音频滤镜"按钮，弹出"音频滤镜"对话框，在"可用滤镜"列表框中选择"混响"选项，如图12-109所示。

图12-109

④ 单击"添加"按钮，选择的滤镜即可显示在"已用滤镜"列表框中，如图12-110所示。

图12-110

05 单击"确定"和"播放"按钮，试听音频滤镜特效，查看视频画面效果，如图12-111所示。

图12-111

12.4 本章小结

优美动听的背景音乐和款款深情的配音，不仅可以为影片起到锦上添花的作用，更使影片颇具感染力，从而使影片更上一个台阶。本章主要介绍了如何使用会声会影X8来为影片添加背景音乐或声音，以及如何编辑音频文件和合理地混合各音频文件，以便得到满意的效果。通过本章的学习，可以使读者掌握和了解在影片中，音频的添加与混合效果的制作，从而为自己的影视作品做出完美的音乐环境。

12.5 习题测试——应用自动静音滤镜

鉴于本章知识的重要性，为了帮助读者更好地掌握所学知识，本节将通过上机习题，帮助读者进行简单的知识回顾和补充。

案例位置	无
难易指数	★★★★☆
学习目标	掌握应用自动静音滤镜的操作方法

本习题需要掌握应用自动静音滤镜的操作方法，操作过程如图12-112、图12-113所示。

图12-112

图12-113

第13章

输出与刻录视频素材

内容摘要

　　通过会声会影X8中的"输出"步骤选项面板，可以将编辑完成的影片进行渲染以及输出成视频文件。在会声会影X8中，视频编辑完成后，最后的工作就是刻录了。会声会影X8提供了多种刻录方式，以满足不同用户的需要。本章主要介绍渲染与输出视频文件的各种操作方法，包括渲染输出影片、输出影片模版、输出影片音频以及刻录光盘等内容。

课堂学习目标

● 渲染输出各种媒体文件
● 创建各种输出格式模版
● 转换各种视频与音频格式

13.1 渲染输出各种媒体文件

经过一系列烦琐编辑后，用户便可将编辑完成的影片输出成视频及音频文件了。通过会声会影X8中提供的"输出"步骤面板，可以将编辑完成的影片进行渲染输出成视频及音频文件。主要包括输出AVI视频、MPEG视频、MP4视频等内容，希望读者熟练掌握本节视频及音频的输出技巧。

13.1.1 渲染输出AVI视频

AVI主要应用在多媒体光盘上，用来保存电视、电影等各种影像信息，它的优点是兼容性好，图像质量好，只是输出的尺寸和容量偏大。下面向读者介绍输出AVI视频文件的操作方法。

课堂案例	渲染输出 AVI 视频
案例位置	效果\第 13 章\凤凰水车 .avi
视频位置	视频\第 13 章\课堂案例——渲染输出 AVI 视频 .mp4
难易指数	★★★★☆
学习目标	掌掌握渲染输出 AVI 视频的操作方法

本实例最终效果如图13-1所示。

图13-1

01 进入会声会影编辑器，单击"文件"|"打开项目"命令，打开一个项目文件（素材\第13章\凤凰水车. VSP），如图13-2所示。

02 在编辑器的上方单击"输出"标签，切换至 输出 步骤面板，如图13-3所示。

03 在上方面板中，选择 AVI 选项，如图13-4所示。

04 在下方面板中，单击"文件位置"右侧的"浏览"按钮，如图13-5所示。

05 弹出"浏览"对话框，从中设置视频文件的输出名称与输出位置，如图13-6所示。

图13-2

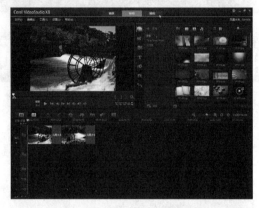

图13-3

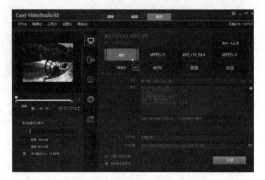

图13-4

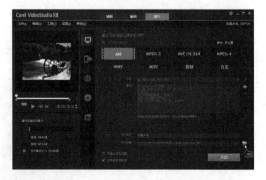

图13-5

图13-6

06 设置完成后，单击"保存"按钮，返回会声会影编辑器，单击下方的"开始"按钮，开始渲染视频文件，并显示渲染进度，如图13-7所示。稍等片刻待视频文件输出完成后，弹出信息提示框，提示用户视频文件建立成功，单击"确定"按钮，完成输出AVI视频的操作。

图13-7

07 在预览窗口中单击"播放"按钮，预览输出的AVI视频画面效果。

13.1.2　渲染输出MPEG视频

在影视后期输出中，有许多视频文件需要输出MPEG格式，网络上很多视频文件的格式也是MPEG格式的。下面向读者介绍输出MPEG视频文件的操作方法。

课堂案例	渲染输出 MPEG 视频
案例位置	效果\第 13 章\柠檬水果 .mpg
视频位置	视频\第 13 章\课堂案例——渲染输出 MPEG 视频 .mp4
难易指数	★★★☆☆
学习目标	掌握渲染输出 MPEG 视频的操作方法

本实例最终效果如图13-8所示。

图13-8

01 进入会声会影编辑器，单击"文件"|"打开项目"命令，打开一个项目文件（素材\第13章\柠檬水果. VSP），如图13-9所示。

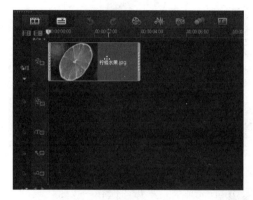

图13-9

02 在编辑器的上方，单击"输出"标签，切换至"输出"步骤面板，在上方面板中，选择**MPEG-2**选项，如图13-10所示，是指输出为MPEG格式的视频。

图13-10

03 在下方面板中，单击"文件位置"右侧的"浏览"按钮，如图13-11所示。

287

图13-11

04 弹出"浏览"对话框，在其中设置视频文件的输出名称与输出位置，如图13-12所示。

图13-12

05 设置完成后，单击"保存"按钮，返回会声会影编辑器，单击下方的"开始"按钮，开始渲染视频文件，并显示渲染进度，稍等片刻待视频文件输出完成后，弹出信息提示框，提示用户视频文件建立成功，如图13-13所示。单击"确定"按钮，完成输出MPEG视频的操作。

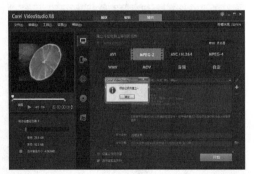

图13-13

06 在预览窗口中单击"播放"按钮，预览输出的MPEG视频画面效果。

13.1.3 渲染输出MP4视频

MP4全称MPEG-4 Part 14，是一种使用MPEG-4的多媒体电脑档案格式，文件格式名为.mp4。MP4格式的优点是应用广泛，这种格式在大多数播放软件、非线性编辑软件以及智能手机中都能播放。下面向读者介绍输出MP4视频文件的操作方法。

课堂案例	渲染输出 MP4 视频
案例位置	效果 \ 第 13 章 \ 花语 .mp4
视频位置	视频 \ 第 13 章 \ 课堂案例——渲染输出 MP4 视频 .mp4
难易指数	★★★☆☆
学习目标	掌握渲染输出 MP4 视频的操作方法

本实例最终效果如图13-14所示。

图13-14

01 进入会声会影编辑器，单击"文件"|"打开项目"命令，打开一个项目文件（素材\第13章\花语.mpg），如图13-15所示。

图13-15

02 在编辑器的上方，单击"输出"标签，切换至"输出"步骤面板，在上方面板中，选择**MPEG-4**选项，如图13-16所示。

03 在下方面板中，单击"文件位置"右侧的"浏览"按钮，弹出"浏览"对话框，在其中设置视频文件的输出名称与输出位置，如图13-17所示。

图13-16

图13-17

④ 设置完成后，单击"保存"按钮，返回会声会影编辑器，单击下方的"开始"按钮，开始渲染视频文件，并显示渲染进度，如图13-18所示。稍等片刻待视频文件输出完成后，弹出信息提示框，提示用户视频文件建立成功，单击"确定"按钮，完成输出MP4视频的操作。

图13-18

⑤ 在预览窗口中单击"播放"按钮，预览输出的MP4视频画面效果。

13.1.4 渲染输出WMA音频

WMA格式可以通过减少数据流量但保持音质的方法，来达到更高的压缩率目的。下面向读者介绍输出WMA音频文件的操作方法。

课堂案例	渲染输出 WMA 音频
案例位置	效果 \ 第 13 章 \ 城市风貌 .wma
视频位置	视频 \ 第 13 章 \ 课堂案例——渲染输出 WMA 音频 .mp4
难易指数	★★★☆☆
学习目标	掌握渲染输出 WMA 音频的操作方法

本实例最终效果如图13-19所示。

图13-19

① 单击"文件"|"打开项目"命令，打开一个项目文件（素材\第13章\城市风貌.VSP），如图13-20所示。

图13-20

② 在编辑器的上方，单击"输出"标签，切换至"输出"步骤面板，在上方面板中，选择 音频 选项，如图13-21所示。

图13-21

03 在下方的面板中，单击"格式"右侧的下三角按钮，在弹出的列表框中选择选项，如图13-22所示。

图13-22

04 在下方面板中，单击"文件位置"右侧的"浏览"按钮，弹出"浏览"对话框，在其中设置音频文件的输出名称与输出位置，如图13-23所示。

图13-23

05 设置完成后，单击"保存"按钮，返回会声会影编辑器，单击下方的"开始"按钮，开始渲染音频文件，并显示渲染进度。稍等片刻待音频文件输出完成后，弹出信息提示框，提示用户音频文件建立成功，如图13-24所示。单击"确定"按钮，完成输出WMA音频的操作。

图13-24

06 在预览窗口中单击"播放"按钮，试听输出的WMA音频文件，并预览视频画面效果。

13.1.5 渲染输出WAV音频

WAV格式是微软公司开发的一种声音文件格式，又称之为波形声音文件。下面向读者介绍输出WAV音频文件的操作方法。

课堂案例	渲染输出 WAV 音频
案例位置	效果 \ 第 13 章 \ 高原湖水 .wav
视频位置	视频 \ 第 13 章 \ 课堂案例——渲染输出 WAV 音频 .mp4
难易指数	★★★☆☆
学习目标	掌握渲染输出 WAV 音频的操作方法

本实例最终效果如图13-25所示。

图13-25

01 进入会声会影编辑器，单击"文件"|"打开项目"命令，打开一个项目文件（素材\第13章\高原湖水.VSP），如图13-26所示。

图13-26

02 在编辑器的上方，单击"输出"标签，切换至"输出"步骤面板，在上方面板中，选择 音频 选项，如图13-27所示。

图13-27

03 在下方的面板中单击"格式"右侧的下三角按钮,在弹出的列表框中选择 WAV 音频 选项,如图13-28所示。

图13-28

04 单击"文件位置"右侧的"浏览"按钮,弹出"浏览"对话框,在其中设置音频文件的输出名称与输出位置,如图13-29所示。

图13-29

05 设置完成后,单击"保存"按钮,返回会声会影编辑器,单击下方的"开始"按钮,开始渲染音频文件,并显示渲染进度。稍等片刻待音频文件

输出完成后,弹出信息提示框,提示用户音频文件建立成功,如图13-30所示。单击"确定"按钮,完成输出WAV音频的操作。

图13-30

06 在预览窗口中单击"播放"按钮,试听输出的WAV音频文件,并预览视频画面效果。

13.1.6 渲染输出部分区间文件

在会声会影X8中渲染视频时,为了更好地查看视频效果,常常需要渲染视频中的部分视频内容。下面向读者介绍渲染输出指定范围的视频内容的操作方法。

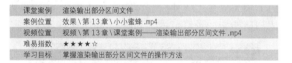

课堂案例	渲染输出部分区间文件
案例位置	效果\第13章\小小蜜蜂.mp4
视频位置	视频\第13章\课堂案例——渲染输出部分区间文件.mp4
难易指数	★★★★☆
学习目标	掌握渲染输出部分区间文件的操作方法

本实例最终效果如图13-31所示。

图13-31

01 进入会声会影编辑器,在视频轨中插入一段视频素材(素材\第13章\小小蜜蜂.mpg),如图13-32所示。

02 在时间轴上,拖曳当前时间标记至00:00:01:00的位置,单击"开始标记"按钮,此时时间轴上将出现黄色标记,如图13-33所示。

图13-32

图13-33

03 拖曳当前时间标记至00:00:06:00的位置，单击"结束标记"按钮，时间轴上黄色标记的区域为用户所指定的预览范围，如图13-34所示。

图13-34

04 单击"输出"标签，切换至"输出"步骤面板，在上方面板中选择 **MPEG-4** 选项，是指输出MP4视频格式，如图13-35所示。

05 单击"文件位置"右侧的"浏览"按钮，弹出"浏览"对话框，在其中设置视频文件的输出名称与输出位置，如图13-36所示。

图13-35

图13-36

06 设置完成后，单击"保存"按钮，返回会声会影编辑器，在面板下方选中"仅建立预览范围"复选框，如图13-37所示。

图13-37

07 单击"开始"按钮，开始渲染视频文件，并显示渲染进度，如图13-38所示。

08 稍等片刻待视频文件输出完成后，弹出信息提示框，提示用户视频文件建立成功，单击"确定"按钮，完成指定影片输出范围的操作。在预览窗口中单击"播放"按钮，预览输出部分的视频画面效果。

图13-38

13.1.7 创建3D视频文件

在会声会影X8中，用户可以建立多种格式的3D文件，包括MPEG格式、WMV格式，以及MVC格式。下面主要向读者介绍创建WMV格式3D文件的具体操作方法。

课堂案例	创建 3D 视频文件
案例位置	效果 \ 第 13 章 \ 足球比赛 .wmv
视频位置	视频 \ 第 13 章 \ 课堂案例——创建 3D 视频文件 .mp4
难易指数	★★★☆☆
学习目标	掌握创建 3D 视频文件的操作方法

本实例最终效果如图13-39所示。

图13-39

01 单击"文件"|"打开项目"命令，打开一个项目文件（素材\第13章\足球比赛.VSP），如图13-40所示。

图13-40

02 单击"输出"标签，切换至"输出"步骤面板，在左侧单击"3D影片"按钮，进入"3D影片"选项卡，在上方面板中选择选项，如图13-41所示。

图13-41

03 在下方面板中，单击"文件位置"右侧的"浏览"按钮，弹出"浏览"对话框，在其中设置视频文件的输出名称与输出位置，如图13-42所示。

图13-42

04 设置完成后，单击"保存"按钮，返回会声会影编辑器，单击下方的"开始"按钮，开始渲染3D视频文件，并显示渲染进度，如图13-43所示。稍等片刻待3D视频文件输出完成后，弹出信息提示框，提示用户视频文件建立成功，单击"确定"按钮，完成3D视频文件的输出操作。

05 在预览窗口中单击"播放"按钮，预览输出的3D视频画面效果。

图13-43

13.2 创建各种输出格式 模版

会声会影X8预置了一些输出模版，以便于影片输出操作。这些模版定义了几种常用的输出文件格式及压缩编码和质量等输出参数。不过，在实际应用中，这些模版可能太少，无法满足用户的要求。虽然可以进行自定义设置，但是每次都需要打开几个对话框，操作未免太烦琐。因此就需要自定义视频文件输出模版，以便提高影片输出效率。

13.2.1 创建PAL DV格式模版

DV格式是AVI格式的一种，输出的影像质量几乎没有损失，但文件占用空间非常大。当要以最高质量输出影片时，或要回录到DV当中时，可以选择DV格式。

课堂案例	创建 PAL DV 格式模版
案例位置	无
视频位置	视频 \ 第 13 章 \ 课堂案例——创建 PAL DV 格式模版 .mp4
难易指数	★★★☆☆
学习目标	掌握创建 PAL DV 格式模版的操作方法

01 进入会声会影编辑器，单击"文件"|"打开项目"命令，打开一个项目文件（素材\第13章\眼镜美女.VSP），如图13-44所示。

02 单击菜单栏中的"设置"|"影片模版管理器"命令，如图13-45所示。

03 弹出"影片模版管理器"对话框，单击"添加"按钮，如图13-46所示。

图13-44

图13-45

图13-46

04 弹出"开新设定文件选项"对话框,在"模版名称"文本框中,输入名称"PAL DV格式",如图13-47所示。

图13-47

05 单击"常规"标签,切换至"常规"选项卡,设置相应选项,如图13-48所示。

图13-48

06 单击"确定"按钮,返回"影片模版管理器"对话框,此时新建的影片模版将出现在该对话框的"个人设定档"列表框中,如图13-49所示。单击"关闭"按钮,退出"影片模版管理器"对话框,完成设置。

图13-49

13.2.2 创建PAL DVD格式模版

在会声会影X8中,DVD也是一种常用的视频格式,用户可以将该格式设置为模版,方便以后随时调用,节省视频输出的时间。

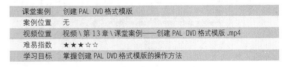

课堂案例	创建 PAL DVD 格式模版
案例位置	无
视频位置	视频 \ 第 13 章 \ 课堂案例——创建 PAL DVD 格式模版 .mp4
难易指数	★★★☆☆
学习目标	掌握创建 PAL DVD 格式模版的操作方法

01 进入会声会影编辑器,执行菜单栏中的"设置"|"影片模版管理器"命令,弹出"影片模版管理器"对话框,单击"添加"按钮,如图13-50所示。

02 弹出"开新设定文件选项"对话框,在"模版名称"文本框中输入名称"PAL DVD格式",如图13-51所示。

03 切换至"常规"选项卡,设置相应选项,如图13-52所示。

04 单击"确定"按钮,返回"影片模版管理器"对话框,即可在"个人设定档"列表框中,显示新建的影片模版,如图13-53所示。单击"关闭"按钮,退出"影片模版管理器"对话框,完成设置。

图13-50

图13-51

图13-52

图13-53

13.2.3 创建MPEG-1格式模版

　　MPEG格式的视频文件可以在各种常用的播放器中进行播放，因此也是用户比较常用的一种视频格式。下面向读者介绍建立该格式模版的操作方法。

课堂案例	创建 MPEG-1 格式模版
案例位置	无
视频位置	视频 \ 第 13 章 \ 课堂案例——创建 MPEG-1 格式模版 .mp4
难易指数	★★★☆☆
学习目标	掌握创建 MPEG-1 格式模版的操作方法

01 进入会声会影编辑器，执行菜单栏中的"设置" | "影片模版管理器"命令，弹出"影片模版管理器"对话框，单击"添加"按钮，如图13-54所示。

图13-54

02 弹出"开新设定文件选项"对话框，在"模版名称"文本框中输入名称"MPEG-1格式"，如图13-55所示。

图13-55

03 切换至"压缩"选项卡，设置相应选项，如图13-56所示。

图13-56

04 单击"确定"按钮，返回"影片模版管理器"对话框，即可在"个人设定档"列表框中显示新建的影片模版，如图13-57所示。单击"关闭"按钮，退出"影片模版管理器"对话框，完成设置。

图13-57

13.3　转换各种视频与音频格式

在视频制作领域中，用户可能会用到一些会声会影不支持的视频文件或者音频文件，当导不进去会声会影工作界面时，用户则需要转换视频文件或者音频文件的格式，转成会声会影支持的视频或音频格式后，即可将视频或音频文件导入到会声会影工作界面中进行编辑与应用。本节主要向读者介绍转换视频与音频格式的操作方法。

13.3.1 安装格式工厂转换软件

格式工厂（Format Factory）是一款多功能的多媒体格式转换软件，适用于Windows操作系统上。该软件可以实现大多数视频、音频以及图像不同格式之间的相互转换。在使用格式工厂转换视频与音频格式之前，首先需要安装格式工厂软件。下面向读者介绍安装格式工厂软件的操作方法。

从相应网站中下载格式工厂软件，打开格式工厂软件所在的文件夹，选择exe格式的安装文件，在安装文件上，单击鼠标右键，在弹出的快捷菜单中选择"打开"选项。执行操作后，开始运行格式工厂安装程序，弹出"格式工厂"对话框，单击"一键安装"按钮，如图13-58所示。

图13-58

执行操作后，即可开始格式工厂的安装，并显示安装进度，如图13-59所示。稍等片刻，即可完成安装。进入下一个页面，在其中选择相应的选项，可以帮助用户更好的使用格式工厂软件，选择完毕，单击"下一步"按钮，如图13-60所示，即可完成软件的安装。进入下一个页面，提示软件安装完成，单击"立即体验"按钮，即可开始使用格式工厂软件，对相应的视频进行处理操作。

图13-59

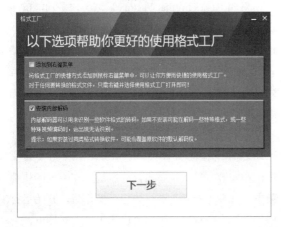

图13-60

13.3.2 转换RMVB视频文件

RMVB是一种视频文件格式，RMVB中的VB指可改变之比特率（Variable Bit Rate，VBR），较上一代RM格式画面清晰了很多，原因是降低了静态画面下的比特率，可以用RealPlayer、暴风影音、QQ影音等播放软件来播放。会声会影X9不支持导入RMVB格式的视频文件，因此用户在导入之前，需要转换RMVB视频的格式为会声会影支持的视频格式。下面向读者介绍将RMVB视频格式转换为MPG视频格式的操作方法。

在系统桌面"格式工厂"图标上，单击鼠标右键，在弹出的快捷菜单中选择"打开"选项，即可打开"格式工厂"软件，进入工作界面，在"视频"列表框中，选择需要转换的视频目标格式，此处选择MPG选项，如图13-61所示。弹出MPG对话框，单击右侧的"添加文件"按钮，弹出"打开"对话框，在其中选择需要转换为MPG格式的RMVB视频文件，单击"打开"按钮，将RMVB视频文件添加到MPG对话框中，单击"改变"按钮，弹出"浏览文件夹"对话框，在其中即可选择视频文件转换格式后存储的文件夹位置，如图13-62所示。

图13-61

图13-62

设置完成后，单击"确定"按钮，返回MPG对话框，在"输出文件夹"右侧显示了刚设置的文件夹位置，单击对话框上方的"确定"按钮，返回"格式工厂"工作界面，在中间的列表框中，显示了需要转换格式的RMVB视频文件，单击工具栏中的"开始"按钮，开始转换RMVB视频文件，在"转换状态"一列中，显示了视频转换进度，如图13-63所示。待视频转换完成后，在"转换状态"一列中，将显示"完成"字样，表示视频文件格式已经转换完成，打开相应文件夹，在其中可以查看转换格式后的视频文件。

图13-63

13.3.3　转换APE音频

APE是流行的数字音乐无损压缩音频格式之一，因出现较早，在全世界特别是中国大陆有着广泛的用户群。与MP3这类有损压缩格式不可逆转地删除（人耳听力范围之外的）数据以缩减原文件体积的方法不同，APE这类无损压缩格式，是以更精练的记录方式来缩减体积，还原后数据与原文件一样，从而保证了文件的完整性。另外，通过Monkey's Audio这个软件可以将庞大的WAV音频文件压缩为APE，体积虽然变小了，但音质和原来一样。

在会声会影X9中，并不支持APE格式的音频文件，如果用户需要导入APE格式的音频，则需要通过转换音频格式的软件，将APE格式转换成会声会影支持的音频格式，才能使用。下面向读者介绍将APE音频格式转换为MP3音频格式的操作方法。

进入"格式工厂"工作界面，在"音频"列表框中，选择需要转换的音频目标格式，这里选择MP3选项，弹出MP3对话框，单击"添加文件"按钮，弹出"打开"对话框，如图15-64所示。

在其中选择需要转换为MP3音频格式的APE音

图13-64

频文件，单击"打开"按钮，将APE音频文件添加到MP3对话框中，在下方设置音频文件存储位置，单击"确定"按钮，返回"格式工厂"工作界面，在中间的列表框中，显示了需要转换格式的APE音频文件，单击工具栏中的"开始"按钮，如图13-65所示。

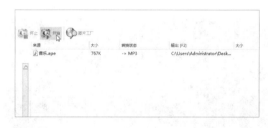

图13-65

开始转换APE音频文件，在"转换状态"一列中，显示了音频转换进度，待音频转换完成后，在"转换状态"一列中，将显示"完成"字样，表示音频文件格式已经转换完成，如图13-66所示。

图13-66

13.4　视频素材文件的刻录

在会声会影X8中，视频编辑完成后，最后的工作就是刻录了。会声会影X8中提供了多种刻录方式，以满足不同用户的需要。用户可以在会声会影

X8中直接将视频刻录成光盘，如刻录DVD光盘、AVCHD光盘以及将视频镜像刻录ISO文件等，用户也可以使用专业的刻录软件进行光盘的刻录。本节主要向读者介绍刻录视频素材文件的操作方法。

13.4.1 DVD光盘的刻录

数字多功能光盘（Digital Versatile Disc），简称DVD，是一种光盘存储器，通常用来播放标准电视机清晰度的电影，高质量的音乐以及用作大容量存储器存储数据。下面向读者介绍刻录DVD光盘的方法。

课堂案例	DVD 光盘的刻录
案例位置	无
视频位置	视频 \ 第 13 章 \ 课堂案例——DVD 光盘的刻录 .mp4
难易指数	★★★★★
学习目标	掌握 DVD 光盘的刻录的操作方法

01 进入会声会影X8编辑器，在时间轴面板中单击鼠标右键，在弹出的快捷菜单中选择"插入视频"选项，如图13-67所示。

图13-67

02 执行操作后，即可弹出"开启视讯文件"对话框，在其中用户选择需要刻录的视频文件（素材\第13章\相伴一生.mpg），如图13-68所示。

03 单击"打开"按钮，即可将视频素材添加到视频轨中，如图13-69所示。单击导览面板中的"播放"按钮，预览添加的视频画面效果。

04 在菜单栏中，单击"工具"菜单，在弹出的菜单列表中单击"创建光盘"｜"DVD"命令，如图13-70所示。

图13-68

图13-69

技巧与提示

在会声会影X8中，用户还可以直接将计算机磁盘中的视频文件，直接拖曳至时间轴面板的视频轨中，应用视频文件。

图13-70

05 执行上述操作后，即可弹出Corel VideoStudio Pro对话框，在其中可以查看需要刻录的视频画面，如图13-71所示。

图13-71

❓ **技巧与提示**

单击界面上方的"分享"标签，切换至"分享"步骤面板，在"输出"选项面板中单击"创建光盘"按钮，在弹出的列表框中选择DVD选项，也可以快速启动DVD光盘刻录程序，进入相应界面。

06 在对话框的左下角，单击"设置和选项"按钮🎞️，在弹出的列表框中选择DVD光盘的容量，这里选择DVD 4.7G选项，如图13-72所示。

图13-72

07 在对话框的上方，单击"添加/编辑章节"按钮，如图13-73所示。

08 弹出"添加/编辑章节"对话框，单击"播放"按钮，播放视频画面，至合适位置后，单击"暂停"按钮，然后单击"添加章节"按钮，如图13-74所示。

图13-73

图13-74

09 执行操作后，即可在时间线位置添加一个章节点，此时下方将出现添加的章节缩略图，如图13-75所示。

图13-75

10 用与上述同样的方法，继续添加其他章节点，如图13-76所示。

11 章节添加完成后，单击"确定"按钮，返回Corel VideoStudio Pro对话框，单击"下一步"按钮，如图13-77所示。

图13-76

图13-77

⑫ 进入"菜单和预览"界面，在"智能场景菜单"下拉列表框中，选择相应的场景效果，即可为影片添加智能场景效果，如图13-78所示。

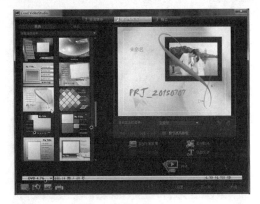

图13-78

⑬ 单击"菜单和预览"界面中的"预览"按钮，如图13-79所示。

⑭ 执行上述操作后，即可进入"预览"窗口，单击"播放"按钮，如图13-80所示。

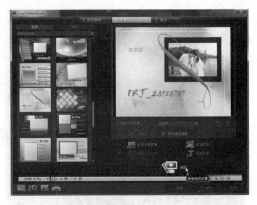

图13-79

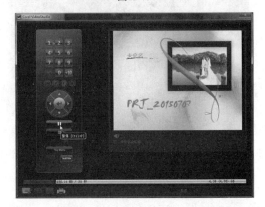

图13-80

⑮ 执行操作后，即可预览需要刻录的影片画面效果，如图13-81所示。

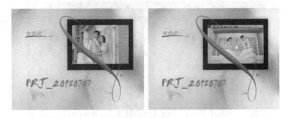

图13-81

⑯ 视频画面预览完成后，单击界面下方的"Back（后退）"按钮，如图13-82所示。

⑰ 返回"菜单和预览"界面，单击界面下方的"下一步"按钮，如图13-83所示。

⑱ 进入"输出"界面，在"卷标"右侧的文本框中输入卷标名称，这里输入"相伴一生"，如图13-84所示。

⑲ 单击"驱动器"右侧的下三角按钮，在弹出的列表框中选择需要使用的刻录机选项，如图13-85所示。

图13-82

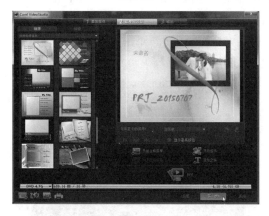

图13-83

图13-84

图13-85

⑳　单击"刻录格式"右侧的下三角按钮，在弹出的列表框中选择需要刻录的DVD格式，如图13-86所示。

图13-86

㉑　刻录选项设置完成后，单击"输出"界面下方的"刻录"按钮，如图13-87所示，即可开始刻录DVD光盘。

图13-87

13.4.2　AVCHD光盘的刻录

　　AVCHD是索尼（Sony）公司与松下电器（Panasonic）于2006年5月联合发表的高画质光碟压缩技术，AVCHD标准基于MPEG-4 AVC/H.264视讯编码，支持480i、720p、1080i、1080p等格式，同时支持杜比数位5.1声道AC-3或线性PCM 7.1声道音频压缩。下面向读者介绍刻录AVCHD光盘的方法。

课堂案例	AVCHD 光盘的刻录
案例位置	无
视频位置	视频＼第13章＼课堂案例——AVCHD 光盘的刻录 .mp4
难易指数	★★★★★
学习目标	掌握 AVCHD 光盘的刻录的操作方法

①　进入会声会影X8编辑器，在时间轴面板中单击鼠标右键，在弹出的快捷菜单中选择"插入视频"选项，如图13-88所示。

图13-88

技巧与提示

　　在"输出"选项面板中单击"创建光盘"按钮，在弹出的列表框中选择AVCHD选项，也可以快速启动AVCHD光盘刻录程序，进入相应界面。

02 执行操作后，即可弹出"开启视讯文件"对话框，在其中用户选择需要刻录的视频文件（素材\第13章\海滨情缘.mpg），如图13-89所示。

图13-89

03 单击"打开"按钮，即可将视频素材添加到视频轨中，如图13-90所示。

图13-90

04 单击导览面板中的"播放"按钮，预览添加的视频画面效果，如图13-91所示。

图13-91

05 在菜单栏中，单击"工具"菜单，在弹出的菜单列表中单击"创建光盘"｜"AVCHD"命令，如图13-92所示。

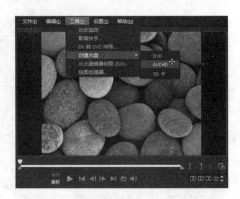

图13-92

06 执行上述操作后，即可弹出Corel Video Studio Pro对话框，在其中可以查看需要刻录的视频画面，在对话框的上方，单击"添加/编辑章节"按钮，如图13-93所示。

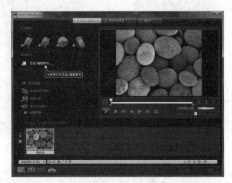

图13-93

07 弹出"添加/编辑章节"对话框，单击"播放"按钮，播放视频画面，至合适位置后，单击"暂停"按钮，如图13-94所示。

图13-94

08 在界面左侧，单击"添加章节"按钮，如图13-95所示。

09 执行操作后，即可在时间线位置添加一个章

节点，此时下方将出现添加的章节缩略图，如图
13-96所示。

图13-95

图13-96

⑩ 用与上述同样的方法，继续添加其他章节
点，如图13-97所示。

图13-97

⑪ 章节添加完成后，单击"确定"按钮，返回
Corel VideoStudio Pro对话框，单击"下一步"按
钮，如图13-98所示。

⑫ 进入"菜单和预览"界面，在"全部"下拉列
表框中，选择相应的场景效果，如图13-99所示。

⑬ 执行操作后，即可为影片添加智能场景效
果，单击"菜单和预览"界面中的"预览"按钮，
如图13-100所示。

图13-98

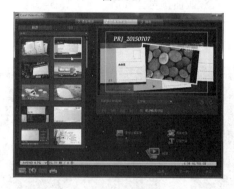

图13-99

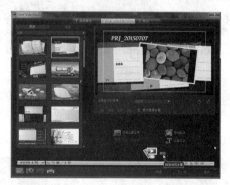

图13-100

⑭ 执行上述操作后，即可进入"预览"窗口，
单击"播放"按钮，如图13-101所示。

图13-101

⑮ 执行操作后，即可预览需要刻录的影片画面效果，如图13-102所示。

图13-102

⑯ 视频画面预览完成后，单击界面下方的"后退"按钮，返回"菜单和预览"界面，单击界面下方的"下一步"按钮，如图13-103所示。

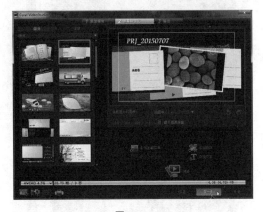

图13-103

⑰ 进入"输出"界面，在"卷标"右侧的文本框中输入卷标名称，这里输入"海滨情缘"，如图13-104所示。

图13-104

⑱ 单击"驱动器"右侧的下三角按钮，在弹出的列表框中选择需要使用的"刻录机"选项，如图13-105所示。

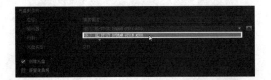

图13-105

⑲ 刻录选项设置完成后，单击"输出"界面下方的"刻录"按钮，如图13-106所示，即可开始刻录AVCHD光盘。

图13-106

13.4.3 ISO文件的刻录

如果用户将视频文件转换为ISO压缩文件格式后，用户还可以直接将ISO格式的影视压缩文件在会声会影X8中直接进行刻录，将其刻录到DVD光盘上，永久保存。下面向读者介绍刻录ISO文件的操作方法。

课堂案例	ISO 文件的刻录
案例位置	无
视频位置	视频\第 13 章\课堂案例——ISO 文件的刻录 .mp4
难易指数	★★★★☆
学习目标	掌握 ISO 文件的刻录的操作方法

⑴ 进入会声会影编辑器，在菜单栏中单击"工具"|"从光盘镜像刻录（ISO）"命令，如图13-107所示。

图13-107

⑵ 弹出"从光盘镜像刻录"对话框，单击"来源光盘镜像文件"选项右侧的"查找文件"按钮，如图13-108所示。

⑶ 执行操作后，弹出"打开"对话框，在其中选择需要刻录为DVD光盘的ISO镜像文件，如图13-109所示。

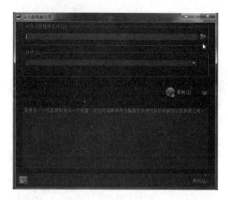

图13-108

图13-109

04 单击"打开"按钮，返回"从光盘镜像刻录"对话框，在"来源光盘镜像文件"的下方显示了ISO文件的存储位置，如图13-110所示。

图13-110

05 单击"目标"选项右侧的下三角按钮，在弹出的列表框中选择相应的刻录机设备，如图13-111所示。

06 单击对话框中"复制"按钮右侧的三角向下箭头按钮，展开高级选项，单击"写入速度"右侧的下三角按钮，在弹出的列表框中选择相应的速度选项，如图13-112所示。

图13-111

图13-112

07 刻录属性设置完成后，将一张新的DVD光盘放入光盘驱动器中，然后单击"复制"按钮，如图13-113所示。

图13-113

08 执行操作后，弹出"进程"对话框，开始刻录ISO格式的镜像文件，并显示光盘刻录进度，如图13-114所示。

09 稍等片刻，弹出相应提示信息框，提示用户文件已经刻录成功，单击"确定"按钮，完成操作。

图13-114

13.5　本章小结

　　会声会影X8提供了多种输出方式，以适应不同的需要。本章主要阐述了如何将会声会影X8中的项目文件或视频文件输出为各种各样的格式或形式，以及如何刻录视频素材。会声会影X8提供的输出方式是全面而又简单的，向导式的操作方式，可以让用户在软件的带领下轻松完成影片输出操作。在实际应用中，要根据观看者的需要和各种硬件条件来选用合适的输出方式。

13.6　习题测试——输出　3GP视频文件

　　鉴于本章知识的重要性，为了帮助读者更好地掌握所学知识，本节将通过上机习题，帮助读者进行简单的知识回顾和补充。

案例位置	效果\习题测试\河边泛舟.3gp
难易指数	★★★★☆
学习目标	掌握输出3GP视频文件的操作方法

　　本习题需要掌握输出3GP视频文件的操作方法，最终效果如图13-115、图13-116所示。

图13-115

图13-116

第14章

分享视频至手机与互联网

内容摘要

在前面的章节中，已经详细地向读者介绍了会声会影X8中视频的采集、编辑、剪辑、特效、字幕、音频以及输出与刻录等操作，而在本章中主要向读者介绍将制作的成品视频文件分享至安卓手机、苹果手机、iPad平板电脑、优酷网站、新浪微博以及QQ空间等，与好友一起分享制作的视频效果。

课堂学习目标

- 分享视频至安卓与苹果手机
- 分享视频至iPad平板电脑
- 分享视频至互联网

14.1 分享视频至安卓与苹果手机

在会声会影X8中，用户可以将制作好的成品视频分享到安卓与苹果手机中，然后通过手机中安装的各种播放器，播放制作的视频效果。

14.1.1 上传视频至安卓手机

在会声会影X8中，用户可以将制作好的成品视频分享到安卓手机，然后通过手机中安装的各种播放器，播放制作的视频。

将视频分享至安卓手机的方法很简单，一共有3种操作方法。首先用数据线将安卓手机与计算机连接，第一是用户可以通过拷贝的方式，将制作完成并已经输出的视频文件直接拷贝至安卓手机的内存卡中即可。第二是用户在输出视频文件时，直接将视频输出至安卓手机的内存卡中，这样可以节省视频拷贝的时间。第三是通过第三方软件——91手机助手，将制作并输出后的视频文件通过上传的方式，分享至安卓手机中。

下面向读者介绍将已经制作完成的视频文件直接输出至安卓手机中的操作方法。

课堂案例	上传视频至安卓手机
案例位置	无
视频位置	视频\第14章\课堂案例——上传视频至安卓手机.mp4
难易指数	★★★★☆
学习目标	掌握上传视频至安卓手机的操作方法

01 首先用数据线将安卓手机与计算机连接，启动会声会影X8应用程序，进入会声会影编辑器，单击"文件"|"打开项目"命令，如图14-1所示。

02 弹出"打开"对话框，选择需要打开的项目文件（素材\第14章\婚纱影像.VSP），单击"打开"按钮，即可打开项目文件，如图14-2所示。

03 单击"播放"按钮，预览制作的成品视频画面，如图14-3所示。

04 在会声会影编辑器的上方，单击"输出"标签，切换至"输出"步骤面板，在上方面板中选择MPEG-2选项，在下方面板中单击"文件位置"右侧的"浏览"按钮，如图14-4所示。

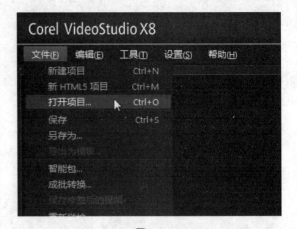

图14-1

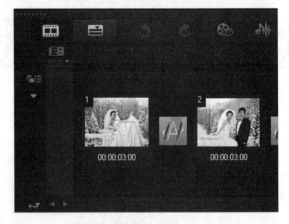

图14-2

图14-3

图14-4

05 执行操作后，弹出"浏览"对话框，单击"保存在"右侧的下三角按钮，在弹出的列表框中选择安卓手机内存卡所在的磁盘，如图14-5所示。

图14-5

06 依次进入安卓手机视频文件夹，然后设置视频保存名称，如图14-6所示。

图14-6

07 单击"保存"按钮，返回会声会影编辑器，单击下方的"开始"按钮，开始渲染视频文件，并显示渲染进度，如图14-7所示。

图14-7

08 稍等片刻，待视频文件输出完成后，弹出信息提示框，提示用户视频文件建立成功，单击"确定"按钮，此时在媒体素材库中将显示输出完成的视频文件，如图14-8所示。

图14-8

09 通过"计算机"窗口，打开安卓手机所在的磁盘文件夹，在其中可以查看已经输出与分享至安卓手机的视频文件，如图14-9所示。拔下数据线，在安卓手机中启动相应的视频播放软件，即可播放分享的视频画面。

图14-9

技巧与提示

在安卓手机中，用户可以使用暴风影音、百度影音或者快播等视频播放软件，来播放会声会影制作并输出的成品视频效果。

如果用户的安卓手机中没有安装这些视频播放软件，此时可以通过手机中的"应用中心"程序下载相应的视频播放软件，并根据软件提示信息进行软件的安装操作即可。

14.1.2　上传视频至苹果手机

对于苹果iPhone手机，用户就无法像安卓手机那样使用直接输出的方式，将视频输出至iPhone手机中。将视频分享至苹果手机有两种方式，第一是通过91手机助手软件，将视频文件上传至iPhone手机中；第二是通过iTunes软件同步视频文件到iPhone手机中。

下面向读者介绍通过iTunes软件同步视频文件到iPhone手机并播放视频文件的操作方法。

课堂案例	上传视频至苹果手机
案例位置	效果\第14章\花卉风景.avi
视频位置	视频\第14章\课堂案例——上传视频至苹果手机.mp4
难易指数	★★★★★
学习目标	掌握上传视频至苹果手机的操作方法

⓵　进入会声会影编辑器，单击"文件"|"打开项目"命令，打开一个项目文件（素材\第14章\花卉风景.VSP），如图14-10所示。

图14-10

⓶　在导览面板中单击"播放"按钮，预览制作完成的视频画面，效果如图14-11所示。

图14-11

⓷　在会声会影编辑器的上方，单击"输出"标签，切换至"输出"步骤面板，在上方面板中选择AVI选项，在下方面板中单击"文件位置"右侧的"浏览"按钮，如图14-12所示。

⓸　执行操作后，弹出"浏览"对话框，在其中设置视频文件的输出位置，然后设置"文件名"为"花卉风景"，"保存类型"为"Microsoft AVI档案"，如图14-13所示。

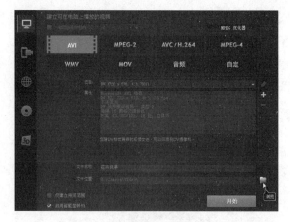

图14-12

图14-13

⓹　单击"保存"按钮，返回会声会影编辑器，单击下方的"开始"按钮，开始渲染视频文件，并显示渲染进度，如图14-14所示。

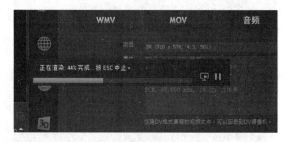

图14-14

⓺　稍等片刻，待视频文件输出完成后，弹出信息提示框，提示用户视频文件建立成功，单击"确定"按钮。此时在媒体素材库中将显示输出完成的视频文件，如图14-15所示。

图14-15

07 用数据线将iPhone与计算机连接，从"开始"菜单中，启动iTunes软件，进入iTunes工作界面，单击界面右上角的iPhone按钮，如图14-16所示。

图14-16

08 进入iPhone界面，单击界面上方的"应用程序"标签，如图14-17所示。

图14-17

09 执行操作后，进入"应用程序"选项卡，在下方"文件共享"选项区中，选择"暴风影音"软件，单击右侧的"添加"按钮，如图14-18所示。

10 弹出"添加"对话框，选择前面输出的视频文件"花卉风景"，如图14-19所示。

11 单击"打开"按钮，在iTunes工作界面的上方，将显示正在复制视频文件，并显示文件复制进度，如图14-20所示。

图14-18

图14-19

图14-20

12 稍等片刻，待视频文件复制完成后，将显示在"'暴风影音'的文档"列表中，表示视频文件上传成功，如图14-21所示。

图14-21

13 拔掉数据线，在iPhone手机的桌面，找到"暴风影音"应用程序，如图14-22所示。

14 点击该应用程序，运行暴风影音，显示欢迎界面，如图14-23所示。

图14-22

图14-23

图14-24

图14-25

⑮ 稍等片刻，进入暴风影音播放界面，点击界面右上角的按钮，如图14-24所示。

⑯ 进入"本地缓存"面板，其中显示了刚上传的"花卉风景.avi"视频文件，点击该视频文件，如图14-25所示。

⑰ 执行操作后，即可在iPhone手机中用暴风影音播放分享的视频文件，如图14-26所示。

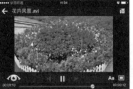

图14-26

技巧与提示

iTunes是一款数字媒体播放应用程序，是供 Mac 和PC使用的一款免费应用软件，能管理和播放用户的数字音乐和视频文件。由苹果电脑在2001年1月10日于旧金山的Macworld Expo推出。它可以将新购买的应用软件自动下载到用户所有的设备和电脑上。它还是用户的虚拟商店，随时随地满足用户一切娱乐所需。

14.2 分享视频至iPad平板电脑

iPad在欧美称网络阅读器，国内俗称"平板电脑"。iPad具备浏览网页、收发邮件、播放视频文件、播放音频文件、游玩一些简单游戏等基本的多媒体功能。用户可以将会声会影X8中制作完成的视频文件分享至iPad平板电脑中，用户闲暇时间，看着视频画面可以回忆美好的过去。本节主要向读者介绍将视频文件分享至iPad平板电脑的操作方法。

14.2.1 连接iPad平板电脑

将iPad与电脑连接的方式有两种，第一是使用无线Wifi将iPad与电脑连接；第二是使用数据线，将iPad与电脑连接，数据线如图14-27所示。

图14-27

将数据线的两端接口分别插入iPad与计算机的USB接口中，即可连接成功，如图14-28所示。

图14-28

14.2.2 上传视频至iPad

下面向读者介绍通过iTunes应用软件将制作好的视频分享至iPad的操作方法。

课堂案例	上传视频至 iPad
案例位置	效果\第 14 章\云南美景 .mpg
视频位置	视频\第 14 章\课堂案例——上传视频至 iPad.mp4
难易指数	★★★★★
学习目标	掌握上传视频至 iPad 的操作方法

01 用数据线将iPad与计算机连接，进入会声会影编辑器，单击"文件"|"打开项目"命令，如图14-29所示。

02 弹出"打开"对话框，选择需要打开的项目文件（素材\第14章\云南美景.VSP），单击"打开"按钮，即可打开项目文件，如图14-30所示。

03 在导览面板中单击"播放"按钮，预览制作完成的视频画面，效果如图14-31所示。

04 在会声会影编辑器的上方，单击"输出"标签，切换至"输出"步骤面板，在上方面板中选择MPEG-2选项，在下方面板中单击"文件位置"右侧的"浏览"按钮，如图14-32所示。

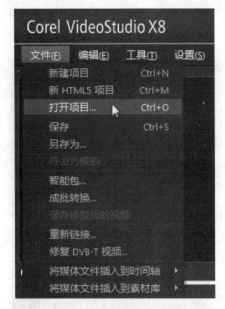

图14-29

图14-30

图14-31

图14-32

05 执行操作后,弹出"浏览"对话框,在其中设置视频文件的输出位置,然后设置"文件名"为"云南美景","保存类型"为"MPEG文件",如图14-33所示。

图14-33

06 单击"保存"按钮,返回会声会影编辑器,单击下方的"开始"按钮,开始渲染视频文件,并显示渲染进度,如图14-34所示。

图14-34

07 稍等片刻,待视频文件输出完成后,弹出信息提示框,提示用户视频文件建立成功,单击"确定"按钮,此时在媒体素材库中将显示输出完成的视频文件,如图14-35所示。

图14-35

08 从"开始"菜单中,启动iTunes软件。进入iTunes工作界面,单击界面右上角的iPad按钮,如图14-36所示。

图14-36

⑨ 进入iPad界面，单击界面上方的"应用程序"标签，如图14-37所示。

图14-37

⑩ 执行操作后，进入"应用程序"选项卡，在下方"文件共享"选项区中，选择"PPS影音"软件，单击右侧的"添加"按钮，如图14-38所示。

图14-38

技巧与提示

iTunes应用软件只能用于苹果系统，可以是iPhone手机或平板电脑，但不能用于安卓系统。

⑪ 弹出"添加"对话框，选择前面输出的视频文件"云南美景"，如图14-39所示。

图14-39

⑫ 单击"打开"按钮，选择的视频文件将显示在"'PPS影音'的文档"列表中，表示视频文件上传成功，如图14-40所示。

图14-40

⑬ 拔掉数据线，在iPad平板电脑的桌面，找到"PPS影音"应用程序，如图14-41所示。

图14-41

⑭ 点击该应用程序，运行PPS影音，显示欢迎界面，如图14-42所示。

图14-44

图14-42

⑮ 稍等片刻，进入PPS影音播放界面，在左侧点击"下载"，在上方点击"传输"，在"传输"选项卡中点击已上传的"云南美景"视频文件，如图14-43所示。

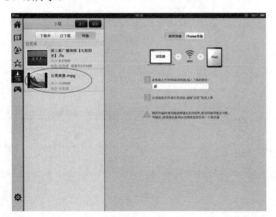

图14-43

技巧与提示

在iPad平板电脑中，用户还可以从互联网上下载已经制作完成并分享至视频网站中的视频文件。在PPS影音播放界面中，在左侧点击"下载"，在上方点击"下载中"，在"下载中"选项卡中可以查看正在下载的视频文件进度。

⑯ 执行操作后，即可在iPad平板电脑中用PPS影音播放分享的视频文件，如图14-44所示。

14.3 分享视频至互联网

互联网（Internet），可译为因特网，又称国际网络，是网络与网络之间所串联成的庞大网络，这些网络以一组通用的协议相连，形成逻辑上的单一巨大国际网络。

在会声会影X8中，用户不仅可以将制作好的成品视频分享到手机与iPad中，还可以分享至互联网，与好友一起分享制作的视频效果。本节主要向读者介绍将视频分享至互联网的操作方法，希望读者熟练掌握本节内容。

14.3.1 将视频分享至优酷网站

优酷网是中国领先的视频分享网站，是中国网络视频行业的第一品牌。2006年6月21日创立后，优酷网以"快者为王"为产品理念，注重用户体验，不断完善服务策略，其卓尔不群的"快速播放，快速发布，快速搜索"的产品特性，充分满足了用户日益增长的多元化互动需求，使之成为中国视频网站中的领军势力。下面向读者介绍将视频分享至优酷网站的操作方法。

课堂案例	将视频分享至优酷网站
案例位置	无
视频位置	视频\第14章\课堂案例——将视频分享至优酷网站.mp4
难易指数	★★★★☆
学习目标	掌握将视频分享至优酷网站的操作方法

① 打开相应浏览器，进入优酷视频首页，注册并登录优酷账号，如图14-45所示。

② 在优酷首页的右上角位置，单击"上传"文字链接，如图14-46所示。

图14-45

图14-46

03 执行操作后，打开"上传视频-优酷"网页，在页面的中间位置单击"上传视频"按钮，如图14-47所示。

图14-47

04 弹出"打开"对话框，在其中选择视频文件，如图14-48所示。

图14-48

05 单击"打开"按钮，返回"上传视频-优酷"网页，在页面上方显示了视频上传进度，如图14-49所示。

图14-49

06 稍等片刻，待视频文件上传完成后，页面中会显示100%，在"视频信息"一栏中，设置视频的标题、简介、分类以及标签等内容，如图14-50所示。

图14-50

07 设置完成后，滚动鼠标，单击页面最下方的"保存"按钮，即可成功上传视频文件，此时页面中提示用户视频上传成功，进入审核阶段，如图14-51所示。

图14-51

08 在页面中单击"视频管理"超链接，进入"我的视频管理"网页，在"已上传"标签中，显示了用户刚上传的视频文件，如图14-52所示。待视频审核通过后，即可在优酷网站中与网友一起分享视频画面。

图14-52

14.3.2 将视频分享至新浪微博

微博，即微博客（MicroBlog）的简称，是一个基于用户关系信息分享、传播以及获取平台，用户可以通过WEB、WAP等各种客户端组建个人社区，以140字左右的文字更新信息，并实现即时分享。微博在这个时代是非常流行的一种社交工具，用户可以将自己制作的视频文件与微博好友一起分享。下面向读者介绍将视频分享至新浪微博的操作方法。

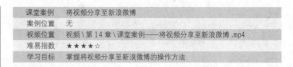

课堂案例	将视频分享至新浪微博
案例位置	无
视频位置	视频\第14章\课堂案例——将视频分享至新浪微博.mp4
难易指数	★★★★☆
学习目标	掌握将视频分享至新浪微博的操作方法

01 打开相应浏览器，进入新浪微博首页，如图14-53所示。

图14-53

02 注册新浪微博的账号，并登录新浪微博账号，在个人中心页面上方单击"视频"超链接，如图14-54所示。

图14-54

03 执行操作后，弹出相应面板，单击"本地上传"按钮，如图14-55所示。

04 执行操作后，弹出相应窗口，在其中单击"选择文件"按钮，如图14-56所示。

05 弹出"打开"对话框，在其中选择视频文件，如图14-57所示。

图14-55

图14-56

图14-58

图14-59

08　稍等片刻，视频文件即可上传成功，页面中会有相关提示，待视频通过审核后，将会自动发布微博，在页面中单击"关闭窗口"按钮，如图14-60所示。关闭微博窗口，视频分享操作完成。

图14-60

图14-57

06　单击"打开"按钮，返回相应浏览器窗口，其中显示了需要上传的视频文件，在下方输入相应的标题、简介、标签等内容，然后单击"开始上传"按钮，如图14-58所示。

07　执行操作后，显示视频文件正在上传，并显示上传进度，如图14-59所示。

在新浪微博中，每隔一段时间，网页都会进行一次升级或页面改版，可能下一次用户上传视频时网页中的上传过程又会不一样，不过在操作上都大同小异，用户根据页面中的提示进行相应的操作，即可完成视频的上传操作。

14.3.3 将视频分享至QQ空间

QQ空间（Qzone）是腾讯公司开发出来的一个个性空间，具有博客（blog）的功能，自问世以来受到众多用户的喜爱。在QQ空间上可以书写日记，上传自己的视频，听音乐，写心情，通过多种方式展现自己。除此之外，用户还可以根据自己的喜好设定空间的背景、小挂件等，从而使每个空间都有自己的特色。下面向读者介绍在QQ空间中分享视频的操作方法。

课堂案例	无
案例位置	无
视频位置	视频\第14章\课堂案例——将视频分享至QQ空间.mp4
难易指数	★★★★☆
学习目标	掌握将视频分享至QQ空间的操作方法

01 打开相应浏览器，进入QQ空间首页，注册并登录QQ空间账号，在页面上方单击"视频"超链接，如图14-61所示。

图14-61

02 弹出添加视频的面板，在面板中单击"本地上传"超链接，如图14-62所示。

03 弹出相应对话框，在其中选择视频文件，如图14-63所示。

图14-62

图14-63

04 单击"保存"按钮，开始上传选择的视频文件，并显示视频上传进度，如图14-64所示。

图14-64

05 稍等片刻，视频即可上传成功，在页面中显示了视频上传的预览图标，单击上方的"发表"按钮，如图14-65所示。

06 执行操作后，即可发表用户上传的视频文件，下方显示了发表时间，单击视频文件中的"播放"按钮，如图14-66所示。

图14-65

图14-66

在腾讯QQ空间中，只有黄钻用户才能上传本地电脑中的视频文件。如果您不是黄钻用户，则不能上传本地视频，只能分享其他网页中的视频至QQ空间中。

07 播放用户上传的视频文件，如图14-67所示，即可与QQ好友一同分享制作的视频效果。

图14-67

14.4 本章小结

本章全面介绍了将视频分享至手机与互联网中的操作方法，包括分享视频至手机与平板，以及分享到优酷网站、新浪微博等内容。通过本章的学习，用户可以熟练掌握分享视频的使用方法和技巧，对会声会影X8的学习有一定的帮助。

14.5 习题测试——输出适合的视频尺寸

鉴于本章知识的重要性，为了帮助读者更好地掌握所学知识，本节将通过上机习题，帮助读者进行简单的知识回顾和补充。

案例位置	效果\习题测试\高原冰川.mp4
难易指数	★★★★☆
学习目标	掌握输出适合的视频尺寸的操作方法

本习题需要掌握输出适合的视频尺寸的操作方法，最终效果如图14-68、图14-69所示。

图14-68

图14-69

323

第15章

案例实训——制作旅游相册

内容摘要

　　本章主要介绍制作旅游相册的操作方法，带领读者走进云南这一历史的屏风，领略其中的美与奇。谁能想到，这样一个在地图上还需仔细寻找的弹丸之地，居然有着如此巨大的、奇异的，乃至极其矛盾的"包容"——灵秀的山水与刚毅的长城同在，骁勇的将军武士与倜傥的文人雅士同宗，这里过去是兵火血光聚集之地，如今却是如此的安宁、祥和。

课堂学习目标

● 课堂案例——导入旅游媒体素材
● 课堂案例——制作画面和动态特效
● 课堂案例——制作转场和片头动画
● 课堂案例——制作装饰和字幕动画
● 课堂案例——视频后期处理

15.1 实例效果欣赏

在制作旅游视频之前，首先带领读者预览视频的画面效果，并掌握项目制作要点等内容，这样可以帮助读者理清旅游视频的设计思路。

案例位置	效果\第15章\旅游相册.mpg、旅游相册.VSP
视频位置	视频\第15章
难易指数	★★★★★
学习目标	掌握案例实训——制作旅游相册的操作方法

本实例介绍制作旅游相册，效果如图15-1所示。

图15-1

15.2 课堂案例——导入旅游媒体素材

在制作视频效果之前，首先需要导入相应的旅游媒体素材，导入素材后才能对媒体素材进行相应编辑。下面介绍导入旅游媒体素材的操作方法。

01 进入会声会影编辑器，单击"文件"|"新建项目"文件，即可新建一个项目文件，如图15-2所示。

02 单击"媒体"按钮，切换至"媒体"素材库，展开库导航面板，单击上方的"显示照片"按钮，如图15-3所示。

图15-2

图15-3

03 在"媒体"素材库中单击上方的"添加"按钮，如图15-4所示。

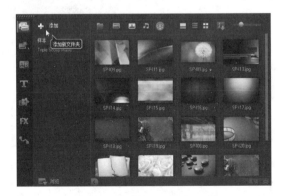

图15-4

04 执行上述操作后，即可新增一个"文件夹"选项，将"名称"更改为"旅游素材"，如图15-5所示。

05 在菜单栏中，单击"文件"|"将媒体文件插入到素材库"|"插入视频"命令，如图15-6所示。

图15-5

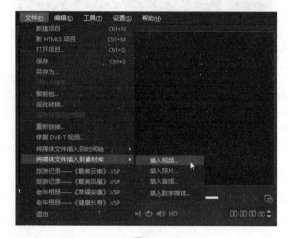

图15-6

06 执行操作后，弹出"浏览视频"对话框，在其中选择需要导入的视频素材，如图15-7所示。

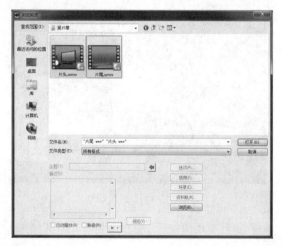

图15-7

07 单击"打开"按钮，即可将视频素材导入到"旅游素材"选项卡中，如图15-8所示。

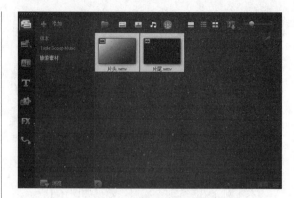

图15-8

08 选择相应的旅游视频素材，在导览面板中单击"播放"按钮，即可预览导入的视频素材画面效果，如图15-9所示。

图15-9

09 在菜单栏中，单击"文件"|"将媒体文件插入到素材库"|"插入照片"命令，如图15-10所示。

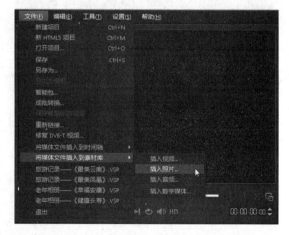

图15-10

10 执行操作后，弹出"浏览照片"对话框，在其中选择需要导入的多张旅游照片素材，如图15-11所示。

11 单击"打开"按钮，即可将照片素材导入到"旅游素材"选项卡中，如图15-12所示。

图15-11

图15-12

12 在素材库中选择相应的旅游照片素材,在预览窗口中可以预览导入的照片素材画面效果,如图15-13所示。

图15-13

15.3 课堂案例——制作画面和动态特效

本节主要为大家介绍如何制作视频画面及动态特效。

15.3.1 制作旅游视频画面

在会声会影编辑器中,将素材文件导入至编辑器后,需要将其制作成视频画面,使视频内容更具吸引力。下面介绍制作旅游视频画面的操作方法。

01 在"媒体"素材库的"旅游素材"选项卡中,选择视频素材"片头.wmv",如图15-14所示。

图15-14

02 在选择的视频素材上,单击鼠标左键并将其拖曳至视频轨的开始位置,如图15-15所示。

图15-15

03 在会声会影编辑器的右上方位置,单击"图形"按钮,如图15-16所示。

04 执行操作后,切换至"图形"选项卡,在其中选择黑色色块,如图15-17所示。

图15-16

图15-17

05 在选择的黑色色块上，单击鼠标左键并拖曳至视频轨中的开始位置，添加黑色色块素材，如图15-18所示。

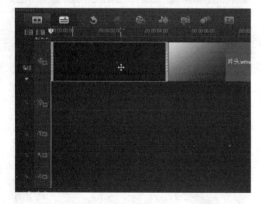

图15-18

06 在添加的黑色色块素材上，单击鼠标右键，在弹出的快捷菜单中选择"更改色彩区间"选项，如图15-19所示。

07 弹出"区间"对话框，在其中设置"区间"为0:0:2:0，如图15-20所示。

08 单击"确定"按钮，执行操作后，即可更改黑色色块的区间长度为2秒，如图15-21所示。

图15-19

图15-20

图15-21

09 在视频轨中的黑色色块素材上，单击鼠标右键，在弹出的快捷菜单中选择"复制"选项，如图15-22所示。

图15-22

(10) 复制色块素材，将鼠标移至视频轨中"片头.wmv"视频素材的后面，此时显示白色方框，如图15-23所示，表示黑色色块需要放置的位置。

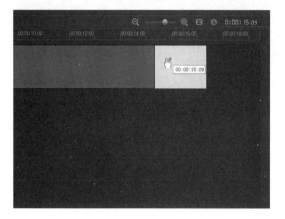

图15-23

(11) 单击鼠标左键，即可对复制的黑色色块素材进行粘贴操作，视频轨如图15-24所示。

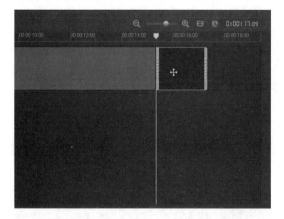

图15-24

(12) 在"媒体"素材库中，选择照片素材"1.jpg"，如图15-25所示。

图15-25

(13) 在选择的照片素材上，单击鼠标左键并将其拖曳至视频轨中黑色色块的后面，添加照片素材，如图15-26所示。

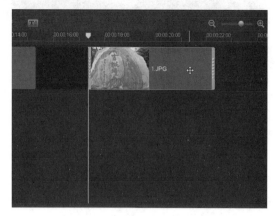

图15-26

(14) 打开"照片"选项面板，在其中设置"照片区间"为0:00:04:00，如图15-27所示。

图15-27

(15) 执行操作后，即可更改视频轨中照片素材1.jpg的区间长度，如图15-28所示。

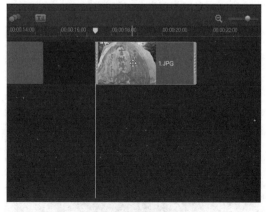

图15-28

⑯ 在"媒体"素材库中，选择照片素材"2.jpg"，如图15-29所示。

图15-29

⑰ 在选择的照片素材上，单击鼠标左键并将其拖曳至视频轨中照片素材"1.jpg"的后面，添加照片素材，如图15-30所示。

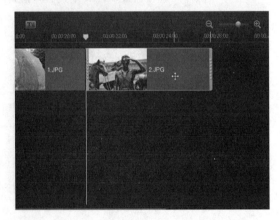

图15-30

⑱ 打开"照片"选项面板，在其中设置"照片区间"为0:00:04:00，即可更改视频轨中照片素材2.jpg的区间长度，如图15-31所示。

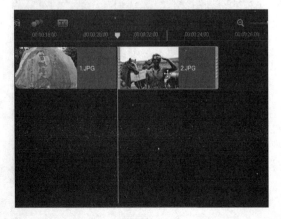

图15-31

⑲ 用与上述同样的方法，将"媒体"素材库中的照片素材"3.jpg"拖曳至视频轨中照片素材"2.jpg"的后面，如图15-32所示。

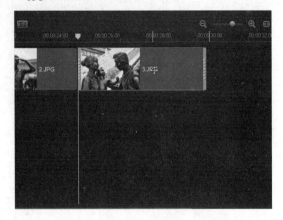

图15-32

⑳ 打开"照片"选项面板，在其中设置"照片区间"为0:00:04:00，即可更改视频轨中照片素材3.jpg的区间长度，如图15-33所示。

图15-33

㉑ 用与上述同样的方法，将"媒体"素材库中的照片素材"4.jpg"拖曳至视频轨中照片素材"3.jpg"的后面，如图15-34所示。

㉒ 打开"照片"选项面板，在其中设置"照片区间"为0:00:04:00，即可更改视频轨中照片素材4.jpg的区间长度，如图15-35所示。

㉓ 在"媒体"素材库的"旅游素材"选项卡中，选择照片素材5.jpg～16.jpg之间的所有照片素材，如图15-36所示。

图15-34

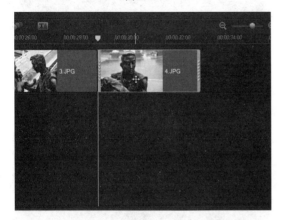

图15-35

图15-36

图15-37

图15-38

图15-39

㉔ 在选择的多张照片素材上，单击鼠标右键，在弹出的快捷菜单中选择"插入到"|"视频轨"选项，如图15-37所示。

㉕ 执行操作后，即可将选择的多张照片素材插入到时间轴面板的视频轨中，如图15-38所示。

㉖ 在插入的照片素材上，单击鼠标右键，在弹出的快捷菜单中选择"更改照片区间"选项，如图15-39所示。

㉗ 执行操作后，弹出"区间"对话框，在其中设置"区间"为0:0:4:0，如图15-40所示。

图15-40

331

㉘ 单击"确定"按钮，即可将5.jpg～16.jpg照片素材的区间长度更改为4秒，切换至故事板视图，在故事板中素材缩略图的下方显示了区间参数，如图15-41所示。

图15-41

㉙ 切换至时间轴视图，在"图形"选项卡中选择黑色色块，在选择的黑色色块上单击鼠标左键并拖曳至视频轨中照片素材16.jpg的后面，如图15-42所示。

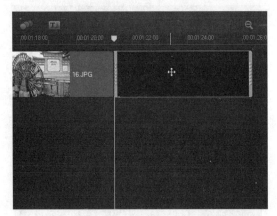

图15-42

㉚ 打开"色彩"选项面板，在其中设置"区间"为0:00:02:00，即可更改黑色色块的区间长度，如图15-43所示。

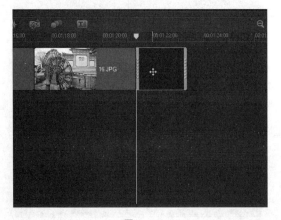

图15-43

㉛ 在"媒体"素材库中，选择视频素材"片尾.wmv"，在选择的视频素材上单击鼠标左键并将其拖曳至视频轨的结束位置，如图15-44所示。

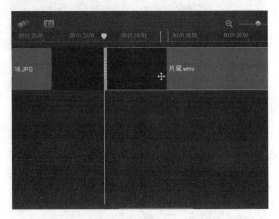

图15-44

㉜ 打开"视频"选项面板，在其中设置"视频区间"为0:00:09:21，如图15-45所示。

图15-45

㉝ 执行操作后，即可更改"片尾.wmv"视频素材的区间长度，视频轨如图15-46所示。

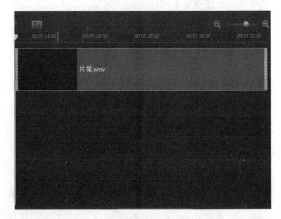

图15-46

(34) 切换至"图形"选项卡，在其中选择黑色色块，在选择的黑色色块上单击鼠标左键并拖曳至视频轨中的结束位置，如图15-47所示。

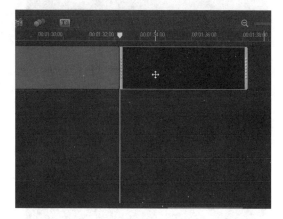

图15-47

(35) 打开"色彩"选项面板，在其中设置"区间"为0:00:01:00，即可更改黑色色块的区间长度，如图15-48所示。

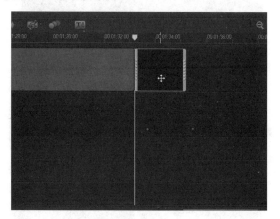

图15-48

(36) 切换至故事板视图，在其中可以查看制作的视频与照片区间缩略图效果，如图15-49所示。

图15-49

(37) 切换至时间轴视图，在视频轨中选择"片头.wmv"视频素材，如图15-50所示。

图15-50

(38) 打开"属性"选项面板，在其中选中"变形素材"复选框，如图15-51所示。

图15-51

(39) 此时，预览窗口中的素材四周将显示8个黄色控制柄，如图15-52所示。

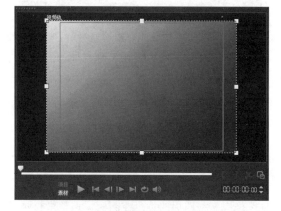

图15-52

(40) 拖曳素材四周的黄色控制柄，调整素材画面至全屏大小，如图15-53所示。

(41) 在视频轨中，选择"片尾.wmv"视频素材，如图15-54所示。

图15-53

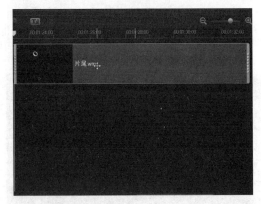

图15-54

㊷ 打开"属性"选项面板，在其中选中"变形素材"复选框，如图15-55所示。

图15-55

㊸ 此时，预览窗口中的素材四周将显示8个黄色控制柄，如图15-56所示。

㊹ 拖曳素材四周的黄色控制柄，调整素材画面至全屏大小，如图15-57所示。

㊺ 至此，视频画面制作完成，在导览面板中单击"播放"按钮，预览制作的视频画面效果，如图15-58所示。

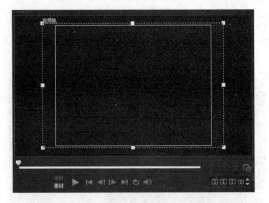

图15-56

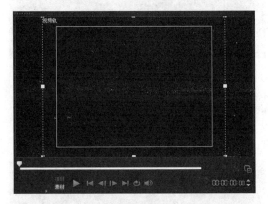

图15-57

图15-58

15.3.2 制作旅游动态特效

制作完视频画面后，可以根据需要为旅游图像素材添加摇动和缩放效果。下面介绍制作旅游摇动效果的操作方法。

① 在时间轴视图的视频轨中，选择照片素材1.jpg，如图15-59所示。

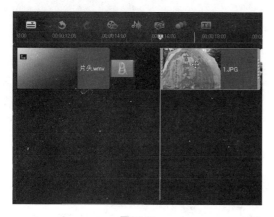

图15-59

02 打开"照片"选项面板，在其中选中"摇动和缩放"单选按钮，单击"自定义"左侧的下三角按钮，在弹出的列表框中选择第1排第1个摇动和缩放样式，如图15-60所示。

图15-60

03 选择照片预设缩放样式后，在"照片"选项面板中，单击"自定义"按钮，如图15-61所示。

图15-61

04 弹出"摇动和缩放"对话框，在其中设置"缩放率"为112，并在"原图"预览窗口中移动十字图标的位置，如图15-62所示。

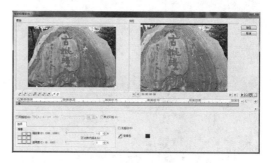

图15-62

05 在"摇动和缩放"对话框中，选择最后一个关键帧，在"原图"预览窗口中移动十字图标的位置，在下方设置"缩放率"为146，如图15-63所示。

图15-63

06 设置完成后，单击"确定"按钮，返回会声会影编辑器，在导览面板中单击"播放"按钮，预览视频摇动和缩放效果，如图15-64所示。

图15-64

07 在视频轨中选择照片素材2.jpg，如图15-65所示。

08 打开"照片"选项面板，在其中选中"摇动和缩放"单选按钮，单击"自定义"左侧的下三角按钮，在弹出的列表框中选择第1排第3个摇动和缩放样式，如图15-66所示。

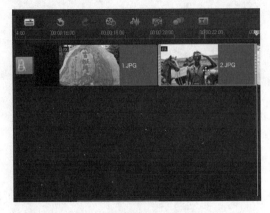

图15-65

图15-66

09 在"照片"选项面板中，单击"自定义"按钮，弹出"摇动和缩放"对话框，在"原图"预览窗口中移动十字图标的位置，在下方设置"缩放率"为152，如图15-67所示。

图15-67

10 在"摇动和缩放"对话框中，选择最后一个关键帧，在"原图"预览窗口中移动十字图标的位置，在下方设置"缩放率"为113，如图15-68所示。

11 设置完成后，单击"确定"按钮，返回会声会影编辑器，在导览面板中单击"播放"按钮，预览视频摇动和缩放效果，如图15-69所示。

图15-68

图15-69

12 在视频轨中选择照片素材3.jpg，如图15-70所示。

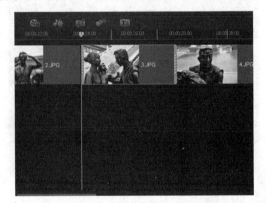

图15-70

13 打开"照片"选项面板，在其中选中"摇动和缩放"单选按钮，单击"自定义"左侧的下三角按钮，在弹出的列表框中选择第1排第1个摇动和缩放样式，如图15-71所示。

14 在导览面板中单击"播放"按钮，预览视频摇动和缩放效果，如图15-72所示。

15 在视频轨中选择照片素材4.jpg，如图15-73所示。

16 打开"照片"选项面板，在其中选中"摇动和缩放"单选按钮，单击"自定义"左侧的下三角按钮，在弹出的列表框中选择第2排第1个摇动和缩放样式，如图15-74所示。

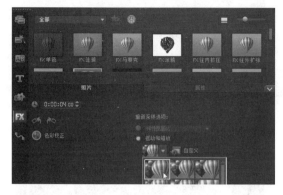

图15-71

图15-72

图15-73

图15-74

⑰ 在导览面板中单击"播放"按钮，预览视频摇动和缩放效果，如图15-75所示。

图15-75

⑱ 用与上述同样的方法，为其他图像素材添加摇动缩放效果，单击导览面板中的"播放"按钮，即可预览制作的旅游照片素材摇动和缩放动画效果，如图15-76所示。

图15-76

⑲ 在视频轨中，选择照片素材15.jpg，如图15-77所示。

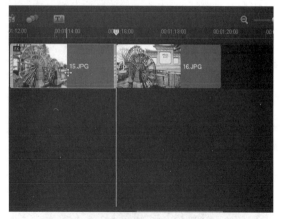

图15-77

⑳ 在会声会影编辑器的右上方位置，单击"滤镜"按钮，切换至"滤镜"素材库，单击窗口上方的"画廊"按钮，在弹出的列表框中选择"相机镜头"选项，如图15-78所示。

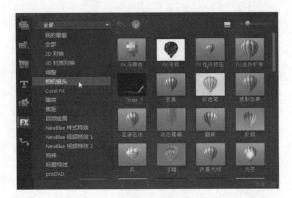

图15-78

㉑ 打开"相机镜头"滤镜组，在其中选择"镜头光晕"滤镜效果，如图15-79所示。

图15-79

㉒ 将选择的"镜头光晕"滤镜效果拖曳至视频轨中照片素材15.jpg上方，释放鼠标左键，为素材添加滤镜效果，打开"属性"选项面板，在滤镜列表框中便显示了刚添加的"镜头光晕"滤镜效果，如图15-80所示。

图15-80

㉓ 单击"自定义滤镜"左侧的下三角按钮，在弹出的列表框中选择第1排第2个滤镜预设样式，如图15-81所示。

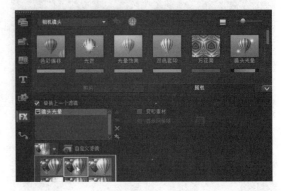

图15-81

㉔ 在导览面板中单击"播放"按钮，预览应用滤镜效果后的视频画面，如图15-82所示。

图15-82

㉕ 在视频轨中，选择照片素材16.jpg，如图15-83所示。

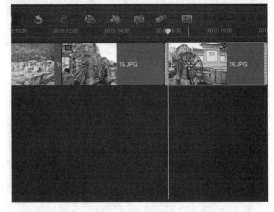

图15-83

㉖ 切换至"滤镜"素材库，打开"相机镜头"滤镜组，在其中选择"镜头光晕"滤镜效果，如图15-84所示。

图15-84

㉗　将选择的"镜头光晕"滤镜效果拖曳至视频轨中照片素材16.jpg上方，释放鼠标左键，为素材添加滤镜效果，打开"属性"选项面板，在滤镜列表框中显示了刚添加的"镜头光晕"滤镜效果，单击"自定义滤镜"左侧的下三角按钮，在弹出的列表框中选择第1排第1个滤镜预设样式，如图15-85所示。

图15-85

㉘　在导览面板中单击"播放"按钮，预览应用滤镜效果后的视频画面，如图15-86所示。

图15-86

15.4　课堂案例——制作转场和片头动画

本节主要为大家介绍制作转场特效及片头动画的操作过程。

15.4.1　制作旅游转场特效

在会声会影X8中，不仅可以为图像素材添加摇动缩放效果，还可以在各素材之间添加转场效果。下面介绍制作旅游视频转场效果的操作方法。

①　在会声会影编辑器的右上方位置，单击"转场"按钮，切换至"转场"素材库，单击窗口上方的"画廊"按钮，在弹出的列表框中选择"筛选"选项，如图15-87所示。

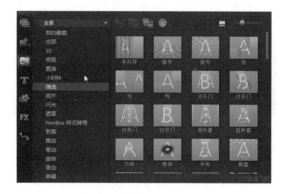

图15-87

②　打开"筛选"转场素材库，在其中选择"交错淡化"转场效果，如图15-88所示。

图15-88

03 单击鼠标左键并拖曳至视频轨中黑色色块与"片头.wmv"视频素材之间，添加"交错淡化"转场效果，如图15-89所示。

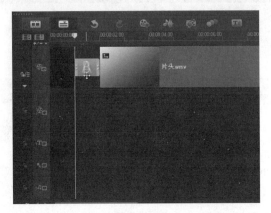

图15-89

04 在导览面板中单击"播放"按钮，预览添加的"交错淡化"转场效果，如图15-90所示。

图15-90

05 用与上述同样的方法，在视频轨中"片头.wmv"视频素材与黑色色块之间添加第2个"交错淡化"转场效果，如图15-91所示。

图15-91

06 用与上述同样的方法，在视频轨中黑色色块与照片素材1.jpg之间添加第3个"交错淡化"转场效果，如图15-92所示。

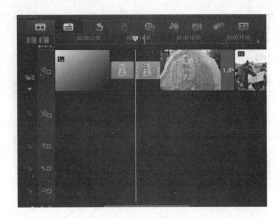

图15-92

07 在导览面板中单击"播放"按钮，预览添加"交错淡化"转场后的视频画面效果，如图15-93所示。

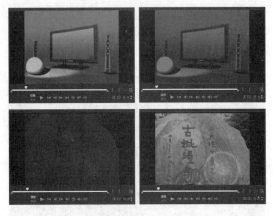

图15-93

08 在"转场"素材库中，单击窗口上方的"画廊"按钮，在弹出的列表框中选择"剥落"选项，如图15-94所示。

图15-94

09　打开"剥落"转场素材库，在其中选择"翻页"转场效果，如图15-95所示。

图15-95

10　单击鼠标左键并拖曳至视频轨中照片素材1.jpg与照片素材2.jpg之间，添加"翻页"转场效果，如图15-96所示。

图15-96

11　在导览面板中单击"播放"按钮，预览添加"翻页"转场后的视频画面效果，如图15-97所示。

图15-97

12　在"转场"素材库中，单击窗口上方的"画廊"按钮，在弹出的列表框中选择"3D"选项，打开"3D"转场素材库，在其中选择"手风琴"转场效果，如图15-98所示。

13　单击鼠标左键并拖曳至视频轨中照片素材2.jpg与照片素材3.jpg之间，添加"手风琴"转场效果，如图15-99所示。

图15-98

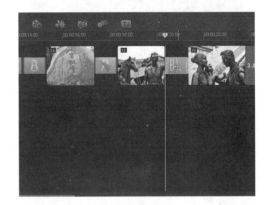

图15-99

14　在导览面板中单击"播放"按钮，预览添加"手风琴"转场后的视频画面效果，如图15-100所示。

图15-100

15　在"转场"素材库中，单击窗口上方的"画廊"按钮，在弹出的列表框中选择"遮罩"选项，打开"遮罩"转场素材库，在其中选择"遮罩B"转场效果，如图15-101所示。

16　单击鼠标左键并拖曳至视频轨中照片素材3.jpg与照片素材4.jpg之间，添加"遮罩B"转场效果，如图15-102所示。

17　在导览面板中单击"播放"按钮，预览添加"遮罩B"转场后的视频画面效果，如图15-103所示。

图15-101

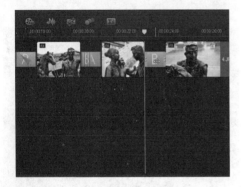

图15-102

图15-103

⑱　在"转场"素材库中，单击窗口上方的"画廊"按钮，在弹出的列表框中选择3D选项，打开3D转场素材库，在其中选择"飞行木板"转场效果，如图15-104所示。

图15-104

⑲　单击鼠标左键并拖曳至视频轨中照片素材4.jpg与照片素材5.jpg之间，添加"飞行木板"转场效果，如图15-105所示。

图15-105

⑳　在导览面板中单击"播放"按钮，预览添加"飞行木板"转场后的视频画面效果，如图15-106所示。

图15-106

㉑　在"转场"素材库中，单击窗口上方的"画廊"按钮，在弹出的列表框中选择"筛选"选项，打开"筛选"转场素材库，在其中选择"爆裂"转场效果，如图15-107所示。

图15-107

㉒　单击鼠标左键并拖曳至视频轨中照片素材5.jpg与照片素材6.jpg之间，添加"爆裂"转场效果，如图15-108所示。

㉓　在导览面板中单击"播放"按钮，预览添加"爆裂"转场后的视频画面效果，如图15-109所示。

图15-108

图15-109

㉔ 用与上述同样的方法，在其他各素材之间添加相应转场效果，切换至故事板视图，在其中可以查看添加的各种转场效果，如图15-110所示。

㉕ 单击导览面板中的"播放"按钮，预览制作的旅游视频转场效果，如图15-111所示。

图15-110

图15-111

15.4.2 制作旅游片头动画

在编辑视频过程中，片头动画在影片中起着不可代替的地位，片头动画的美观程度决定着是否能够吸引读者的眼球。下面介绍制作旅游片头动画的操作方法。

㉑ 在时间轴面板中，将时间线移至00:00:07:23的位置处，如图15-112所示。

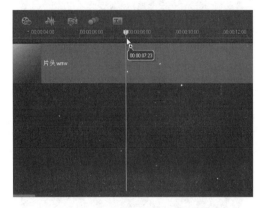

图15-112

㉒ 在"媒体"素材库中，选择照片素材17.jpg，如图15-113所示。

图15-113

㉓ 在选择的素材上，单击鼠标左键并将其拖曳至覆叠轨中的时间线位置，如图15-114所示。

㉔ 在"编辑"选项面板中设置覆叠的"照片区间"为0:00:06:11，如图15-115所示。

㉕ 执行上述操作后，即可更改覆叠素材的区间长度，如图15-116所示。

㉖ 在"编辑"选项面板中，选中"应用摇动和缩放"复选框，单击下方的下拉按钮，在弹出的列表

框中选择第1排第1个摇动和缩放样式,如图15-117所示。

图15-114

图15-115

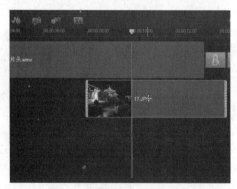

图15-116

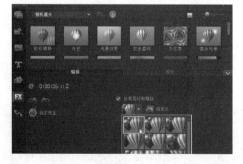

图15-117

07 设置摇动和缩放样式后,单击选项面板中的"自定义"按钮,弹出"摇动和缩放"对话框,在"原图"预览窗口中移动十字图标的位置,在下方设置"缩放率"为112,如图15-118所示。

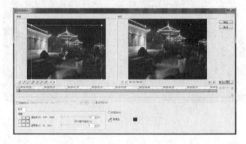

图15-118

08 在"摇动和缩放"对话框中,选择最后一个关键帧,在"原图"预览窗口中移动十字图标的位置,在下方设置"缩放率"为146,如图15-119所示。

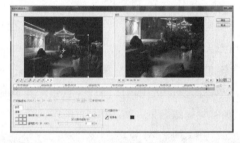

图15-119

09 设置完成后,单击"确定"按钮,返回会声会影编辑器,打开"属性"选项面板,在其中单击"淡入动画效果"按钮和"淡出动画效果"按钮,如图15-120所示,设置覆叠素材的淡入和淡出动画效果。

图15-120

10 设置素材淡入和淡出特效后,在预览窗口中可以预览覆叠素材的形状,如图15-121所示。

图15-121

⑪ 拖曳素材四周的黄色控制柄，调整覆叠素材的大小和位置，如图15-122所示。

图15-122

⑫ 切换至"滤镜"素材库，打开"相机镜头"滤镜组，在其中选择"镜头光晕"滤镜效果，如图15-123所示。

图15-123

⑬ 在选择的滤镜效果上，单击鼠标左键并拖曳至覆叠轨中的素材上，释放鼠标左键，即可添加"镜头光晕"滤镜效果，打开"属性"选项面板，在滤镜列表框中显示了刚添加的滤镜效果，如图15-124所示。

图15-124

⑭ 在"属性"选项面板中，单击"自定义滤镜"左侧的下三角按钮，在弹出的列表框中选择第1排第2个滤镜预设样式，如图15-125所示。

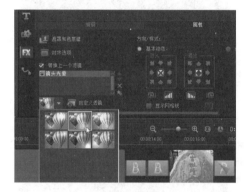

图15-125

⑮ 设置完成后，单击导览面板中的"播放"按钮，预览制作的旅游视频片头动画效果，如图15-126所示。

图15-126

15.5 课堂案例——制作装饰和字幕动画

本节主要为大家介绍制作边框装饰及标题字幕动画的操作过程。

15.5.1 制作边框装饰特效

在编辑视频过程中，为素材添加相应的边框效果，可以使制作的旅游视频内容更加丰富多彩，起到美化视频的作用。下面介绍制作旅游边框动画的操作方法。

01 在时间轴面板中，将时间线移至00:00:14:08的位置处，如图15-127所示。

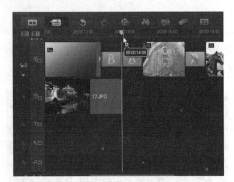

图15-127

02 进入"媒体"素材库，在素材库中选择"边框.png"图像素材，如图15-128所示。

图15-128

03 在选择的素材上，单击鼠标左键并将其拖曳至覆叠轨1中的时间线位置，如图15-129所示。

图15-129

04 在"编辑"选项面板中，设置覆叠素材的"照片区间"为0:00:02:00，如图15-130所示。

图15-130

05 执行上述操作后，即可更改覆叠素材的区间长度为2秒，如图15-131所示。

图15-131

06 打开"属性"选项面板，在其中单击"淡入动画效果"按钮，如图15-132所示，设置覆叠素材的淡入动画效果。

图15-132

07 在预览窗口中的边框素材上，单击鼠标右键，在弹出的快捷菜单中选择"调整到屏幕大小"选项，如图15-133所示。

08 执行操作后，即可调整边框素材至全屏大小，如图15-134所示。

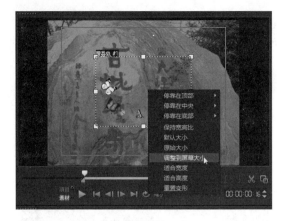

图15-133

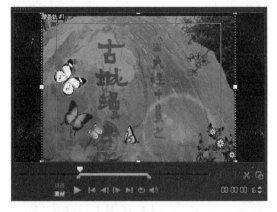

图15-134

⑨ 在导览面板中单击"播放"按钮，预览边框素材装饰效果，如图15-135所示。

图15-135

⑩ 用与上述同样的方法，在覆叠轨中添加相应的覆叠边框素材，并设置覆叠素材的相应照片区间，在预览窗口中，调整素材的位置与形状，在"属性"选项面板中设置素材淡入淡出特效。单击导览面板中的"播放"按钮，预览制作的覆叠边框装饰动画效果，如图15-136所示。

图15-136

15.5.2 制作标题字幕动画

在会声会影X8中，可以为影片添加标题字幕，制作标题字幕动画效果。下面介绍制作标题字幕动画的操作方法。

① 在时间轴面板中，将时间线移至00:00:02:00的位置处，如图15-137所示。

图15-137

② 在编辑器的右上方位置，单击"标题"按钮，进入"标题"素材库，如图15-138所示。

③ 在预览窗口中，显示"双击这里可以添加标题"字样，如图15-139所示。

④ 在预览窗口中的字样上，双击鼠标左键，输入文本"最美云南"，如图15-140所示。

⑤ 选择输入的文本内容，打开"编辑"选项面板，单击"字体"右侧的下三角按钮，在弹出的列表框中选择"方正卡通简体"选项，如图15-141所

示，设置标题字幕字体效果。

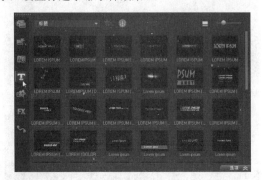

图15-138

图15-139

图15-140

图15-141

06 单击"字体大小"右侧的下三角按钮，在弹出的列表框中选择60选项，设置字体大小；单击"色彩"色块，在弹出的颜色面板中选择红色，设置字体颜色，如图15-142所示。

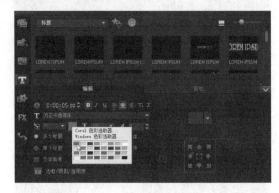

图15-142

07 在预览窗口中，可以预览设置字幕属性后的效果，如图15-143所示。

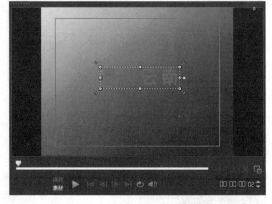

图15-143

08 在"编辑"选项面板中，单击"边框/阴影/透明度"按钮，如图15-144所示。

图15-144

09　弹出"边框/阴影/透明度"对话框,在"边框"选项卡中,设置"边框宽度"为2.0、"线条色彩"为白色,如图15-145所示。

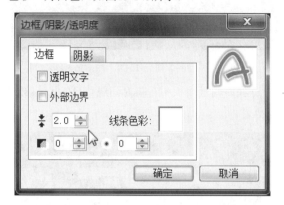

图15-145

10　切换至"阴影"选项卡,单击"光晕阴影"按钮,设置相应属性,如图15-146所示。

图15-146

11　设置完成后,单击"确定"按钮,在预览窗口中,可以预览设置字幕边框/阴影/透明度后的效果,如图15-147所示。

图15-147

12　在"编辑"选项面板中,设置"区间"为0:00:05:00,如图15-148所示。

图15-148

13　此时,标题轨中的字幕区间长度将发生变化,如图15-149所示。

图15-149

14　切换至"属性"选项面板,选中"动画"单选按钮和"应用"复选框,如图15-150所示。

图15-150

15　单击"选取动画类型"下拉按钮,在弹出的列表框中选择"摇摆"选项,如图15-151所示。

图15-151

⑯ 在"摇摆"下拉列表框中，选择相应的摇摆动画样式，单击右侧的"自定动画属性"按钮，如图15-152所示。

图15-152

⑰ 弹出"摇摆动画"对话框，设置"摇摆角度"为2、"进入"为"上"、"结束"为"向左"，如图15-153所示。

图15-153

⑱ 单击"确定"按钮，即可设置标题字幕的摇摆动画属性，在导览面板中，拖曳下方的两个"暂停区间"按钮，调整字幕的动画样式。单击导览面板中的"播放"按钮，预览制作的片头字幕动画效果，如图15-154所示。

图15-154

⑲ 在时间轴面板中，将时间线移至00:00:18:09的位置处，如图15-155所示。

图15-155

⑳ 进入"标题"素材库，在预览窗口中的字样上，双击鼠标左键，定位光标位置，然后输入相应文本内容，如图15-156所示。

图15-156

㉑ 选择输入的文本内容，打开"编辑"选项面板，在其中设置"字体"为"黑体"、"字体大小"为30、"色彩"为棕色，如图15-157所示，设置字幕属性。

图15-157

㉒ 在预览窗口中，预览设置字幕属性后的效果，如图15-158所示。

图15-158

㉓ 在"编辑"选项面板中，设置"区间"为0:00:05:00，然后选中"文字背景"复选框，单击右侧的"自定义文字背景的属性"按钮，如图15-159所示。

图15-159

㉔ 弹出"文字背景"对话框，选中"填满背景栏"和"填满"单选按钮，设置"颜色"为白色、"透明度"为40，如图15-160所示。

图15-160

㉕ 设置完成后，单击"确定"按钮，在预览窗口中可以预览设置字幕背景栏后的效果，如图15-161所示。

图15-161

㉖ 切换至"属性"选项面板，选中"动画"单选按钮和"应用"复选框，设置"选取动画类型"为"淡化"，在下方选择相应的淡化样式，如图15-162所示。

技巧与提示

选择输入的字幕文件，在"属性"选项面板中选中"滤镜"单选按钮，可以为标题字幕添加相应的滤镜特效。

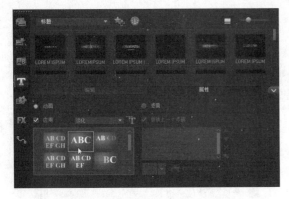

图15-162

㉗ 在导览面板中单击"播放"按钮，预览制作的标题字幕淡化动画效果，如图15-163所示。

图15-163

㉘ 用与上述同样的方法，在标题轨中的其他位置输入相应文本内容，并设置文本的相应属性和动画效果，单击导览面板中的"播放"按钮，预览制作的标题字幕动画效果，如图15-164所示。

图15-164

技巧与提示

在制作旅游视频的过程中，用户不一定要按照本书中的字幕特效来制作标题字幕，用户可以根据视频画面的色彩以及视频整体的协调度，制作个性化的标题字幕效果。

15.6 课堂案例——视频后期处理

本节主要向读者介绍制作视频背景音乐的方法，以及为背景音乐添加淡入与淡出滤镜特效，然后将制作完成的视频输出为视频文件的操作方法。

15.6.1 制作视频背景音乐

在编辑影片的过程中，除了画面以外，声音效果也是影片中另一个非常重要的因素。下面介绍制作旅游视频背景音效的操作方法。

① 在素材库的上方，单击"导入媒体文件"按钮，如图15-165所示。

图15-165

② 执行操作后，弹出"浏览媒体文件"对话框，在其中选择需要导入的背景音乐素材（素材\第15章\音乐.mp3），如图15-166所示。

③ 单击"打开"按钮，即可将背景音乐导入到素材库中，如图15-167所示。

④ 将时间线移至素材的开始位置，在"媒体"素材库中选择"音乐.mp3"音频文件，在选择的音频文件上单击鼠标左键并拖曳至音乐轨中的开始位置，如图15-168所示。

图15-166

图15-167

图15-168

05 在时间轴面板中，将时间线移至00:01:13:05的位置处，如图15-169所示。

图15-169

06 选择音频素材，单击鼠标右键，在弹出的快捷菜单中选择"分割素材"选项，如图15-170所示。

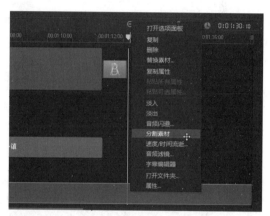

图15-170

07 执行操作后，即可将背景音乐素材分割为两段，如图15-171所示。

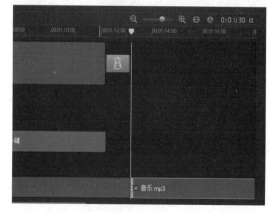

图15-171

08 选择音乐轨中后段音频素材，按Delete键进行删除操作，留下剪辑后的音频素材，如图15-172所示。

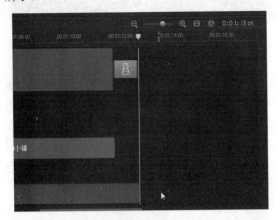

图15-172

09 在音乐轨中，选择剪辑后的音频素材，使其呈选中状态，打开"音乐和语音"选项面板，在其中单击"淡入"和"淡出"按钮，如图15-173所示。设置背景音乐的淡入和淡出特效，在导览面板中单击"播放"按钮，预览视频画面并聆听背景音乐的声音。

图15-173

15.6.2 输出旅游记录视频

在会声会影X8中，渲染影片可以将项目文件创建成mpg、AVI以及QuickTime或其他视频文件格式。下面介绍渲染输出旅游视频的操作方法。

01 在会声会影编辑器的上方，单击"输出"标签，切换至"输出"步骤面板，在其中选择MPEG-2选项，如图15-174所示。

图15-174

02 在下方面板中，单击"文件位置"右侧的"浏览"按钮，弹出"浏览"对话框，在其中设置文件的保存位置和名称，如图15-175所示。

图15-175

03 单击"保存"按钮，然后单击"开始"按钮，开始渲染视频文件，并显示渲染进度，如图15-176所示。

图15-176

04 稍等片刻，已经输出的视频文件将显示在"媒体"选项卡中，如图15-177所示，输出视频前如果用户选择的是"旅游素材"选项卡，则视频将会输出至"旅游素材"选项卡中。

图15-177

05 用户通过单击"播放"按钮，查看输出的旅游视频画面效果，如图15-178所示。

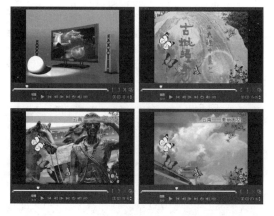

图15-178

15.7 本章小结

云南省位于中国西南的边陲，简称"滇"或"云"，省会昆明，是人类文明的重要发祥地之一。云南省是著名的旅游大省，如大理、丽江、香格里拉、西双版纳等，在云南可以看到各种美丽景色。

本章主要介绍制作旅游相册的操作方法，希望读者学完以后可以制作出更多的旅游视频。

15.8 习题测试——制作鲜花转场特效

鉴于本章知识的重要性，为了帮助读者更好地掌握所学知识，本节将通过上机习题，帮助读者进行简单的知识回顾和补充。

案例位置	效果\习题测试\名花.VSP
难易指数	★★★☆☆
学习目标	掌握制作转场特效的操作方法

本习题需要掌握制作转场特效的操作方法，最终效果如图15-179、图15-180所示。

图15-179

图15-180

附　录

会声会影X8快捷键索引

快捷键	功能	快捷键	功能
Ctrl＋N	新建项目	Ctrl＋C	复制
Ctrl＋M	新建 HTML5 项目	Ctrl＋V	粘贴
Ctrl＋O	打开项目	Ctrl＋I	分割素材
Ctrl＋S	保存	F6	参数选择
Ctrl＋Z	撤销	Alt＋Enter	项目属性
Ctrl＋Y	重复		

课堂案例索引

续表

习题测试答案

第1章：习题测试答案

01 在桌面上的Corel VideoStudio Pro X8快捷方式图标上单击鼠标右键，在弹出的快捷菜单中选择"打开"选项，如图1-1所示。

图1-1

02 执行操作后，进入会声会影X8启动界面，如图1-2所示。

图1-2

03 稍等片刻，弹出软件欢迎界面，显示了软件的新增功能等信息，如图1-3所示。

图1-3

04 单击右上角的"关闭"按钮，关闭欢迎界面，进入会声会影X8工作界面，如图1-4所示。

图1-4

第2章：习题测试答案

01 进入会声会影编辑器，单击"文件"|"打开项目"命令，打开一个项目文件（素材\习题测试\泰国建筑.VSP），如图2-1所示。

图2-1

02 在预览窗口中可预览打开的项目效果，如图2-2所示。

03 在菜单栏上单击"文件"|"智能包"命令，如图2-3所示。

04 弹出提示信息框，单击"是"按钮，如图2-4所示。

05 弹出"智能包"对话框，选中"文件夹"单选按钮，如图2-5所示。

图2-2

图2-3

图2-4

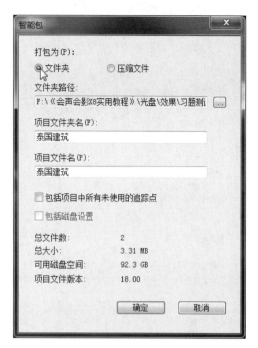

图2-5

06 单击"文件夹路径"右侧的按钮 ⬚，弹出"浏览文件夹"对话框，在其中选择文件夹的输出位置，如图2-6所示。

图2-6

07 设置完成后，单击"确定"按钮，返回"智能包"对话框，在"文件夹路径"下方显示了刚设置的路径，如图2-7所示。

08 单击"确定"按钮，弹出提示信息框，提示用户项目已经成功压缩，如图2-8所示，单击"确定"按钮，即可完成操作。

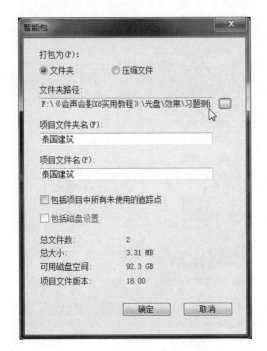

图2-7

图2-8

图3-1

图3-2

第3章：习题测试答案

① 进入会声会影编辑器，单击"文件"|"打开项目"命令，打开一个项目文件（素材\习题测试\美少女.VSP），如图3-1所示。

② 在预览窗口中，可以预览打开的项目效果，如图3-2所示。

在"视频"素材库中，选择电视视频模版，如图3-3所示。

③ 单击鼠标左键，并将其拖曳至视频轨中的开始位置，即可添加视频模版，如图3-4所示。

图3-3

图3-4

04 执行上述操作后，单击导览面板中的"播放"按钮，预览电视视频模版动画效果，如图3-5所示。

图3-5

第4章：习题测试答案

01 在时间轴面板上方，单击"录制/捕获选项"按钮，如图4-1所示。

图4-1

02 弹出"录制/捕获选项"对话框，单击"屏幕捕获"图标，如图4-2所示。

03 打开"屏幕捕获"窗口，在其中设置视频的录制尺寸，然后单击左下角的"设置"按钮，如图4-3所示。

04 展开"设置"面板，在其中设置视频的名称和保存路径，如图4-4所示。

图4-2

图4-3

图4-4

05 再次单击"设置"按钮，隐藏面板，设置屏幕捕获的宽和高，单击"开始/恢复录制"按钮，如图4-5所示。

图4-5

06 即可开始进行录制，在桌面上进行相应操作后，按F10键，弹出提示信息框，提示捕获已完成，如图4-6所示。

图4-6

07 单击"确定"按钮，返回会声会影编辑器，在预览窗口中可预览捕获的视频，如图4-7所示。

图4-7

第5章：习题测试答案

01 进入会声会影编辑器，单击"文件"|"打开项目"命令，打开一个项目文件（素材\习题测试\真爱回味.VSP），如图5-1所示。

图5-1

02 在预览窗口中，可以预览打开的项目效果，如图5-2所示。

图5-2

03 进入"媒体"素材库，单击"显示照片"按钮，如图5-3所示。

图5-3

04 执行操作后，即可显示素材库中的图像文件，在素材库面板中的空白位置上，单击鼠标右键，在弹出的快捷菜单中选择"插入媒体文件"选项，如图5-4所示。

图5-4

05 弹出"浏览媒体文件"对话框，在其中选择需要插入的png图像素材（素材\习题测试\真爱回味.png），如图5-5所示。

图5-5

06 单击"打开"按钮，即可将png图像素材导入到素材库面板中，如图5-6所示。

07 在导入的png图像素材上，单击鼠标右键，在弹出的快捷菜单中选择"插入到"|"覆叠轨#1"选项，如图5-7所示。

08 执行操作后，即可将图像素材插入到覆叠轨1中的开始位置，如图5-8所示。

09 在预览窗口中，可以预览添加的png图像效果，如图5-9所示。

图5-6

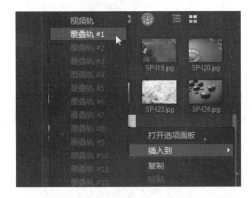

图5-7

图5-8

图5-9

365

⑩ 在png图像素材上，单击鼠标左键并向右下角拖曳，即可调整图像素材的位置，效果如图5-10所示。

图5-10

第6章：习题测试答案

① 进入会声会影X8编辑器，在故事板中插入一幅素材图像（素材\习题测试\可爱小孩.jpg），如图6-1所示。

② 在预览窗口中，可以预览素材画面效果，如图6-2所示。

③ 打开"照片"选项面板，单击"色彩校正"按钮，如图6-3所示。

④ 执行操作后，打开相应选项面板，在左侧选中"白平衡"复选框，如图6-4所示。

⑤ 在"白平衡"复选框下方，单击"钨光"按钮，添加钨光效果，如图6-5所示。

⑥ 在预览窗口中，可以预览添加钨光效果后的素材画面，效果如图6-6所示。

图6-1

图6-2

图6-3

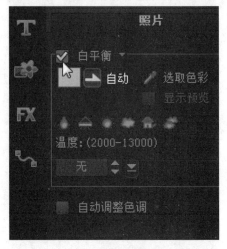
图6-4

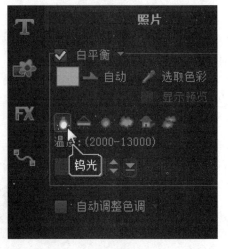
图6-5

图6-6

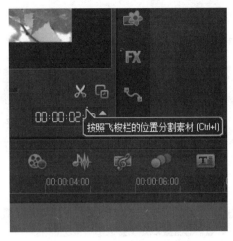

图7-2

第7章：习题测试答案

① 进入会声会影X8编辑器，在视频轨中插入一段视频素材（素材\习题测试\枫叶.mpg），在视频轨中，将时间线移至00:00:02:00的位置处，如图7-1所示。

图7-1

② 在导览面板中，单击"按照飞梭栏的位置分割素材"按钮，如图7-2所示。

③ 执行操作后，即可将视频素材分割为两段，如图7-3所示。

④ 在时间轴面板的视频轨中，再次将时间线移至00:00:04:00的位置处，如图7-4所示。

⑤ 在导览面板中，单击"按照飞梭栏的位置分割素材"按钮，再次对视频素材进行分割操作，如图7-5所示。

图7-3

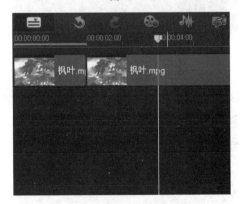

图7-4

图7-5

06 在导览面板中单击"播放"按钮，预览剪辑后的视频画面效果，如图7-6所示。

图7-6

第8章：习题测试答案

01 进入会声会影X8编辑器，在故事板中插入一幅素材图像（素材\习题测试\灰暗天空.jpg），如图8-1所示。

图8-1

02 在预览窗口中，可以预览视频的画面效果，如图8-2所示。

图8-2

03 单击"滤镜"按钮，切换至"滤镜"选项卡，在"特殊"滤镜组中选择"闪电"滤镜，如图8-3所示。

图8-3

04 单击鼠标左键，并将其拖曳至故事板中的素材上，释放鼠标左键，即可添加"闪电"滤镜，在导览面板中单击"播放"按钮，预览"闪电"视频滤镜效果，如图8-4所示。

图8-4

第9章：习题测试答案

01 进入会声会影X8编辑器，在故事板中插入两幅素材图像（素材\习题测试\海边美景1.jpg、海边美景2.jpg），如图9-1所示。

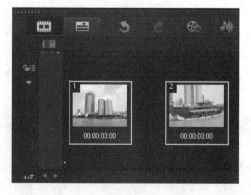

图9-1

02　单击"转场"按钮，切换至"转场"素材库，在"擦拭"转场组中选择"星形"转场效果，如图9-2所示。

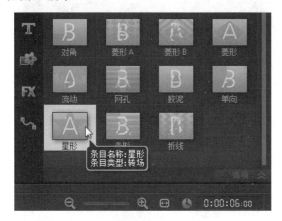

图9-2

03　单击鼠标左键并拖曳至故事板中的两幅图像素材之间，添加"星形"转场效果，如图9-3所示。

图9-3

04　在导览面板中单击"播放"按钮，预览"星形"转场效果，如图9-4所示。

图9-4

第10章：习题测试答案

01　进入会声会影编辑器，单击"文件"|"打开项目"命令，打开一个项目文件（素材\习题测试\大草原.VSP），如图10-1所示。

图10-1

02　在预览窗口中，预览打开的项目效果，如图10-2所示。

图10-2

03　在覆叠轨中，选择需要设置椭圆遮罩特效的覆叠素材，如图10-3所示。

图10-3

(04) 打开"属性"选项面板，单击"遮罩和色度键"按钮，打开相应选项面板，选中"应用覆叠选项"复选框，如图10-4所示。

图10-4

(05) 单击"类型"下拉按钮，在弹出的列表框中选择"遮罩帧"选项，如图10-5所示。

图10-5

(06) 打开覆叠遮罩列表，在其中选择相应的遮罩效果，如图10-6所示。

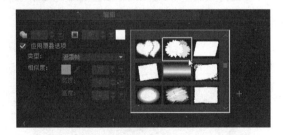

图10-6

(07) 此时，即可设置覆叠素材的遮罩样式，如图10-7所示。

(08) 在导览面板中单击"播放"按钮，预览视频中的遮罩效果，如图10-8所示。

图10-7

图10-8

第11章：习题测试答案

(01) 进入会声会影编辑器，单击"文件"|"打开项目"命令，打开一个项目文件（素材\习题测试\天使之翼.VSP），如图11-1所示。

图11-1

(02) 在标题轨中，使用鼠标左键双击需要制作弹出特效的标题字幕，此时预览窗口中的标题字幕为选中状态，如图11-2所示。

图11-2

03 在"属性"选项面板中，选中"动画"单选按钮和"应用"复选框，单击"类型"右侧的下拉按钮，在弹出的列表框中选择"弹出"选项，如图11-3所示。

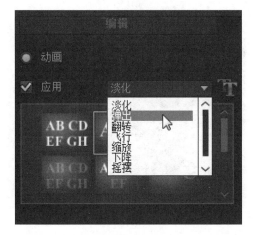

图11-3

04 在下方的预设动画类型中选择第1排第2个弹出样式，如图11-4所示。

图11-4

05 在导览面板中单击"播放"按钮，预览字幕弹出动画特效，如图11-5所示。

图11-5

第12章：习题测试答案

01 进入会声会影编辑器，单击"文件"|"打开项目"命令，打开一个项目文件（素材\习题测试\动漫.VSP），如图12-1所示。

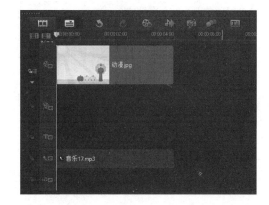

图12-1

02 在语音轨中，双击需要添加音频滤镜的素材，如图12-2所示。

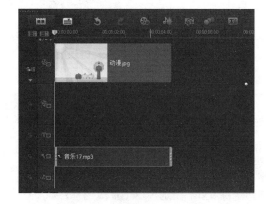

图12-2

03 打开"音乐和语音"选项面板，单击"音频滤镜"按钮，弹出"音频滤镜"对话框，在"可用滤镜"列表框中选择"NewBlue自动静音"选项，如图12-3所示。

图12-3

04 单击"添加"按钮，选择的滤镜即可显示在"已用滤镜"列表框中，如图12-4所示。

图12-4

05 单击"确定"和"播放"按钮，试听音频滤镜特效，查看视频画面效果，如图12-5所示。

图12-5

第13章：习题测试答案

01 进入会声会影编辑器，单击"文件"|"打开项目"命令，打开一个项目文件（素材\习题测试\河边泛舟.VSP），如图13-1所示。

02 在编辑器的上方，单击"输出"标签，切换至"输出"步骤面板，在上方面板中，选择"自定"选项，单击"项目"右侧的下拉按钮，在弹出的列表框中选择 选项，如图13-2所示。

03 在下方面板中，单击"文件位置"右侧的"浏览"按钮，弹出"浏览"对话框，在其中设置视频文件的输出名称与输出位置，如图13-3所示。

图13-1

图13-2

图13-3

04 设置完成后，单击"保存"按钮，返回会声会影编辑器，单击下方的"开始"按钮，开始渲染视频文件，并显示渲染进度，如图13-4所示，稍等片刻待视频文件输出完成后，弹出信息提示框，提示用户视频文件建立成功，单击"确定"按钮，完成输出3GP视频的操作。

⑤ 在预览窗口中单击"播放"按钮，预览输出的3GP视频画面效果，如图13-5所示。

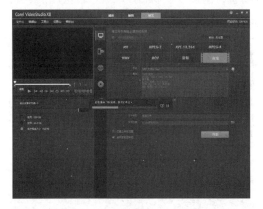

图13-4

图13-5

第14章：习题测试答案

① 进入会声会影编辑器，单击"文件"|"打开项目"命令，如图14-1所示。

图14-1

② 弹出"打开"对话框，选择需要打开的项目文件（素材\习题测试\高原冰川.VSP），单击"打开"按钮，即可打开项目文件，如图14-2所示。

图14-2

③ 在导览面板中单击"播放"按钮，预览制作的成品视频画面，如图14-3所示。

图14-3

④ 在会声会影编辑器的上方，单击"输出"标签，切换至"输出"步骤面板，在上方面板中选择MPEG-4选项，在下方单击"项目"右侧的下三角按钮，在弹出的列表框中选择相应的输出格式，如图14-4所示。

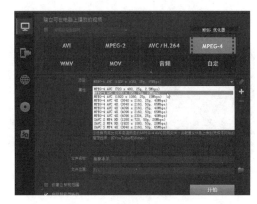

图14-4

05 单击"文件位置"右侧的"浏览"按钮，弹出"浏览"对话框，在其中设置视频文件的输出位置和保存名称，如图14-5所示。

图14-5

06 单击"保存"按钮，返回会声会影编辑器，单击下方的"开始"按钮，开始渲染视频文件，并显示渲染进度，如图14-6所示。

图14-6

07 稍等片刻，弹出信息提示框，提示用户视频文件建立成功，单击"确定"按钮，此时输出的视频将显示在媒体素材库中，如图14-7所示，完成视频的渲染输出操作。

图14-7

第15章：习题测试答案

01 进入会声会影X8编辑器，在故事板中插入两幅素材图像（素材\习题测试\名花1.jpg、名花2.jpg），如图15-1所示。

图15-1

02 单击"转场"按钮，切换至"转场"素材库，在"小时钟"转场组中选择"清除"转场效果，如图15-2所示。

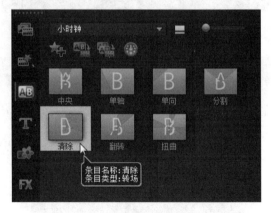

图15-2

03 单击鼠标左键并拖曳至故事板中的两幅图像素材之间，添加"清除"转场效果，如图15-3所示。

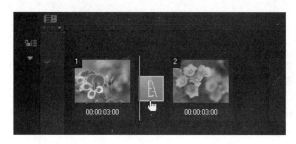

图15-3

图15-4

04 在导览面板中单击"播放"按钮，预览"清除"转场效果，如图15-4所示。